ANALYSIS
DER
EBENEN BEWEGUNG

Von

Professor Dr. Martin Krause

in Dresden

Unter Mitwirkung von

Dr. phil. et rer. techn. Alexander Carl

in Leisnig

BERLIN UND LEIPZIG

VEREINIGUNG WISSENSCHAFTLICHER VERLEGER

WALTER DE GRUYTER & Co.

VORMALS G. J. GÖSCHEN'SCHE VERLAGSHANDLUNG — J. GUTTENTAG, VERLAGSBUCHHANDLUNG — GEORG REIMER — KARL J. TRÜBNER — VEIT & COMP.

1920

Vorwort.

Das vorliegende Buch ist aus den Arbeiten des mathematischen Seminars an der hiesigen Technischen Hochschule über Bewegungslehre entstanden, die ich eine längere Reihe von Jahren hindurch geleitet habe. Sein Zweck ist es, einen großen Teil der Lehren von der Bewegung ebener starrer und ähnlich veränderlicher Systeme in einheitlicher Weise aus den Formeln der Koordinatentransformation heraus zu entwickeln.

In bezug auf die Literatur verweise ich vor allem auf den Enzyklopädie-Artikel von Schönflies und Grübler über Kinematik. Für die nachfolgenden Betrachtungen kommen in erster Linie neben den aus dem hiesigen Seminar entstandenen Arbeiten solche von Burmester, Reinhold Müller, Schönflies und Grübler in Betracht.

Herrn Dr. Carl fühle ich mich für seine Mitwirkung zu großem Danke verpflichtet. Von ihm rühren alle Betrachtungen her, die sich auf die Anwendung von Linienkoordinaten beziehen, sowie die sämtlichen Figuren. Daneben hat er mein Manuskript vollkommen durchgearbeitet, mit einzelnen Bemerkungen versehen und endlich sämtliche Korrekturen gelesen.

Dresden, im Februar 1920.

Martin Krause.

Inhalt.

Erster Abschnitt.

Die wichtigsten Bestimmungsarten der Bewegung starrer ebener Systeme.

Zweiter Abschnitt.

Die Krümmungstheorie der ebenen Bewegung.

Dritter Abschnitt.

Ballscher Punkt und Kreispunktkurve.

Seite

Vierter Abschnitt.

Höhere Rückkehr- und Wendepole.

Fünfter Abschnitt.

Die Burmesterschen Punkte.

Sechster Abschnitt.

Die zweiten Krümmungsmittelpunkte der Bahnkurven, die höheren Evoluten der Polkurven und Hüllbahnkurven.

Siebenter Abschnitt.

Die wichtigsten Bestimmungsarten der Bewegung ähnlich veränderlicher Systeme.

Achter Abschnitt.

Die Krümmungstheorie der ebenen ähnlich veränderlichen Bewegung.

Neunter Abschnitt.

Die Kreispunktkurve.

Zehnter Abschnitt.

Über die Evoluten der Einhüllenden von Systemkurven.

Elfter Abschnitt.

Spezielle ebene ähnlich veränderliche Bewegungen. Zusammenhänge zwischen den Bahnkurven starrer und ähnlich veränderlicher Systeme.

Erster Abschnitt.

Die wichtigsten Bestimmungsarten der Bewegung starrer ebener Systeme.

§ 1.

Aufstellung der Bewegungsgleichungen eines starren ebenen Systems.

Wir denken uns zwei Ebenen vorgelegt, mit einer jeden ein rechtwinkliges Koordinatensystem fest verbunden. Die eine dieser beiden Ebenen, die Ebene S, sei fest, der Koordinatenanfangspunkt der Punkt 0, die beiden Achsen seien die x- und die y-Achse, die Koordinaten eines allgemeinen Punktes x und y. Die andere Ebene, die Ebene Σ, sei beweglich, der Koordinatenanfangspunkt Ω, die beiden Achsen seien die ξ- und die η-Achse, die Koordinaten eines allgemeinen Punktes ξ und η. Die Bewegung sei eine komplane, d. h. die sämtlichen Lagen der bewegliche Ebene befinden sich in der festen Ebene. Die bewegliche Ebene können wir als ein System starr oder unveränderlich miteinander verbundener Punkte auffassen und sie kurz als ein starres oder unveränderliches ebenes System bezeichnen.

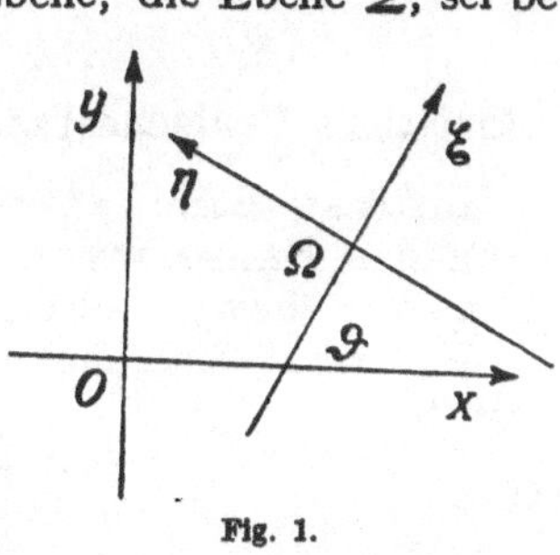

Fig. 1.

Die Aufgabe des ersten Teiles dieses Werkes ist es, die Vorgänge, die sich bei der Bewegung eines solchen Systems ergeben, näher zu untersuchen, und zwar unabhängig vom Begriffe der Kraft und jeder sonstigen dynamischen Vorstellung.

Wir nennen die Koordinaten des Punktes Ω in bezug auf das feste System a und b, den Winkel, den die positive ξ-Achse mit der positiven x-Achse bildet, ϑ, so bestehen zwischen den Koordinaten eines und desselben Punktes in bezug auf die beiden Koordinatensysteme die Gleichungen:

$$(1)\qquad \begin{aligned} x &= a + \xi \cos \vartheta - \eta \sin \vartheta, \\ y &= b + \xi \sin \vartheta + \eta \cos \vartheta. \end{aligned}$$

a und b sind bei einer jeden in Betracht kommenden Bewegung Funktionen von ϑ, und umgekehrt definieren die Gleichungen (1) eine bestimmte Bewegung, wenn a und b als Funktionen von ϑ gegeben sind. Wir sehen sie als die Grundgleichungen der Bewegung eines starren Systems an, auf welchen die folgenden Betrachtungen im wesentlichen beruhen werden.

Sind a und b als Funktionen von ϑ gegeben und bedeuten ξ und η die Koordinaten eines Punktes der beweglichen Ebene, so stellen die Gleichungen (1) die Bahnkurve dieses Punktes analytisch dar.

Zu einer jeden Bewegung der angegebenen Art gehört eine umgekehrte, die durch Vertauschung der Ebenen S und Σ entsteht. Ihre Gleichungen lauten:

$$\begin{aligned} \xi &= \alpha + x \cos \vartheta_1 - y \sin \vartheta_1, \\ \eta &= \beta + x \sin \vartheta_1 + y \cos \vartheta_1, \end{aligned} \tag{2}$$

wobei gesetzt ist:

$$\begin{aligned} \alpha &= - a \cos \vartheta_1 + b \sin \vartheta_1, \\ \beta &= - a \sin \vartheta_1 - b \cos \vartheta_1, \\ \vartheta_1 &= - \vartheta. \end{aligned} \tag{3}$$

Hierbei ist Σ als feste, S als bewegliche Ebene anzusehen.

In den Bewegungsgleichungen sind zwei willkürliche Funktionen von ϑ enthalten, die Funktionen a und b. Daraus folgt, daß die Bewegung im allgemeinen bestimmt ist, wenn zwei Bedingungen gegeben sind. In der Wahl dieser Bedingungen herrscht eine ziemliche Mannigfaltigkeit. Wir wollen im nächsten Paragraphen die einfachsten und besonders naheliegenden in Untersuchung ziehen.

§ 2.

Einfachste Bestimmungsarten der Bewegung eines starren Systems.

Erstens: Eine starre ebene Bewegung ist bestimmt, wenn die Bahnkurven gegeben sind, die zwei Punkte ξ_1, η_1; ξ_2, η_2 der beweglichen Ebene beschreiben.

In der Tat, die Bahnkurven werden einerseits durch die Gleichungen dargestellt:

$$\begin{aligned} x &= a + \xi_\varepsilon \cos \vartheta - \eta_\varepsilon \sin \vartheta, \\ y &= b + \xi_\varepsilon \sin \vartheta + \eta_\varepsilon \cos \vartheta, \qquad \varepsilon : 1, 2 \end{aligned} \tag{1}$$

andererseits sollen sie gegeben sein etwa durch die Gleichungen:

$$f_\varepsilon (x, y) = 0. \tag{2}$$

Unter solchen Umständen ergeben sich die beiden Gleichungen:

$$f_\varepsilon (a + \xi_\varepsilon \cos \vartheta - \eta_\varepsilon \sin \vartheta,\ b + \xi_\varepsilon \sin \vartheta + \eta_\varepsilon \cos \vartheta) = 0, \tag{3}$$

aus denen a und b als Funktionen von ϑ zu berechnen sind. Damit ist die Bewegung bestimmt.

Als Beispiel wählen wir das folgende:

Ein starres System bewegt sich in seiner Ebene so, daß zwei seiner Punkte A und B auf zwei aufeinander senkrecht stehenden geraden Linien fortrücken. Die Grundgleichungen der Bewegung sollen aufgestellt werden.

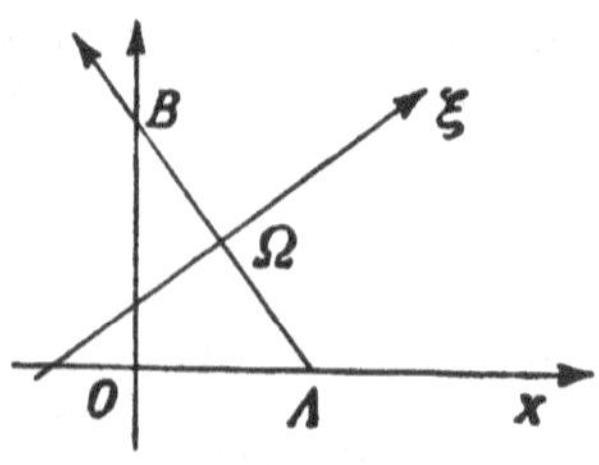

Fig. 2.

Wir wählen in der x, y-Ebene ein rechtwinkliges Koordinatensystem, dessen

Achsen die beiden gegebenen Linien sind, wobei deren positive Richtungen durch die Pfeile angedeutet sind. In der beweglichen Ebene wählen wir den Mittelpunkt der Linie AB, deren Länge durch l bezeichnet werden möge, als Anfangspunkt des ξ, η-Systems, die η-Achse falle in die Linie AB resp. deren Verlängerung, die ξ-Achse stehe senkrecht darauf. Die positiven Richtungen sind durch Pfeile angedeutet. Der Winkel OAB ist dann gleich $\frac{\pi}{2} - \vartheta$, und demgemäß nehmen die Bewegungsgleichungen die Form an:

$$
\begin{aligned}
x &= \frac{l}{2} \sin \vartheta + \xi \cos \vartheta - \eta \sin \vartheta, \\
y &= \frac{l}{2} \cos \vartheta + \xi \sin \vartheta + \eta \cos \vartheta.
\end{aligned} \tag{4}
$$

Wie man sich aus diesen Gleichungen leicht überzeugt, sind die Bahnkurven im allgemeinen Ellipsen, die in speziellen Fällen in Kreise oder gerade Linien übergehen können.

Zweitens: Eine Bewegung ist bestimmt, wenn zwei gegebene Kurven der ξ, η-Ebene während des ganzen Laufes der Bewegung durch je einen festen gegebenen Punkt der x, y-Ebene hindurchgehen.

In der Tat, die Gleichungen der beweglichen Kurven können einerseits geschrieben werden:

$$
\begin{aligned}
\xi &= \alpha + x_\varepsilon \cos \vartheta_1 - y_\varepsilon \sin \vartheta_1, \\
\eta &= \beta + x_\varepsilon \sin \vartheta_1 + y_\varepsilon \cos \vartheta_1,
\end{aligned} \tag{5}
$$

andererseits sollen sie gegeben sein etwa durch die Gleichungen:

$$\varphi_\varepsilon(\xi, \eta) = 0. \tag{6}$$

Dann folgen die Beziehungen:

$$\varphi_\varepsilon(\alpha + x_\varepsilon \cos \vartheta_1 - y_\varepsilon \sin \vartheta_1,\ \beta + x_\varepsilon \sin \vartheta_1 + y_\varepsilon \cos \vartheta_1) = 0. \tag{7}$$

Hierbei kann ε die Werte 1 und 2 annehmen und bedeuten x_ε, y_ε die Koordinaten der beiden festen gegebenen Punkte. Aus den beiden Gleichungen (7) sind α und β und mit ihnen a und b als Funktionen von ϑ_1 und damit von ϑ bestimmt, die Richtigkeit der Behauptung also bewiesen.

Als Beispiel wählen wir das folgende:

Zwei aufeinander senkrecht stehende gerade Linien der ξ, η-Ebene gehen beständig durch je einen festen Punkt O resp. A.

Den Anfangspunkt des festen Systems legen wir in den Punkt O, die positive x-Achse falle in die Linie OA resp. deren Verlängerung, die y-Achse steht senkrecht dazu. Die ξ und η-Achse lassen wir resp. mit den beiden Geraden der ξ, η-Ebene zusammenfallen, die ξ-Achse gehe durch den Punkt O, die η-Achse durch den Punkt A. Die Pfeile geben die Richtungen der beiden Achsen an. Die Entfernung OA bezeichnen wir durch l. Dann lauten die Gleichungen der beiden Geraden in der ξ, η-Ebene einerseits:

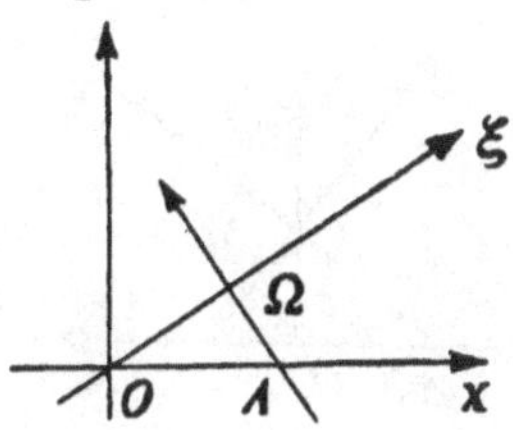

Fig. 3.

$$(8)\qquad \begin{aligned} &\xi_1 = \alpha,\ \eta_1 = \beta, \\ &\xi_2 = \alpha + l\cos\vartheta_1,\ \eta_2 = \beta + l\sin\vartheta_1, \end{aligned}$$

andererseits:

$$(9)\qquad \eta_1 = 0,\ \xi_2 = 0.$$

Unter solchen Umständen ergeben sich die Beziehungen:

$$\alpha + l\cos\vartheta_1 = 0,\ \beta = 0$$

oder auch:

$$a = l\cos^2\vartheta,\ b = l\sin\vartheta\cos\vartheta,$$

und die Bewegungsgleichungen nehmen die Form an:

$$(10)\qquad \begin{aligned} x &= l\cos^2\vartheta \qquad\quad + \xi\cos\vartheta - \eta\sin\vartheta, \\ y &= l\sin\vartheta\cos\vartheta + \xi\sin\vartheta + \eta\cos\vartheta. \end{aligned}$$

Die Elimination von ϑ ergibt als Gleichung der Bahnkurve des Punktes ξ, η in rechtwinkligen Koordinaten:

$$(11)\qquad (x^2 + y^2 - lx)^2 = (\xi y - \eta(x - l))^2 + (\xi x + \eta y)^2.$$

Also ist die Bahnkurve eine Kurve vierter Ordnung.

Setzen wir $\eta = 0$, so nimmt die Gleichung die Form an:

$$(12)\qquad (x^2 + y^2 - lx)^2 = \xi^2(x^2 + y^2).$$

Es ist das die Gleichung einer Konchoide des Kreises:

$$x^2 + y^2 - lx = 0.$$

Der Pol ist der Anfangspunkt des Koordinatensystems, die Länge des abzutragenden Stückes vom Zeichen abgesehen gleich ξ. Die allgemeine Gleichung stellt auch eine Konchoide in bezug auf denselben Kreis dar, nur ist der Pol ein anderer Punkt des Kreises und die abzutragende Strecke gleich $\sqrt{\xi^2 + \eta^2}$, wie etwa durch Koordinatentransformation nachgewiesen werden kann. In bezug auf alles Nähere werde etwa auf das Werk von Loria über spezielle algebraische und transzendente ebene Kurven, Leipzig 1902, verwiesen.

Drittens: Eine Bewegung ist bestimmt, wenn erstens die Kurve bestimmt ist, die ein Punkt der beweglichen Ebene beschreibt, und zweitens eine Kurve der ξ, η-Ebene durch einen gegebenen festen Punkt hindurchgeht.

Auf den Beweis dieser Behauptung braucht nicht näher eingegangen zu werden.

Als Beispiel wählen wir das folgende:

Ein starres ebenes System bewegt sich so in seiner Ebene, daß einer seiner Punkte, der Punkt Ω, eine gerade Linie g beschreibt und eine seiner Geraden, auf welcher Ω liegt, fortwährend durch einen festen Punkt Λ hindurchgeht. Wir legen die positive x-Achse in die Senkrechte, die von Λ auf die Linie g gefällt werden kann, den Anfangspunkt O in ihren Schnittpunkt mit g. Ω wählen wir als Anfangspunkt des beweglichen Systems, die positive ξ-Achse habe die Richtung der Linie $\Lambda\Omega$, die Entfernung ΛO sei gleich l, dann folgen ohne jede Schwierigkeit die Bewegungsgleichungen:

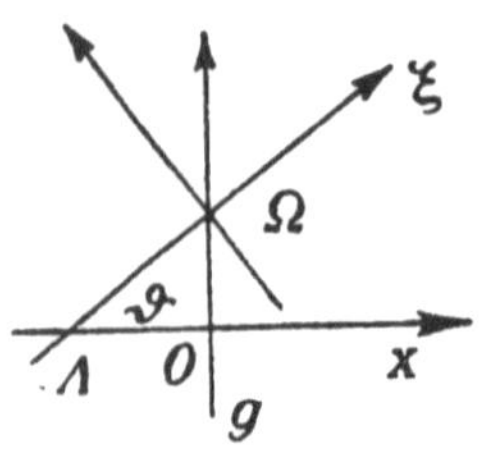

Fig. 4.

$$
(13) \qquad \begin{aligned} x &= \xi \cos \vartheta - \eta \sin \vartheta, \\ y &= l \operatorname{tg} \vartheta + \xi \sin \vartheta + \eta \cos \vartheta. \end{aligned}
$$

Die Elimination von ϑ ergibt als Gleichung der Bahnkurve eines Punktes ξ, η in rechtwinkligen Koordinaten die Gleichung:

$$
(14) \quad [\xi xy + \eta(x^2 + lx - \xi^2 - \eta^2)]^2 = [\eta y - \xi(x + l)]^2(\xi^2 + \eta^2 - x^2).
$$

Die Bahnkurve ist also eine Kurve vierter Ordnung. Liegt der beschreibende Punkt auf der ξ-Achse, so nimmt die Gleichung die Form an:

$$
x^2y^2 = (x + l)^2(\xi^2 - x^2)
$$

und stellt eine Konchoide des Nikomedes dar.

§ 3.

Definition des Pols und der Polkurven. Einfachste Eigenschaften der letzteren.

Wir fragen nun: Gibt es Punkte bei der Bewegung eines starren Systems, die momentan in Ruhe sind? Bezeichnen wir die Zeit durch t, so müßten für solche Punkte die Gleichungen bestehen:

$$
(1) \qquad \frac{dx}{dt} = 0, \ \frac{dy}{dt} = 0.
$$

Hierbei muß der Drehungswinkel ϑ als Funktion der Zeit gegeben sein. An Stelle der beiden Gleichungen (1) können wir auch die Gleichungen wählen:

$$
\frac{dx}{d\vartheta}\frac{d\vartheta}{dt} = 0, \ \frac{dy}{d\vartheta}\frac{d\vartheta}{dt} = 0
$$

oder auch:

$$
(2) \qquad \frac{dx}{d\vartheta} = 0, \ \frac{dy}{d\vartheta} = 0,
$$

da von den Phasen, in welchen:

$$
\frac{d\vartheta}{dt} = 0
$$

ist, füglich abgesehen werden kann.

Nun ist:

$$
(3) \qquad \begin{aligned} \frac{dx}{d\vartheta} &= \frac{da}{d\vartheta} - \xi \sin \vartheta - \eta \cos \vartheta = \frac{da}{d\vartheta} - (y - b), \\ \frac{dy}{d\vartheta} &= \frac{db}{d\vartheta} + \xi \cos \vartheta - \eta \sin \vartheta = \frac{db}{d\vartheta} + (x - a). \end{aligned}
$$

Unter solchen Umständen sind die in Frage kommenden Punkte entweder durch die Gleichungen:

$$
\xi \sin \vartheta + \eta \cos \vartheta - \frac{da}{d\vartheta} = 0,
$$

$$
\xi \cos \vartheta - \eta \sin \vartheta + \frac{db}{d\vartheta} = 0
$$

oder durch die Gleichungen:

$$y - b - \frac{da}{d\vartheta} = 0,$$
$$x + a + \frac{db}{d\vartheta} = 0$$

bestimmt. Hieraus folgt, daß in jedem Augenblick im allgemeinen ein einziger bestimmter Punkt der genannten Art existiert. Seine Koordinaten im ξ, η System lauten:

$$(4)\qquad \begin{aligned} \xi_p &= \frac{da}{d\vartheta}\sin\vartheta - \frac{db}{d\vartheta}\cos\vartheta, \\ \eta_p &= \frac{da}{d\vartheta}\cos\vartheta + \frac{db}{d\vartheta}\sin\vartheta, \end{aligned}$$

im x, y-System:

$$(5)\qquad \begin{aligned} x_p &= a - \frac{db}{d\vartheta}, \\ y_p &= b + \frac{da}{d\vartheta}. \end{aligned}$$

Wir nennen diesen Punkt das momentane Drehungszentrum oder auch den momentanen Drehungspol, den Momentanpol oder auch Pol schlechthin und wollen ihn durch P bezeichnen. Wir finden also den Lehrsatz:

In jeder Phase der Bewegung gibt es im allgemeinen einen einzigen bestimmten Punkt, den Pol, der sich in Ruhe befindet.

Um die Natur des Poles etwas tiefer zu erkennen, gehen wir zu den Bewegungsgleichungen zurück. Halten wir einen Punkt ξ, η fest, so definieren sie, wie schon bemerkt, die Bahnkurve des Punktes ξ, η. Die Gleichung der Normale für die Phase ϑ lautet:

$$(X - x)\frac{dx}{d\vartheta} + (Y - y)\frac{dy}{d\vartheta} = 0$$

oder auch:

$$(X - x)\,(a' - (y - b)) + (Y - y)\,(b' + (x - a)) = 0,$$

wobei a' und b' die Differentialquotienten von a und b nach ϑ bedeuten.

Man überzeugt sich leicht, daß dieser Gleichung genügt wird, wenn X und Y resp. die Werte x_p und y_p annehmen, so daß die Normale durch den Pol hindurchgeht. Wir finden demnach den Lehrsatz:

Die Normalen in einem beliebigen Punkte einer jeden Bahnkurve gehen in jedem Augenblicke durch den Pol. Die Bewegung eines jeden starren ebenen Systems besteht in einer Folge von Drehungen um den jeweiligen Pol.

Die in dem Lehrsatz ausgesprochene Eigenschaft kann dazu benutzt werden, um an Bahnkurven Normalen resp. Tangenten zu legen. Gehen wir dazu zu dem ersten im vorigen Paragraphen behandelten Bewegungsproblem zurück und betrachten eine bestimmte Lage der beweglichen Geraden $A\,B$. Da die festen Achsen auch zu den Bahnkurven gehören, so ist der momentane Drehungspol P der Schnittpunkt der beiden Parallelen zu der x- und der y-Achse, die durch die Punkte B und A gelegt werden können. Ist daher D ein fest mit AB verbundener Punkt, so ist die Normale an die Ellipse, die dieser Punkt beschreibt, die Linie DP.

Im allgemeinen wird der Pol im Endlichen gelegen sein, es gibt aber auch Fälle, in denen er in die Unendlichkeit rückt. Nehmen wir z. B. an, daß ein starres System sich so bewegt, daß zwei seiner Punkte auf zwei Kreisen mit den Mittelpunkten M_1 und M_2 gleiten. Dann kann unter Umständen der Fall eintreten, daß die Linien $M_1 A$ und $M_2 B$ einander parallel sind, sich also erst im Unendlichen schneiden. In diesem Falle liegt auch der Pol im Unendlichen.

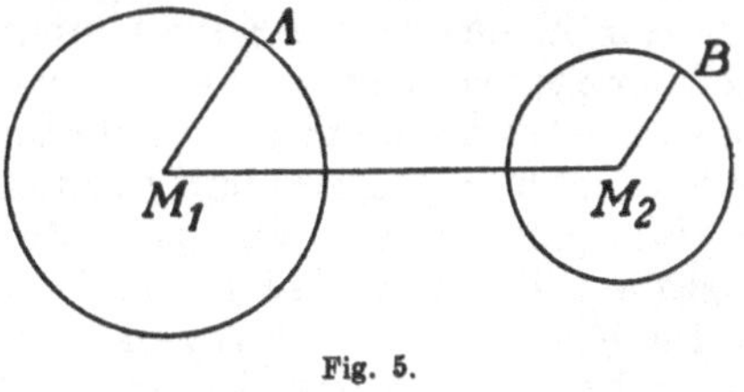

Fig. 5.

Ferner wird der Pol bei den in Betracht kommenden Bewegungen im allgemeinen ein eindeutig bestimmter Punkt sein, es gibt aber auch Fälle, in denen es nicht der Fall ist. Wir nehmen dazu die Bewegung, bei welcher ein Systempunkt auf einem Kreise, ein anderer auf einer Tangente an letzteren sich zu bewegen gezwungen ist. Dabei soll die Entfernung der beiden Punkte gleich dem Durchmesser des Kreises gleich $2r$ sein. Wählt man das Koordinatensystem im festen und beweglichen System, wie in der Figur angedeutet, so erkennt man leicht die Richtigkeit der Beziehungen:

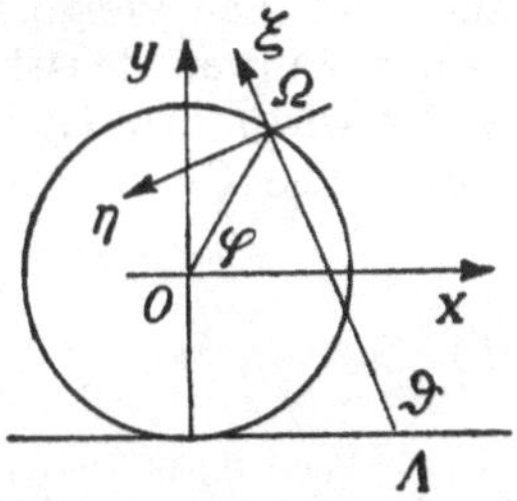

Fig. 6.

$$a = r \cos \varphi, \qquad b = r \sin \varphi$$

und ferner, da $A\Omega = 2r$ ist:

$$\sin \varphi = 2 \sin \vartheta - 1, \qquad \cos \varphi = 2 \sqrt{\sin \vartheta - \sin^2 \vartheta}.$$

Wir erhalten demnach:

$$a = 2r \sqrt{\sin \vartheta - \sin^2 \vartheta}, \qquad b = r\,(2 \sin \vartheta - 1),$$

wobei das Zeichen der Wurzel gleich dem Zeichen von a ist.

Für den Wert $\vartheta = \frac{\pi}{2}$ wird der Differenzenquotient von a

$$\frac{2r \sqrt{\cos h - \cos^2 h}}{h},$$

und zwar ist sowohl für positive, wie für negative Werte von h das positive und das negative Zeichen der Wurzel zu gebrauchen, da beiden positive und negative Werte von a entsprechen. Für $h = 0$ ergeben sich demnach zwei Grenzwerte, die Werte $\pm r \sqrt{2}$, und wir erhalten zwei Pole, deren Koordinaten resp. lauten:

$$x_p = 0, \; y_p = r\,(1 \pm \sqrt{2}).$$

Von dem Falle des unbestimmten Poles sehen wir in der Folge ganz ab und verweisen dieserhalb auf eine Arbeit von **Müller** im 54. Bande der Zeitschrift für Mathematik und Physik. Der Fall des unendlich fernen

Poles wird später mehrfach betrachtet werden, einstweilen nehmen wir den Pol als endlichen Punkt an.

Die Gleichungen (4) und (5), die die Koordinaten des Poles für die Phase ϑ in den beiden Koordinatensystemen definieren, können noch anders gedeutet werden. Nehmen wir an, daß ϑ alle möglichen Werte durchläuft, so bestimmen sie zwei Kurven, deren eine mit der ξ, η-, deren andere mit der x, y-Ebene fest verbunden ist. Die erstere nimmt im Laufe der Bewegung in bezug auf das feste System immer andere und andere Lagen an, die zweite dagegen bleibt unveränderlich. Wir nennen diese beiden Kurven die Polkurven des Systems, die erste die bewegliche, die zweite die feste. Erstere wird wohl auch Polkurve schlechthin, letztere Polbahn oder Basis oder Basiskurve genannt. Wir wollen die erste kurz durch Γ, die letzte durch C bezeichnen.

In den Gleichungssystemen (4) und (5) befindet sich derselbe Parameter ϑ. Dieser Parameter kann in einem und dem anderen Systeme alle möglichen Werte annehmen und hat nur für die Schnittpunkte der beiden Kurven denselben Wert. Um das auch äußerlich anzudeuten, wollen wir in dem Gleichungssysteme (5) als Parameter die Größe δ einführen, die Gleichungen der festen Polkurve also schreiben:

$$
\begin{aligned}
x_p &= a\,(\delta) - \frac{db}{d\delta}, \\
y_p &= b\,(\delta) + \frac{da}{d\delta}.
\end{aligned}
\tag{6}
$$

Im beweglichen Systeme nehmen die Gleichungen derselben Kurve für die Phase ϑ die Form an:

$$
\begin{aligned}
\xi &= \alpha + \left(a\,(\delta) - \frac{db}{d\delta}\right)\cos\vartheta + \left(b\,(\delta) + \frac{da}{d\delta}\right)\sin\vartheta, \\
\eta &= \beta - \left(a\,(\delta) - \frac{db}{d\delta}\right)\sin\vartheta + \left(b\,(\delta) + \frac{da}{d\delta}\right)\cos\vartheta.
\end{aligned}
\tag{7}
$$

Als Gleichungen der beweglichen Polkurve in demselben System hatten wir gefunden:

$$
\begin{aligned}
\xi_p &= \frac{da}{d\vartheta}\sin\vartheta - \frac{db}{d\vartheta}\cos\vartheta, \\
\eta_p &= \frac{da}{d\vartheta}\cos\vartheta + \frac{db}{d\vartheta}\sin\vartheta.
\end{aligned}
\tag{8}
$$

Die Vergleichung der beiden letzten Darstellungen ergibt mit Hilfe weniger Schlüsse, daß die Tangenten im gemeinsamen Punkte bei beiden Kurven dieselben sind und ebenso die Differentiale der Bogenlängen, die wir bei der festen resp. beweglichen Polkurve durch ds_p resp. $d\sigma_p$ bezeichnen wollen.

Unter solchen Umständen ergibt sich der für die Theorie der starren ebenen Bewegung fundamentale Lehrsatz:

Die Bewegung eines jeden starren ebenen Systems kann ersetzt werden durch das Abrollen der beweglichen Polkurve auf der festen.

Bei der umgekehrten Bewegung vertauschen die beiden Polkurven ihre Rolle, die feste geht in die bewegliche, die bewegliche in die feste über.

Als Beispiele für die Bestimmung der Polkurven wählen wir die beiden ersten Bewegungsaufgaben von § 2. Die Gleichungen der ersten lauteten:

$$x = \frac{l}{2} \sin \vartheta + \xi \cos \vartheta - \eta \sin \vartheta,$$

$$y = \frac{l}{2} \cos \vartheta + \xi \sin \vartheta + \eta \cos \vartheta.$$

Aus ihnen folgt:

$$x_p = l \sin \vartheta, \quad y_p = l \cos \vartheta.$$

Die feste Polkurve ist also ein Kreis, der mit dem Radius l um den Nullpunkt beschrieben ist.

Ferner wird:

$$\xi_p = \frac{l}{2} \sin 2\vartheta, \quad \eta_p = \frac{l}{2} \cos 2\vartheta.$$

Die bewegliche Polkurve ist demnach auch ein Kreis, der um den Anfangspunkt des ξ, η-Systems mit dem Radius $\frac{l}{2}$ beschrieben ist und durch den Anfangspunkt des festen Systems hindurchgeht. Der zweite Kreis liegt ganz innerhalb des ersten.

Die untersuchte Bewegung kann also auch dadurch erzeugt werden, daß ein Kreis innerhalb eines anderen festen abrollt, dessen Radius doppelt so groß wie der des rollenden ist.

Ähnlich einfach gestaltet sich die Untersuchung im zweiten Falle. Die Bewegungsgleichungen lauteten:

$$x = l \cos^2 \vartheta \qquad + \xi \cos \vartheta - \eta \sin \vartheta,$$
$$y = l \cos \vartheta \sin \vartheta + \xi \sin \vartheta + \eta \cos \vartheta.$$

Aus ihnen folgt:

$$x_p = l \sin^2 \vartheta, \quad y_p = -l \sin \vartheta \cos \vartheta$$

oder auch:

$$\left(x_p - \frac{l}{2}\right)^2 + y_p^2 = \frac{l^2}{4}.$$

Die feste Polkurve ist ein Kreis, der um den Punkt:

$$\frac{l}{2}, \; 0$$

mit dem Radius $\frac{l}{2}$ beschrieben ist.

Für die bewegliche Polkurve ergeben sich die Gleichungen:

$$\xi_p = -l \cos \vartheta, \; \eta_p = -l \sin \vartheta.$$

Die bewegliche Polkurve ist also ein Kreis, der um den Nullpunkt des beweglichen Koordinatensystems mit dem Radius l beschrieben ist. Dieser Kreis enthält den vorigen ganz in sich.

Die Bewegung des Systems entsteht also durch das Rollen eines beweglichen Kreises mit seiner Innenseite auf der äußeren Seite eines festen Kreises, dessen Radius halb so groß ist wie der des rollenden Kreises.

§ 4.

Bestimmung der Bewegungsgleichungen bei gegebenen Polkurven.

Im vorigen Paragraphen sind wir von den Bewegungsgleichungen ausgegangen und haben gezeigt, wie dann die Polkurven zu bestimmen sind. Jetzt wollen wir umgekehrt die Polkurven uns gegeben denken und fragen, wie dann die Bewegungsgleichungen aufzustellen sind.

Die Gleichungen der beiden Polkurven bei vorgelegten Koordinatensystemen mögen lauten:

$$(1) \qquad f(x_p, y_p) = 0, \qquad \varphi(\xi_p, \eta_p) = 0.$$

Nun ist aber:

$$x_p = a - b', \qquad y_p = b + a',$$
$$\xi_p = a' \sin\vartheta - b' \cos\vartheta, \qquad \eta_p = a' \cos\vartheta + b' \sin\vartheta.$$

Es bestehen also für alle Werte von ϑ die Gleichungen zusammen:

$$(2) \qquad \begin{aligned} &f(a - b',\ b + a') = 0, \\ &\varphi(a' \sin\vartheta - b' \cos\vartheta,\ \ a' \cos\vartheta + b' \sin\vartheta) = 0. \end{aligned}$$

Es sind das zwei Differentialgleichungen mit den abhängigen Veränderlichen a und b und der unabhängigen ϑ. Die Lösung ergibt alle in Betracht kommenden Werte von a und b und damit alle möglichen Bewegungsgleichungen. Die Konstanten sind durch die Anfangslagen bestimmt.

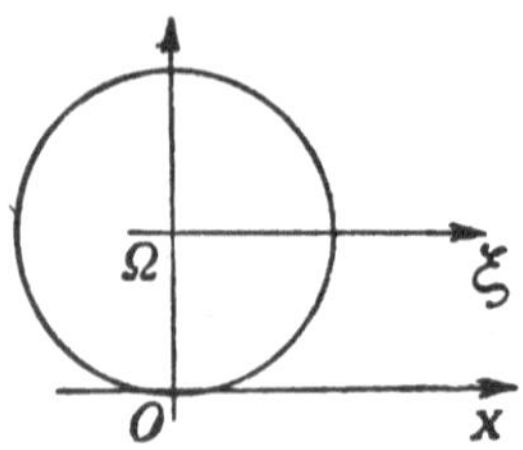

Fig.

Als Beispiel wählen wir die Zykloidenbewegung. Die feste Polkurve sei eine gerade Linie, die bewegliche ein Kreis mit dem Radius r. Wir legen die x-Achse in die gerade Linie, den Koordinatenanfangspunkt in den Anfangspunkt der Bewegung. Der Punkt Ω sei im Anfangspunkte der Bewegung der Mittelpunkt des rollenden Kreises, die ξ-Achse parallel der x-Achse, dann lauten die Gleichungen der beiden Polkurven:

$$y_p = 0,$$
$$\xi_p^2 + \eta_p^2 = r^2,$$

und es nehmen die Differentialgleichungen (2) die Form an:

$$b + \frac{da}{d\vartheta} = 0,$$
$$\left(\frac{da}{d\vartheta}\right)^2 + \left(\frac{db}{d\vartheta}\right)^2 = r^2,$$

aus denen die weitere Gleichung folgt:

$$b^2 + \left(\frac{db}{d\vartheta}\right)^2 = r^2$$

Ihre Integration ergibt die Beziehung:

$$b = r \cos(\vartheta - \vartheta_0),$$

wobei ϑ_0 eine Konstante bedeutet. In der Anfangslage der Bewegung, d. h. für $\vartheta = 0$, ist:

$$a = 0, \qquad b = r,$$

also folgt $\vartheta_0 = 0$, mithin:

$$b = r \cos \vartheta$$

und analog:

$$a = - r \sin \vartheta.$$

Unter solchen Umständen nehmen die Bewegungsgleichungen die Form an:

$$x = \xi \cos \vartheta - (\eta + r) \sin \vartheta,$$
$$y = \xi \sin \vartheta + (\eta + r) \cos \vartheta.$$

Diese Gleichungen sind nicht zu gebrauchen.

Es bleibt die singuläre Lösung zu betrachten übrig:

$$b = r \text{ und damit } a = - r\vartheta.$$

Die Bewegungsgleichungen nehmen jetzt die Form an:

$$x = - r\vartheta + \xi \cos \vartheta - \eta \sin \vartheta,$$
$$y = r + \xi \sin \vartheta + \eta \cos \vartheta.$$

Damit ist das Problem gelöst. Setzen wir $\xi = 0$, $\eta = - r$, so ergeben sich die Gleichungen:

$$x = - r (\vartheta - \sin \vartheta),$$
$$y = r (1 - \cos \vartheta).$$

Sie stellen eine gewöhnliche Zykloide dar.

Es möge noch eine zweite Lösung desselben Problems kurz angegeben werden. Zwischen den Koordinaten des Pols in den beiden eingeführten Koordinatensystemen bestehen die Beziehungen:

$$x_p = a + \xi_p \cos \vartheta - \eta_p \sin \vartheta,$$
$$y_p = b + \xi_p \sin \vartheta + \eta_p \cos \vartheta.$$

Hieraus folgt, daß die Bewegungsgleichungen auch in der Form geschrieben werden können:

$$(3) \qquad \begin{aligned} x &= x_p + (\xi - \xi_p) \cos \vartheta - (\eta - \eta_p) \sin \vartheta, \\ y &= y_p + (\xi - \xi_p) \sin \vartheta + (\eta - \eta_p) \cos \vartheta. \end{aligned}$$

Die Gleichungen der Polkurven sind gegeben. Die charakteristischen Eigenschaften der letzteren lauten:

$$(4) \qquad \begin{aligned} &\int ds_p = \int d\sigma_p \\ &\frac{d\eta_p}{d\xi_p} = \frac{dy_p}{dx_p} - \operatorname{tg}\vartheta : 1 + \frac{dy_p}{dx_p} \operatorname{tg}\vartheta. \end{aligned}$$

Die Integrale sind zwischen entsprechenden Grenzen zu nehmen. Die Gleichungen der beiden Polkurven und die beiden letzten Gleichungen erlauben x_p, y_p, ξ_p, η_p als Funktionen von ϑ auszudrücken. Damit sind die Bewegungsgleichungen gefunden.

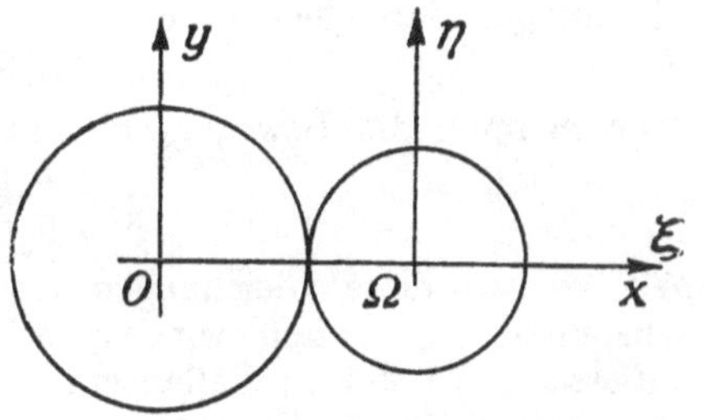

Fig. 8.

Als Beispiel nehmen wir den Fall, daß ein Kreis mit dem Radius r_2 auf einem Kreise mit dem Radius r_1 rollt, und zwar so, daß die Berührung von außen stattfindet. Die Anfangspunkte der beiden Systeme legen wir in die

Mittelpunkte der beiden Kreise, die ξ-Achse fällt in der Anfangslage mit der x-Achse zusammen, die Anomalie des Berührungspunktes beider Kreise in bezug auf die x-Achse sei anfangs Null. Dann folgen für die Koordinaten des Poles in den beiden Systemen die Werte:

$$x_p = \quad r_1 \cos \vartheta_1, \; y_p = r_1 \sin \vartheta_1,$$
$$\xi_p = - r_2 \cos \vartheta_2, \; \eta_p = r_2 \sin \vartheta_2,$$

wobei die Bedeutung von ϑ_1 und ϑ_2 ohne weiteres ersichtlich ist.

Die Gleichungen (4) nehmen die Gestalt an:

$$r_1 \vartheta_1 = r_2 \vartheta_2,$$
$$\vartheta = \vartheta_1 + \vartheta_2$$

und hieraus ergeben sich die Bewegungsgleichungen in der Form:

$$x = (r_1 + r_2) \cos \frac{r_2}{r_1 + r_2} \vartheta + \xi \cos \vartheta - \eta \sin \vartheta,$$
$$y = (r_1 + r_2) \sin \frac{r_2}{r_1 + r_2} \vartheta + \xi \sin \vartheta + \eta \cos \vartheta.$$

Falls die Berührung von innen stattfindet, ist an Stelle von r_2: $- r_2$ zu setzen, um die entsprechenden Bewegungsgleichungen zu erhalten. Die Bahnkurven sind allgemeine Epizykloiden oder Hypozykloiden.

Jedenfalls folgt aus den letzten Entwicklungen, daß zu gegebenen Polkurven die entsprechenden Bewegungen bestimmt werden können. Es folgt aber ferner, daß die Bewegungen auch dann zu bestimmen sind, wenn die Bahnkurve eines Punktes und eine der beiden Polkurven gegeben ist. Es findet ja nur eine Vertauschung bekannter und zu bestimmender Größen statt. Es möge in bezug hierauf auf die Lehrbücher und Aufgabensammlungen über höhere Analysis verwiesen werden.

§ 5.

Über die Einhüllenden von Kurven der beweglichen Ebene, insbesondere von geraden Linien.

Wir wollen die rechten Seiten der Bewegungsgleichungen kurz durch $f_1(\xi, \eta, \vartheta)$ und $f_2(\xi, \eta, \vartheta)$ bezeichnen, die Bewegungsgleichungen selbst also schreiben:

(1) $$x = f_1(\xi, \eta, \vartheta), \quad y = f_2(\xi, \eta, \vartheta).$$

Nun sei in der ξ, η-Ebene eine Kurve gegeben, die wir etwa durch die Gleichungen darstellen wollen:

(2) $$\xi = \varphi_1(u), \; \eta = \varphi_2(u),$$

dann nehmen die Bewegungsgleichungen die Form an:

(3) $$x = F_1(u, \vartheta), \quad y = F_2(u, \vartheta).$$

Wir können diese Gleichungen als die Gleichungen zweier Kurvenscharen deuten, indem wir einmal u, ein andermal ϑ als Parameter auffassen. In beiden Fällen ergibt sich die Einhüllende der Kurvenschar mit Hilfe der Gleichung:

$$\frac{\partial x}{\partial u}\frac{\partial y}{\partial \vartheta} - \frac{\partial x}{\partial \vartheta}\frac{\partial y}{\partial u} = 0. \tag{4}$$

Die Elimination von u und ϑ aus den Gleichungen (3) und (4) ergibt die gesuchte Einhüllende.

Wenden wir das auf unseren Fall an. Halten wir ϑ fest, so ergeben die Gleichungen (3) die ξ, η Kurve in der x, y-Ebene für die Phase ϑ. Lassen wir dann ϑ variieren, so erhalten wir die ganze Schar der Kurven in der x, y-Ebene, welche der ξ, η Kurve im Laufe der Bewegung zugeordnet werden kann.

Halten wir andererseits u fest, so stellen die Gleichungen (3) die Bahnkurve des entsprechenden Punktes ξ, η in der x, y-Ebene dar. Lassen wir dann u variieren, so erhalten wir die Bahnkurven aller Punkte der vorgelegten ξ, η-Kurve.

Diese beiden Kurvenscharen haben dieselbe Einhüllende, die mit Hilfe der Gleichungen (3) und (4) gefunden werden kann. Wir finden somit den Lehrsatz:

Die Einhüllende einer Kurve $\mathfrak{K}$ der ξ, η-Ebene im Laufe der Bewegung fällt mit der Einhüllenden der Kurven zusammen, die von den einzelnen Punkten von $\mathfrak{K}$ beschrieben werden, und kann mit Hilfe der Gleichungen (3) und (4) bestimmt werden.

Greifen wir einen Punkt der Einhüllenden heraus, so ist er zu gleicher Zeit ein Punkt der ξ, η-Kurve in der entsprechenden Lage und der Bahnkurve, die zu ihm gehört. Die Theorie der Einhüllenden lehrt, daß diese drei Kurven in dem gemeinsamen Punkte sich berühren.

Besonders einfach gestalten sich die Betrachtungen, wenn die Kurve in der ξ, η-Ebene eine gerade Linie ist. Wir wollen ihre Gleichungen schreiben:

$$\xi = u\cos\varepsilon + m, \quad \eta = u\sin\varepsilon + m_1. \tag{5}$$

Die Bewegungsgleichungen nehmen dann die Form an:

$$\begin{aligned} x &= a + m\cos\vartheta - m_1\sin\vartheta + u\cos(\vartheta+\varepsilon), \\ y &= b + m\sin\vartheta + m_1\cos\vartheta + u\sin(\vartheta+\varepsilon), \end{aligned} \tag{6}$$

während die Bedingungsgleichung sich schreiben läßt:

$$u = a'\sin(\vartheta+\varepsilon) - b'\cos(\vartheta+\varepsilon) - m\cos\varepsilon - m_1\sin\varepsilon. \tag{7}$$

Unter solchen Umständen nehmen die Gleichungen der Einhüllenden die Form an:

$$\begin{aligned} x &= f_0(\vartheta) + \cos(\vartheta+\varepsilon)\,\psi_0(\vartheta), \\ y &= \varphi_0(\vartheta) + \sin(\vartheta+\varepsilon)\,\psi_0(\vartheta), \end{aligned} \tag{8}$$

wobei gesetzt ist:

$$\varkappa = m\sin\varepsilon - m_1\cos\varepsilon,$$
$$f_0(\vartheta) = a + \varkappa\sin(\vartheta+\varepsilon), \quad \varphi_0(\vartheta) = b - \varkappa\cos(\vartheta+\varepsilon),$$
$$\psi_0(\vartheta) = f_0'(\vartheta)\sin(\vartheta+\varepsilon) - \varphi_0'(\vartheta)\cos(\vartheta+\varepsilon).$$

Wir werden auf diese Gleichungen später ausführlicher zurückkommen. Sogleich an dieser Stelle möge aber auf eine bemerkenswerte Eigenschaft der Spitzen der ihnen entsprechenden Kurven hingewiesen werden.

x und y hängen vermöge der Gleichungen (6) von ϑ und u ab, u vermöge der Gleichung (7) von ϑ.

Demgemäß ergeben sich die Gleichungen:

$$\frac{dx}{d\vartheta} = \frac{\partial x}{\partial \vartheta} + \frac{\partial x}{\partial u}\frac{du}{d\vartheta},$$
$$\frac{dy}{d\vartheta} = \frac{\partial y}{\partial \vartheta} + \frac{\partial y}{\partial u}\frac{du}{d\vartheta}.$$

Für die Spitzen werden die linken Seiten dieser Gleichungen der Null gleich, oder also es bestehen die Beziehungen:

$$(9)\qquad \begin{aligned}\frac{\partial x}{\partial \vartheta} &= -\cos(\vartheta+\varepsilon)\frac{du}{d\vartheta},\\ \frac{\partial y}{\partial \vartheta} &= -\sin(\vartheta+\varepsilon)\frac{du}{d\vartheta}.\end{aligned}$$

Erwägen wir die Beziehungen:

$$\frac{\partial x}{\partial \vartheta} = -y+b+a', \qquad \frac{\partial y}{\partial \vartheta} = x-a+b',$$

so können die Gleichungen (9) geschrieben werden:

$$(10)\qquad \begin{aligned}\cos(\vartheta+\varepsilon)\frac{du}{d\vartheta} &= y-b-a',\\ \sin(\vartheta+\varepsilon)\frac{du}{d\vartheta} &= -x+a-b',\end{aligned}$$

oder also es wird:

$$\left(\frac{du}{d\vartheta}\right)^2 = (x-a+b')^2 + (y-b-a')^2.$$

Andererseits ergibt sich aus Gleichung (7):

$$\frac{du}{d\vartheta} = a'\cos(\vartheta+\varepsilon) + b'\sin(\vartheta+\varepsilon) + a''\sin(\vartheta+\varepsilon) - b''\cos(\vartheta+\varepsilon).$$

Multiplizieren wir beide Seiten dieser Gleichung mit $\frac{du}{d\vartheta}$ und berücksichtigen die Gleichungen (10), so erhalten wir für $\left(\frac{du}{d\vartheta}\right)^2$ eine zweite Darstellung. Die Vergleichung beider ergibt die Beziehung:

$$(11)\qquad x_1^2 + y_1^2 + (b'+a'')\,x_1 - (a'-b'')\,y_1 = 0,$$

wobei gesetzt ist:

$$x_1 = x-a+b',\; y_1 = y-b-a'.$$

In dieser Gleichung fehlen die Größen α, m, m_1, so daß sich der Lehrsatz ergibt:

In jedem Augenblick der Bewegung liegen die Spitzen der Einhüllenden aller geraden Linien auf einem Kreise.

Dieselbe Eigenschaft gilt für die umgekehrte Bewegung.

§ 6.

Bestimmung der Bewegungsgleichungen, wenn die Einhüllenden zweier Kurven der beweglichen Ebene gegeben sind.

Wir haben im vorigen Paragraphen gezeigt, wie die Einhüllende einer Kurve der ξ, η-Ebene gefunden werden kann, wenn die Bewegungsgleichungen gegeben sind.

Wir wollen nun umgekehrt annehmen, daß die Einhüllende einer Kurve der ξ, η-Ebene gegeben sei, und fragen, welche Schlüsse hieraus auf die Bewegungsgleichungen gemacht werden können.

Wir nehmen dazu an, daß die Gleichungen der Kurve in der ξ, η-Ebene in der Form gegeben seien:

(1) $$\xi = \varphi_1(u), \qquad \eta = \varphi_2(u),$$

wobei u einen veränderlichen Parameter bedeutet. Die Bewegungsgleichungen der Punkte dieser Kurve nehmen dann die Form an:

(2) $$\begin{aligned} x &= a + \varphi_1(u)\cos\vartheta - \varphi_2(u)\sin\vartheta, \\ y &= b + \varphi_1(u)\sin\vartheta + \varphi_2(u)\cos\vartheta. \end{aligned}$$

Sie gehen in die Gleichungen der Einhüllenden über, wenn u mit Hilfe der Gleichung:

(3) $$\frac{\partial x}{\partial \vartheta}\frac{\partial y}{\partial u} - \frac{\partial x}{\partial u}\frac{\partial y}{\partial \vartheta} = 0$$

als Funktion von ϑ dargestellt wird.

Ist nun die Gleichung der Einhüllenden gegeben, etwa in der Form:

(4) $$F(x, y) = 0,$$

so folgt:

$$\frac{\partial y}{\partial \vartheta} : \frac{\partial x}{\partial \vartheta} = -\frac{\partial F}{\partial x} : \frac{\partial F}{\partial y},$$

da ja die Gleichungen (2) bei konstantem Werte von u die zu diesem Werte gehörende Bahnkurve darstellen und diese Bahnkurve die Einhüllende berührt. Gleichung (3) nimmt also die Form an:

(5) $$\frac{\partial F}{\partial x}\frac{\partial x}{\partial u} + \frac{\partial F}{\partial y}\frac{\partial y}{\partial u} = 0.$$

Eliminieren wir aus den Gleichungen (2), (4), (5) die Größen x, y und u, so ergibt sich eine Beziehung zwischen a, b und ϑ, und wir erhalten das Resultat:

Ist eine Kurve in der ξ, η-Ebene und ihre Einhüllende gegeben, so besteht zwischen den Größen a, b und ϑ der allgemeinen Bewegungsgleichungen eine Beziehung.

Hieraus folgt dann der Lehrsatz:

Die Bewegung eines starren ebenen Systems ist bestimmt, wenn die Einhüllenden zweier Kurven in der ξ, η-Ebene gegeben sind.

Als Beispiel nehmen wir den Fall, daß die Achsen des beweglichen Systems die Parabel umhüllen:

(6) $$y^2 = 2px.$$

Die Gleichungen der η-Achse in den x, y-Koordinaten lauten:

$$x = a - \eta \sin \vartheta, \qquad y = b + \eta \cos \vartheta.$$

Der veränderliche Parameter ist die Größe η. Die Gleichung zwischen η und ϑ nimmt die Form an:

$$p \sin \vartheta + (b + \eta \cos \vartheta) \cos \vartheta = 0,$$

so daß die Gleichungen (2) geschrieben werden können:

$$x = a + b \operatorname{tg} \vartheta + p \operatorname{tg}^2 \vartheta,$$
$$y = - p \operatorname{tg} \vartheta$$

und demgemäß vermöge der Gleichung (6) sich die Beziehung ergibt:

$$2 (a + b \operatorname{tg} \vartheta) + p \operatorname{tg}^2 \vartheta = 0.$$

Für die ξ-Achse ergibt sich in ähnlicher Weise die Gleichung:

$$2 (a - b \operatorname{ctg} \vartheta) + p \operatorname{ctg}^2 \vartheta = 0.$$

Aus den beiden letzten Gleichungen können a und b durch ϑ ausgedrückt werden, und wir erhalten die Bewegungsgleichungen in der Form:

$$x = - \frac{p}{2} + \xi \cos \vartheta - \eta \sin \vartheta,$$

$$y = p \operatorname{ctg} 2\vartheta + \xi \sin \vartheta + \eta \cos \vartheta.$$

Der Nullpunkt des ξ, η-Systems beschreibt, wie vorauszusehen war, die Leitlinie der Parabel.

§ 7.

Fortsetzung: Lösung desselben Problems mit Hilfe polarer Linienkoordinaten.

Wir können das bewegliche System als ein Punkt- oder Geradensystem auffassen. Bei der ersten Auffassung werden wir mit Punkt-, bei der zweiten vorteilhaft mit Linienkoordinaten rechnen. Den Aufgaben, die Bahnkurven bzw. die Einhüllenden der Systemgeraden mit Hilfe von Punktkoordinaten zu bestimmen, entsprechen als duale, die Einhüllenden der Systemgeraden bzw. die Bahnkurven bei Anwendung von Linienkoordinaten zu bestimmen. Die Aufgabe, die Einhüllende einer beliebigen Systemkurve zu bestimmen, entspricht bei Verwendung der beiden Koordinatenarten sich selbst.

Wir wollen uns im folgenden jedoch nicht der gewöhnlichen Linienkoordinaten bedienen, sondern der polaren, da dieselben bei unseren Betrachtungen auf einfachere Rechnung führen.

Unter den polaren Koordinaten einer Geraden, die von Ph. Weinmeister*) stammen, verstehen wir das vom Anfangspunkt auf die Gerade gefällte Lot d und den Winkel ψ, den das Lot mit der positiven Richtung der x-Achse bildet. Sind u, v die Plückerschen Linienkoordinaten, so bestehen die Beziehungen:

$$d \cdot u = - \cos \psi, \qquad d \cdot v = - \sin \psi.$$

*) Zeitschrift für Mathematik und Physik, Jahrg. 21.

Die Gleichung:

$$\varphi(d, \psi) = 0 \tag{1}$$

stellt uns eine Kurve dar, und zwar die Einhüllende aller Geraden, deren Koordinaten d, ψ die genannte Gleichung erfüllen.

Es genügt, wie es gewöhnlich bei Polarkoordinaten geschieht, d nur für den Bereich der positiven Zahlen zu definieren. Für das Spätere ist es aber zweckmäßig, auch negative Werte für d zuzulassen.

Faßt man d, ψ als polare Punktkoordinaten auf, so stellt uns die Gleichung (1) die Fußpunktkurve der ursprünglichen in bezug auf den Anfangspunkt als Lotpunkt dar.

Wir wollen nun die Gleichung der Evolute einer Kurve in polaren Linienkoordinaten aufstellen. Dazu denken wir uns die Kurve gegeben durch die Gleichung:

$$d = F(\psi).$$

Der Berührungspunkt B der Tangente d, ψ mit der Kurve $d = F(\psi)$ ist der Schnittpunkt der Tangente d, ψ mit der unendlich benachbarten. Seine Koordinaten bestimmen sich also ohne weiteres aus den Gleichungen:

$$x \cos\psi + y \sin\psi - d = 0, \quad -x \sin\psi + y \cos\psi - d' = 0.$$

Wir erhalten:

$$x = d \cos\psi - d' \sin\psi, \qquad y = d \sin\psi + d' \cos\psi,$$

wobei die Striche Differentiationen nach ψ bedeuten.

Ist F der Fußpunkt des vom Anfangspunkt auf die Tangente d, ψ gefällten Lotes, so ist FB gleich dem absoluten Werte der Ordinate des Punktes B in bezug auf das Koordinatensystem, welches gegen das ursprüngliche um den Winkel ψ gedreht ist. Ist OF_1 das vom Anfangspunkt auf die Normale unserer Kurve im Punkte B gefällte Lot, so ist $OF_1 = FB$. Setzen wir fest, daß $OF_1 \gtrless 0$ bzw. $FB \gtrless 0$ sein soll, je nachdem der Punkt F_1 bzw. B in dem um den Winkel ψ gedrehten Koordinatensystem eine positive oder negative Ordinate hat, so gilt auch mit Rücksicht auf das Zeichen:

$$OF_1 = FB = -x \sin\psi + y \cos\psi = d'.$$

Macht man von dem Begriff des Speeres Gebrauch, so ist FB bzw. OF_1 der Abstand des Punktes B bzw. F_1 vom Zentralpunkt F bzw. O oder kurz die Abszisse des Punktes B bzw. F_1 auf dem Speer mit den Zeigern ψ, d bzw. $\psi, 0$.

Die Koordinaten der Kurvennormale im Punkte B lauten:

$$d_1 = d', \qquad \psi_1 = \psi + \frac{\pi}{2}.$$

Die Gleichung der gesuchten Evolute hat demnach bei Unterdrückung des Index 1 die Form:

$$d = F'\left(\psi - \frac{\pi}{2}\right). \tag{2}$$

Beziehen wir die Evolutengleichung auf das Achsensystem, welches gegen das ursprüngliche um den Winkel $\frac{\pi}{2}$ gedreht ist, so erhalten wir:

$$d = F'(\psi). \tag{3}$$

Die Koordinaten des Krümmungsmittelpunktes K, der zum Berührungspunkt B der Tangente d, ψ mit der Kurve $d = F(\psi)$ gehört, lauten dann im ursprünglichen Achsensystem:

$$-d' \sin\psi - d'' \cos\psi,$$
$$d' \cos\psi - d'' \sin\psi.$$

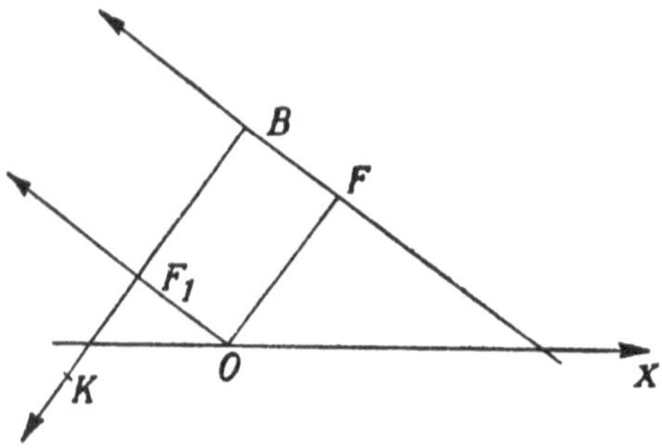

Fig. 9.

Der Krümmungsradius selbst hat den Wert:

$$BK = d + d''.$$

Das Vorzeichen gibt uns an, ob die Punkte B, K auf dem Speer mit den Zeigern $\psi + \frac{\pi}{2}$, d' im positiven oder negativen Sinne aufeinander folgen.

Als Gleichung der n-ten Evolute finden wir nach einer Achsendrehung um den Winkel $n\frac{\pi}{2}$:

$$d = F^{(n)}(\psi).$$

Die Koordinaten des n-ten Krümmungsmittelpunktes lassen sich im ursprünglichen und in dem um $n\frac{\pi}{2}$ gedrehten Achsensystem sofort angeben.

Als Gleichung der Evolvente einer Kurve ergibt sich nach dem vorhergehenden:

$$d = \int F(\psi)\, d\psi + c,$$

wobei c eine Integrationskonstante bedeutet und eine Achsendrehung um den Winkel $-\frac{\pi}{2}$ stattgefunden hat. —

Es sei nun eine Gerade des beweglichen Systems gegeben. Sind ihre Koordinaten in bezug auf das in der beweglichen Ebene liegende Achsensystem δ, ω, in bezug auf das feste Achsensystem d, ψ, sind ferner die Koordinaten des Anfangspunktes des beweglichen Systems im x, y-System a, b, so gelten die Beziehungen:

$$d = a\cos(\vartheta + \omega) + b\sin(\vartheta + \omega) + \delta, \qquad \psi = \vartheta + \omega.$$

Bei veränderlichem ϑ wird uns durch die beiden Gleichungen die Einhüllende der Systemgeraden δ, ω dargestellt.

Die Größen a, b sind Funktionen des Drehwinkels ϑ. Infolge der Beziehung $\psi = \vartheta + \omega$ können sie aber auch als Funktionen der Größe ψ angesehen werden. Wir finden demnach als Gleichung der Einhüllenden der Systemgeraden δ, ω:

$$(4) \qquad d = a\cos\psi + b\sin\psi + \delta,$$

wobei in den Funktionen a, b die Größe ϑ durch $\psi - \omega$ ersetzt ist.

In der beweglichen Ebene sei eine beliebige Kurve gegeben, die wir durch die Gleichung darstellen wollen:

$$\delta = f(\omega).$$

Die Tangente dieser Kurve, welche einem bestimmten Wert von ω entspricht, hat im festen Achsensystem die Koordinaten:

$$(5)\qquad \begin{aligned} d &= a \cos(\vartheta + \omega) + b \sin(\vartheta + \omega) + f(\omega), \\ \psi &= \vartheta + \omega, \end{aligned}$$

wobei die Größen a, b als Funktionen des Drehwinkels ϑ gedacht sind, Wir können die soeben hingeschriebenen Gleichungen als Gleichungen zweier Kurvenscharen auffassen. Einem festen ϑ entspricht die Systemkurve in der x, y-Ebene in der Phase ϑ. Lassen wir ϑ variieren, so erhalten wir die ganze Kurvenschar der x, y-Ebene, die der Systemkurve im Laufe der Bewegung zugeordnet werden kann. Halten wir ω fest, so erhalten wir die Einhüllende der entsprechenden Tangente unserer Systemkurve in der x, y-Ebene. Lassen wir ω variieren, so erhalten wir die Einhüllenden aller Tangenten unserer Systemkurve. In beiden Fällen wird die Einhüllende der Kurvenschar gefunden mit Hilfe der Gleichung:

$$(6)\qquad \frac{\partial d}{\partial \vartheta}\frac{\partial \psi}{\partial \omega} - \frac{\partial d}{\partial \omega}\frac{\partial \psi}{\partial \vartheta} = 0,$$

indem ϑ und ω aus den Gleichungen (5) und (6) eliminiert werden. Es gilt somit der Lehrsatz:

Die Einhüllende einer Kurve der beweglichen Ebene im Laufe der Bewegung fällt zusammen mit der Einhüllenden derjenigen Kurven, welche von den einzelnen Tangenten der Systemkurve umhüllt werden.

Nach dem früheren fällt die Einhüllende einer Systemkurve zusammen mit der Einhüllenden der Bahnkurven ihrer Punkte. Es fallen also die Einhüllende einer Kurve der beweglichen Ebene im Laufe der Bewegung, die Einhüllende der Bahnkurven ihrer Punkte und die Einhüllende der Hüllkurven ihrer Tangenten zusammen.

Es sei uns eine Systemkurve und ihre Einhüllende gegeben, etwa durch die Gleichungen:

$$f(\delta, \omega) = 0, \qquad F(d, \psi) = 0.$$

Dann gelten die Beziehungen:

$$d = a \cos \psi + b \sin \psi + \delta, \quad \psi = \vartheta + \omega.$$

Eliminieren wir aus diesen vier Gleichungen und der weiteren:

$$\frac{\partial d}{\partial \vartheta}\frac{\partial \psi}{\partial \omega} - \frac{\partial d}{\partial \omega}\frac{\partial \psi}{\partial \vartheta} = 0$$

die Größen δ, ω, d, ψ, so haben wir eine Beziehung zwischen a, b und ϑ. Ist uns eine weitere Systemkurve nebst ihrer Einhüllenden gegeben, so erhalten wir eine zweite Beziehung zwischen a, b und ϑ. Es können somit a und b berechnet und die Bewegungsgleichungen aufgestellt werden.

Die Aufgabe, bei Anwendung von Linienkoordinaten die Größen a und b zu bestimmen, wenn zwei Systemgeraden mit ihren Einhüllenden gegeben sind, entspricht bei Anwendung von Punktkoordinaten der Aufgabe, die Größen a und b zu bestimmen, wenn zwei Bahnkurven gegeben sind.

Als Beispiel wollen wir diejenige Bewegung wählen, bei welcher zwei aufeinander senkrecht stehende Geraden ein und dieselbe logarithmische Spirale umhüllen. Bedenkt man, daß die Fußpunktkurve einer logarithmischen Spirale in bezug auf den asymptotischen Punkt als Lotpunkt wieder eine logarithmische Spirale ist, so findet man die Gleichung unserer logarithmischen Spirale in polaren Linienkoordinaten bei geeigneter Wahl des x, y-Systems in der Form:

$$d = c\, e^{\varkappa \psi}.$$

Wir wählen die genannten beiden Geraden des beweglichen Systems als ξ und η-Achse. Dann lauten ihre Koordinaten in bezug auf das feste Achsensystem:

$$d = -a \sin \vartheta + b \cos \vartheta, \qquad \psi = \vartheta + \frac{\pi}{2}$$

bzw.

$$d = a \cos \vartheta + b \sin \vartheta, \ \psi = \vartheta.$$

Wir erkennen somit die Richtigkeit der Gleichungen:

$$-a \sin \vartheta + b \cos \vartheta = c_1\, e^{\varkappa \vartheta},$$
$$a \cos \vartheta + b \sin \vartheta = c\, e^{\varkappa \vartheta},$$

wobei gesetzt ist:

$$c_1 = c\, e^{\frac{\varkappa \pi}{2}}.$$

Die Größen a und b nehmen die Form an:

$$a = e^{\varkappa \vartheta} (c \cos \vartheta - c_1 \sin \vartheta),$$
$$b = e^{\varkappa \vartheta} (c \sin \vartheta + c_1 \cos \vartheta).$$

Damit ist die Aufgabe gelöst. Wir wollen nur noch untersuchen, wie sich die Einhüllende einer beliebigen Geraden gestaltet.

Als Koordinaten einer solchen Systemgeraden δ, ω in bezug auf das feste Achsensystem erhält man:

$$d = e^{\varkappa \vartheta} (c \cos \omega + c_1 \sin \omega) + \delta, \qquad \psi = \vartheta + \omega.$$

Die Gleichung ihrer Einhüllenden lautet demnach:

$$d = \delta + C\, e^{\varkappa \psi},$$

wobei gesetzt ist:

$$C = (c \cos \omega + c_1 \sin \omega) : e^{\varkappa \omega}.$$

Ist $d = F(\psi)$ die Gleichung einer Kurve in polaren Linienkoordinaten, so lautet die Gleichung ihrer Evolventenschar:

$$d = \int F(\psi)\, d\psi + k,$$

wobei die Integrationskonstante k als veränderlicher Parameter anzusehen ist. Bei unserer Bewegung umhüllen also alle Systemgeraden Evolventen von kongruenten logarithmischen Spiralen, die für alle Geraden durch den Anfangspunkt Ω selbst logarithmische Spiralen sind, die untereinander und den soeben genannten kongruent sind. Die Einhüllenden aller Geraden, die einen Systemkreis mit Ω als Mittelpunkt umhüllen, sind kongruent, diejenigen einer Parallelenschar sind die Evolventenschar ein und derselben Kurve.

Zweiter Abschnitt.

Die Krümmungstheorie der ebenen Bewegung.

§ 8.

Die Krümmungstheorie der Bahnkurven.

Die Gleichungen der Kurve, welche ein Punkt ξ, η beschreibt, haben wir in der Form dargestellt:

$$(1) \qquad \begin{aligned} x &= a + \xi \cos \vartheta - \eta \sin \vartheta, \\ y &= b + \xi \sin \vartheta + \eta \cos \vartheta. \end{aligned}$$

Wir wollen im folgenden die Krümmungstheorie dieser Kurven entwickeln.

Wir nennen u und v die Koordinaten des Krümmungsmittelpunktes, welcher zu dem Punkte x, y gehört, dann finden die Beziehungen statt:

$$(2a) \qquad \begin{aligned} u &= x - \frac{e^2}{w} \frac{dy}{d\vartheta}, \\ v &= y + \frac{e^2}{w} \frac{dx}{d\vartheta}, \end{aligned}$$

wenn unter e und w die Größen verstanden werden:

$$(2b) \qquad \begin{aligned} e &= \sqrt{\left(\frac{dx}{d\vartheta}\right)^2 + \left(\frac{dy}{d\vartheta}\right)^2}, \\ w &= \frac{dx}{d\vartheta} \frac{d^2y}{d\vartheta^2} - \frac{dy}{d\vartheta} \frac{d^2x}{d\vartheta^2}. \end{aligned}$$

Erwägen wir die Beziehungen:

$$x_p = a - b', \qquad y_p = b + a'$$

und führen die Bezeichnungen ein:

$$(3) \qquad a_2 = a'' + b', \qquad b_2 = b'' - a',$$

so lassen sich die beiden ersten Differentialquotienten von x und y nach ϑ in die Form bringen:

$$\frac{dx}{d\vartheta} = -y + y_p, \qquad \frac{dy}{d\vartheta} = x - x_p,$$

$$\frac{d^2x}{d\vartheta^2} = -x + x_p + a_2, \qquad \frac{d^2y}{d\vartheta^2} = -y + y_p + b_2,$$

und wir erhalten für e und w die Werte:

$$e = \sqrt{(x - x_p)^2 + (y - y_p)^2},$$

$$w = (x - x_p)^2 + (y - y_p)^2 - a_2(x - x_p) - b_2 (y - y_p).$$

Es ist e demnach die Entfernung des vorgelegten Punktes x, y vom Pol.

Um einfachere Darstellungen zu erhalten, verschieben wir das x, y-System parallel mit sich selbst in den Pol als Anfangspunkt. Die neuen Koordinaten bezeichnen wir durch x_1, y_1 resp. u_1, v_1, dann folgt:

(4) $$x_1 = x - x_p, \quad y_1 = y - y_p,$$

und analoge Beziehungen ergeben sich zwischen u, v und u_1, v_1.

In diesem neuen Koordinatensystem lauten die Koordinaten des augenblicklichen Krümmungsmittelpunktes:

(5) $$\begin{aligned} u_1 &= -x_1 (a_2 x_1 + b_2 y_1) : w, \\ v_1 &= -y_1 (a_2 x_1 + b_2 y_1) : w, \end{aligned}$$

wobei w geschrieben werden kann:

$$w = x_1^2 + y_1^2 - a_2 x_1 - b_2 y_1.$$

Wir führen noch ein drittes Koordinatensystem ein.

Die Gleichung der Tangente an die feste Polkurve im augenblicklichen Berührungspunkt hat die Form:

$$a_2 x_1 + b_2 y_1 = 0,$$

die der Normalen:

$$b_2 x_1 - a_2 y_1 = 0.$$

In diese beiden Linien wollen wir die neuen Koordinatenachsen hineinlegen und die entsprechenden Koordinaten durch x_2 und y_2 bezeichnen, dann können wir setzen:

(6) $$\begin{aligned} x_2 &= b_2 x_1 - a_2 y_1 : N, \\ y_2 &= a_2 x_1 + b_2 y_1 : N, \\ N &= +\sqrt{a_2^2 + b_2^2}. \end{aligned}$$

Die x_2-Achse fällt also mit der Tangente, die y_2-Achse mit der Normalen zusammen. Setzen wir analog:

$$\begin{aligned} u_2 &= b_2 u_1 - a_2 v_1 : N, \\ v_2 &= a_2 u_1 + b_2 v_1 : N, \end{aligned}$$

so folgen die einfachen Beziehungen:

(7) $$\begin{aligned} w u_2 &= -N x_2 y_2, \\ w v_2 &= -N y_2^2, \\ w &= x_2^2 + y_2^2 - N y_2. \end{aligned}$$

Wir wenden uns nunmehr zu der umgekehrten Bewegung. Ihre Gleichungen lauten:

(8a) $$\begin{aligned} \xi &= \alpha + x \cos \vartheta_1 - y \sin \vartheta_1, \\ \eta &= \beta + x \sin \vartheta_1 + y \cos \vartheta_1, \end{aligned}$$

wobei gesetzt war:

(8b) $$\alpha = -a \cos \vartheta_1 + b \sin \vartheta_1, \quad \beta = -a \sin \vartheta_1 - b \cos \vartheta_1, \quad \vartheta_1 = -\vartheta.$$

Diese Formeln haben dieselbe Gestalt, wie die der ursprünglichen Bewegung, nur daß andere Bezeichnungen eingeführt sind. Die Koordinaten des Krümmungsmittelpunktes, der zu einem Punkte ξ, η einer Bahnkurve der umgekehrten Bewegung gehört, haben die Werte:

(9a) $$\xi - \frac{e_1^2}{w_1} \frac{d\eta}{d\vartheta_1}, \quad \eta + \frac{e_1^2}{w_1} \frac{d\xi}{d\vartheta_1},$$

wobei unter e_1 und w_1 die Größen zu verstehen sind:

$$(9\text{b})\qquad \begin{aligned} e_1 &= \sqrt{\left(\frac{d\xi}{d\vartheta_1}\right)^2 + \left(\frac{d\eta}{d\vartheta_1}\right)^2}, \\ w_1 &= \frac{d\xi}{d\vartheta_1}\frac{d^2\eta}{d\vartheta_1^2} - \frac{d\eta}{d\vartheta_1}\frac{d^2\xi}{d\vartheta_1^2}. \end{aligned}$$

Um eine Vergleichung mit den früheren Resultaten zu ermöglichen, empfiehlt es sich, an Stelle der Koordinaten ξ, η die vorhin gebrauchten x, y resp. x_1, y_1 und x_2, y_2 einzuführen und neben ihnen den Winkel ϑ.

Es ergeben sich dann die Beziehungen:

$$\frac{d\xi}{d\vartheta_1} = x_1 \sin\vartheta - y_1\cos\vartheta, \qquad \frac{d\eta}{d\vartheta_1} = x_1\cos\vartheta + y_1\sin\vartheta,$$

$$\frac{d^2\xi}{d\vartheta_1^2} = -x_1\cos\vartheta - y_1\sin\vartheta + \alpha_2,$$

$$\frac{d^2\eta}{d\vartheta_1^2} = x_1\sin\vartheta - y_1\cos\vartheta + \beta_2,$$

wobei gesetzt ist:

$$\alpha_2 = -a_2\cos\vartheta - b_2\sin\vartheta, \qquad \beta_2 = a_2\sin\vartheta + b_2\cos\vartheta.$$

Die Größen e_1 und w_1 lassen sich schreiben:

$$e_1 = \sqrt{x_1^2 + y_1^2}, \qquad w_1 = x_1^2 + y_1^2 + a_2 x_1 + b_2 y_1.$$

Wir nehmen wieder eine Parallelverschiebung des vorgelegten Systems in den Pol als Koordinatenanfangspunkt vor, d. h. wir setzen an Stelle von ξ und η die Größen ξ_1 und η_1, die mit ihnen durch die Gleichungen verbunden sind:

$$\xi_1 = \xi - \xi_p, \qquad \eta_1 = \eta - \eta_p,$$

ξ_p und η_p bedeuten hierbei die früher angegebenen Koordinaten des Poles in bezug auf das ξ, η-System. Dann nehmen die Koordinaten des Krümmungsmittelpunktes in bezug auf dieses System die Form an:

$$\begin{aligned} &-\xi_1(\alpha_2\xi_1 + \beta_2\eta_1) : w_1, \\ &-\eta_1(\alpha_2\xi_1 + \beta_2\eta_1) : w_1. \end{aligned}$$

Schließlich drehen wir das Koordinatensystem so, daß die neue ξ-Achse mit der Tangente, die neue η-Achse mit der Normalen an die Polkurven zusammenfällt, und zwar nach dem Früheren gemäß den Formeln:

$$(10)\qquad \begin{aligned} \xi_2 &= \beta_2\xi_1 - \alpha_2\eta_1 : N, \\ \eta_2 &= \alpha_2\xi_1 + \beta_2\eta_1 : N. \end{aligned}$$

Eine leichte Rechnung zeigt, daß dann die Beziehungen bestehen:

$$\xi_2 = -x_2, \quad \eta_2 = -y_2.$$

Wir wollen die Koordinaten des Krümmungsmittelpunktes in bezug auf das x_2, y_2-System durch μ_2 und ν_2 bezeichnen, so folgen die Darstellungen:

$$(11\text{a})\qquad w_1\mu_2 = N x_2 y_2, \quad w_1\nu_2 = N y_2^2,$$

wobei w_1 den Wert hat:

$$(11\text{b})\qquad w_1 = x_2^2 + y_2^2 + N y_2.$$

Damit sind wir einstweilen am Ziel. Wir haben die Koordinaten des Krümmungsmittelpunktes eines jeden Punktes der Bahnkurve im ursprünglichen und im umgekehrten System in ein und demselben Koordinatensystem dargestellt.

Für den Krümmungsradius selbst ergeben sich bei der direkten Bewegung im x_1, y_1 resp. x_2, y_2-System die resp. Ausdrücke:

$$(12) \qquad \varrho = \frac{(x_1^2 + y_1^2)^{\frac{3}{2}}}{x_1^2 + y_1^2 - a_2 x_1 - b_2 y_1} \text{ und } \varrho = \frac{(x_2^2 + y_2^2)^{\frac{3}{2}}}{x_2^2 + y_2^2 - N y_2}.$$

Analog gestalten sich die Ausdrücke für die umgekehrte Bewegung.

Diese Darstellungen ergeben zu gleicher Zeit eine wichtige weitere Beziehung.

Wir wollen annehmen, daß der Bahnpunkt der umgekehrten Bewegung, dessen Krümmungsmittelpunkt bestimmt werden soll, der Punkt u_2, v_2 sei, den wir bei der ursprünglichen Bewegung gefunden haben. Dann folgt:

$$\mu_2 = \frac{N u_2 v_2}{w_1}, \qquad \nu_2 = \frac{N v_2^2}{w_1}.$$

Andererseits können wir die Gleichungen für u_2, v_2, wie wir sie bei der direkten Bewegung gefunden haben, auch schreiben:

$$u_2 y_2 - v_2 x_2 = 0,$$
$$u_2 x_2 + y_2 (v_2 + N) = N v_2.$$

Aus ihnen folgen die Beziehungen:

$$x_2 = \frac{N u_2 v_2}{w_1}, \qquad y_2 = \frac{N v_2^2}{w_1}.$$

Es fallen also die Punkte μ_2, ν_2 und x_2, y_2 zusammen, und wir erhalten den Lehrsatz:

Ist u_2, v_2 der Krümmungsmittelpunkt des Punktes x_2, y_2 der direkten Bewegung, so ist x_2, y_2 der Krümmungsmittelpunkt des Punktes u_2, v_2 der umgekehrten Bewegung.

§ 9.

Fortsetzung. Fall des unendlich fernen Poles.

Bei den letzten Betrachtungen war vorausgesetzt, daß der Pol im Endlichen gelegen sei. Diese Annahme lassen wir jetzt fallen, nehmen vielmehr an, daß der Pol im Unendlichen gelegen sei. Dann werden die Normalen in allen Punkten der Ebene an die entsprechenden Bahnkurven alle einander parallel nach dem unendlich fernen Pol gerichtet sein, die Bewegung besteht also in einer momentanen Parallelverschiebung.

Der Krümmungsradius hat allgemein den Wert:

$$(1) \qquad \varrho = \frac{((x - x_p)^2 + (y - y_p)^2)^{\frac{3}{2}}}{(x - x_p)^2 + (y - y_p)^2 - a_2 (x - x_p) - b_2 (y - y_p)}.$$

Im Grenzfalle wird also sein:

$$\frac{1}{\varrho} = - \lim \frac{a_2 (x - x_p) + b_2 (y - y_p)}{(x_p^2 + y_p^2)^{\frac{3}{2}}}$$

oder auch:

$$\frac{1}{\varrho} = -\lim \frac{N}{(x_p^2 + y_p^2)^{\frac{3}{2}}} \lim \frac{a_2(x - x_p) + b_2(y - y_p)}{N}.$$

Nun ist $a_2 x + b_2 y : N$ die y-Koordinate des vorgelegten Kurvenpunktes in bezug auf ein Koordinatensystem, das mit dem ursprünglichen den Anfangspunkt gemeinsam hat und dessen x-Achse parallel der Polkurventangente ist. Im Grenzfall ist also die x-Achse nach dem unendlich fernen Punkt gerichtet. Wir wollen das entsprechende Koordinatensystem mit Hilfe des Index 3 von den bisherigen unterscheiden.

$a_2 x_p + b_2 y_p : N$ ist infolgedessen die y-Koordinate des Poles in bezug auf das zuletzt definierte System. Wir wollen sie durch $y_3^{(p)}$ bezeichnen. Setzen wir schließlich:

$$\lim \frac{(x_p^2 + y_p^2)^{\frac{3}{2}}}{N} = \varkappa, \tag{2}$$

so folgt, daß der Krümmungsradius für den Fall des unendlich fernen Punktes den Wert besitzt:

$$\varrho = -\frac{\varkappa}{y_3 - y_3^{(p)}}. \tag{3}$$

Er ist also umgekehrt proportional der y-Koordinate des entsprechenden Kurvenpunktes in bezug auf ein System, dessen x-Achse die Polkurventangente im unendlich fernen Pol ist.

Für die Koordinaten des Krümmungsmittelpunktes im x_3, y_3-System ergeben sich dann die Werte:

$$\begin{aligned} u_3 &= x_3 - \frac{\varkappa}{y_3 - y_3^{(p)}}, \\ v_3 &= y_3. \end{aligned} \tag{4}$$

Als Beispiel wählen wir kurz den Fall des speziellen Schubkurbelgetriebes, bei welchem eine gerade Linie von gegebener Länge l sich so bewegt, daß ein Endpunkt Ω sich auf einem Kreise mit dem Mittelpunkt 0 und dem Radius r, der andere $\varLambda$ sich auf einer durch 0 hindurchgehenden Geraden bewegt. Zu untersuchen ist die Bewegung der Ebene, die mit der beweglichen Geraden fest verbunden ist. Ω und 0 haben die frühere Bedeutung, die ξ-Achse fällt in die bewegliche, die x-Achse in die feste Gerade, die Richtungen sind aus der Figur ersichtlich. Den Winkel $\Omega 0 \varLambda$ bezeichnen wir durch φ, dann folgen für a und b die Werte:

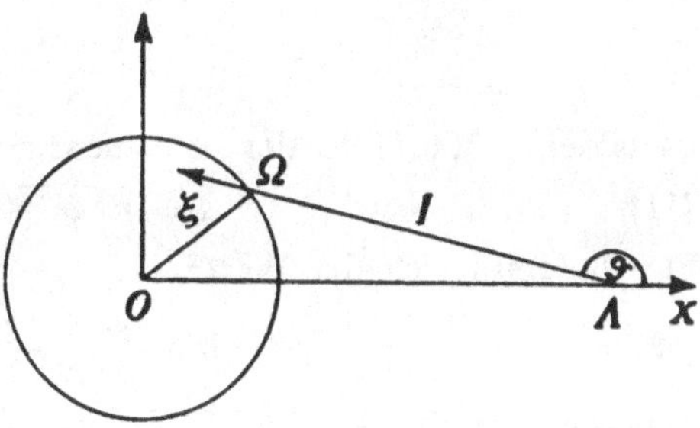

Fig. 10.

$$a = r\cos\varphi, \quad b = r\sin\varphi, \tag{5}$$

und es besteht zwischen φ und ϑ die Beziehung:

$$r\sin\varphi = l\sin\vartheta. \tag{6}$$

Demgemäß lassen sich a und b in der Form darstellen:

$$a = r\sqrt{1 - \frac{l^2}{r^2}\sin^2\vartheta}, \qquad b = l\sin\vartheta. \tag{7}$$

Wir betrachten nun die Lage, bei welcher 0Ω senkrecht auf $0A$ steht. Es wird dann φ gleich $\frac{\pi}{2}$, während ϑ aus den Gleichungen bestimmt ist:

$$\sin\vartheta = \frac{r}{l}, \quad \cos\vartheta = -\sqrt{1 - \frac{r^2}{l^2}}.$$

Wir wollen diesen Wert durch ϑ_0 bezeichnen, dann können die in Betracht kommenden Größen nach Potenzen von $(\vartheta - \vartheta_0)$ entwickelt werden, und zwar wird zunächst:

$$\begin{aligned} a &= \sqrt{2r}\,\sqrt[4]{l^2 - r^2}\,(\vartheta - \vartheta_0)^{\frac{1}{2}} + \ldots\ldots, \\ b &= r - \sqrt{l^2 - r^2}\,(\vartheta - \vartheta_0) + \ldots\ldots \end{aligned} \tag{8}$$

Für x_p und y_p ergeben sich Darstellungen von der Form:

$$\begin{aligned} x_p &= \sqrt{l^2 - r^2} + \sqrt{2r}\,\sqrt[4]{l^2 - r^2}\,(\vartheta - \vartheta_0)^{\frac{1}{2}} + \ldots\ldots, \\ y_p &= \sqrt{\frac{r}{2}}\,\sqrt[4]{l^2 - r^2}\,(\vartheta - \vartheta_0)^{-\frac{1}{2}} - \ldots\ldots \end{aligned} \tag{9}$$

so daß wir für a_2 und b_2 Reihenentwickelungen von der Form erhalten:

$$\begin{aligned} a_2 &= -\frac{1}{2}\sqrt{\frac{r}{2}}\,\sqrt[4]{l^2 - r^2}\,(\vartheta - \vartheta_0)^{-\frac{3}{2}} + \ldots\ldots, \\ b_2 &= -\sqrt{\frac{r}{2}}\,\sqrt[4]{l^2 - r^2}\,(\vartheta - \vartheta_0)^{-\frac{1}{2}} + \ldots\ldots \end{aligned} \tag{10}$$

Um den Krümmungsradius und die Koordinaten des Krümmungsmittelpunktes zu erhalten, haben wir zunächst den Grenzwert des Ausdruckes:

$$\frac{(x_p^2 + y_p^2)^{\frac{3}{2}}}{N}$$

zu bilden. Mit Hilfe der Reihenentwickelungen ergibt er sich gleich:

$$\varkappa = r\sqrt{l^2 - r^2}. \tag{11}$$

Für y_3 ergibt sich der Wert:

$$y_3 = \lim \frac{a_2 x + b_2 y}{N} = -\varkappa, \tag{12}$$

während $y_3^{(p)}$ gleich $-\sqrt{l^2 - r^2}$ wird. Die ursprüngliche y-Achse ist demnach der Polkurventangente parallel. Unter solchen Umständen nimmt der Krümmungsradius die Form an:

$$\varrho = r\frac{\sqrt{l^2 - r^2}}{\varkappa - \sqrt{l^2 - r^2}} \tag{13}$$

und damit sind auch die Koordinaten des Krümmungsmittelpunktes unmittelbar gegeben.

Wir wollen das soeben behandelte Beispiel verallgemeinern und dazu die allgemeine Theorie etwas anders darstellen.

Lassen wir den Pol auf der festen Polkurve in die Unendlichkeit rücken, so geht die Tangente in ihm in die entsprechende Asymptote an die Polkurve über. Wir wollen nun die x-Achse des festen Systems in die Asymptote legen, den Anfangspunkt in einen beliebigen im Endlichen gelegenen Punkt von ihr. Von dem Fall, daß die Tangente im unendlich fernen Punkt ganz im Unendlichen gelegen ist, können wir füglich absehen. Dann wird im Grenzfalle x_p unendlich groß, y_p dagegen gleich Null.

Nehmen wir zunächst an, daß der Pol im Endlichen gelegen sei, so lautet der Ausdruck für den Krümmungsradius im x_2, y_2-System:

$$(14) \qquad \frac{(x_2^2 + y_2^2)^{\frac{3}{2}}}{x_2^2 + y_2^2 - Ny_2}.$$

Wir wollen nun eine Verschiebung des Koordinatensystems vornehmen, indem wir:

$$x_2 = x'_2 + x_p$$

setzen, dagegen y_2 ungeändert lassen. Dann nimmt der Krümmungsradius immer, vom Zeichen abgesehen, den Wert an:

$$\frac{((x'_2 + x_p)^2 + y_2^2)^{\frac{3}{2}}}{(x'_2 + x_p)^2 + y_2^2 - Ny_2}.$$

Lassen wir x_p in die Unendlichkeit rücken und nehmen die Bedingung hinzu, daß die Bahnkurven im allgemeinen endliche, von Null verschiedene Krümmungsradien besitzen sollen, so muß:

$$\lim \frac{x_p^3}{N}$$

eine endliche, von Null verschiedene Größe sein, die wir durch $\varkappa$ bezeichnen wollen.

Dann folgt:

$$(15) \qquad \varrho = -\frac{\varkappa}{y},$$

und analog erhalten wir die schon früher gefundenen Darstellungen:

$$(16) \qquad u = \frac{xy + \varkappa}{y}, \quad v = y.$$

Wir wollen nun eine Kategorie von Bewegungen betrachten, die sich eng an das behandelte Beispiel anschließt, wenn auch die Achsen anders gewählt sind. Vermöge der Wahl des festen Koordinatensystems ist der Winkel ϑ, welcher dem unendlich fernen Pol entspricht, gleich Null. Wir nehmen nun an, daß um ihn herum die Entwickelungen gelten*):

$$(17) \qquad \begin{aligned} a &= \alpha_0 \vartheta^m + \alpha_1 \vartheta^{m+1} + \dots, \\ b &= \beta_0 \vartheta^n + \beta_1 \vartheta^{n+1} + \dots, \end{aligned}$$

wobei m und n rationale Zahlen bedeuten, die nicht negativ sind. Der Fall negativer m und n ist auszuschließen, da sonst für $\vartheta = 0$ die Punkte

---

*) Von Reihenentwicklungen ähnlicher Art macht Mehmke in zwei Arbeiten im 35. Bande der Zeitschrift für Mathematik und Physik Gebrauch.

x, y, die beliebigen Werten von ξ und η entsprechen, sämtlich im Unendlichen gelegen sein würden. α_0 und β_0 sind von Null verschiedene Konstanten. Die niedrigsten Exponenten m und n in den vorliegenden Entwickelungen wollen wir ihre Ordnungszahlen nennen.

Durch Differentiation ergeben sich die Beziehungen:

$$(18)\quad \begin{aligned} a' &= m\alpha_0 \vartheta^{m-1} + (m+1)\,\alpha_1 \vartheta^m + \dots \\ b' &= n\beta_0 \vartheta^{n-1} + (n+1)\,\beta_1 \vartheta^n + \dots \end{aligned}$$

so daß $m - 1$ und $n - 1$ als Ordnungszahlen der Entwickelungen von a' und b' oder kurz von a' und b' zu bezeichnen sind. Ferner erhalten wir die Darstellungen:

$$(19)\quad \begin{aligned} x_p &= a - b' = -n\beta_0 \vartheta^{n-1} - (n+1)\,\beta_1 \vartheta^n \dots + \alpha_0 \vartheta^m + \alpha_1 \vartheta^{m+1} + \dots \\ y_p &= b + a' = \beta_0 \vartheta^n + \beta_1 \vartheta^{n+1} + \dots + m\alpha_0 \vartheta^{m-1} + (m+1)\,\alpha_1 \vartheta^m + \dots \end{aligned}$$

Nehmen wir an, daß für $\vartheta = 0$ x_p unendlich groß, y_p dagegen der Null gleich werden soll, so folgt, daß n größer als Null, dagegen kleiner als 1, m größer als 1 sein muß. Es besitzen dann x_p resp. y_p als Ordnungszahlen die Zahl $n - 1$ resp. die kleinere der beiden Zahlen n und $m - 1$.

Die Ordnungszahlen der Größen:

$$a_2 = y'_p, \qquad b_2 = -x'_p$$

sind gleich der kleineren der beiden Zahlen $n - 1$ und $m - 2$ resp. gleich $n - 2$, die Ordnungszahl von N:

$$N = \sqrt{a^2 + b^2}$$

ist gleich $n - 2$, und zwar ist der Koeffizient der niedrigsten Potenz von ϑ eine positive Größe gleich $\mp n \,.\, \overline{n - 1}\, \beta_0$, je nachdem β_0 positiv oder negativ ist.

Wenn nun:

$$\frac{x_p^3}{N}$$

einen endlichen, von Null verschiedenen Grenzwert $\varkappa$ besitzen soll, so muß die Gleichung bestehen:

$$3n - 3 = n - 2$$

oder also $n = \frac{1}{2}$ sein. Wir finden den Lehrsatz:

Lassen sich a und b um $\vartheta = 0$ herum in unendliche Reihen der angegebenen Art entwickeln, so muß der niedrigste Exponent in der Entwickelung von a größer als 1, von b gleich $\frac{1}{2}$ sein, damit im betrachteten Grenzfalle die Bahnkurven im allgemeinen von Null und Unendlich verschiedene Krümmungsradien besitzen.

§ 10.

Der Wende- und Rückkehrkreis, sowie andere mit ihnen in Verbindung stehende Kreise.

Wir wollen jetzt den speziellen Fall nehmen, daß bei der ursprünglichen Bewegung der Krümmungsradius eines Bahnpunktes unendlich groß werde, der Bahnpunkt selbst also ein Wendepunkt ist, dann müssen seine Koordinaten der Gleichung:

(1) $$w = 0$$

Genüge leisten. Im x_1, y_1- resp. x_2, y_2-System können wir sie schreiben:

(2) $$\begin{aligned} &x_1^2 + y_1^2 - a_2 x_1 - b_2 y_1 = 0 \text{ resp.} \\ &x_2^2 + y_2^2 - N y_2 = 0. \end{aligned}$$

Wie wir uns überzeugen, liegen alle Bahnpunkte auf einem Kreise, der mit dem Namen des Wendekreises bezeichnet wird. Wir erhalten unter solchen Umständen den Lehrsatz:

Der Ort aller Punkte der ursprünglichen Bewegung, welche in einem Augenblicke Wendepunkte ihrer Bahn beschreiben, ist ein Kreis.

Das Analoge gilt für die umgekehrte Bewegung. Bei ihr liegen alle augenblicklichen Wendepunkte auf der Kurve

(3) $$w_1 = 0,$$

deren Gleichung wir im x_1, y_1- resp. x_2, y_2-System schreiben können:

(4) $$\begin{aligned} &x_1^2 + y_1^2 + a_2 x_1 + b_2 y_1 = 0 \text{ resp.} \\ &x_2^2 + y_2^2 + N y_2 \qquad\quad = 0. \end{aligned}$$

Auch hier ergibt sich ein Kreis, der mit dem Namen des Rückkehrkreises bezeichnet wird. Wir finden den Lehrsatz:

Der Ort aller Punkte der umgekehrten Bewegung, welche in einem Augenblicke Wendepunkte ihrer Bahn beschreiben, ist ein Kreis.

Die Lage der beiden Kreise ist am besten aus ihren Gleichungen im x_2, y_2-System zu ersehen. Die Mittelpunkte beider liegen auf der y_2-Achse, der Normalen an die Polkurve, und zwar der des Wendekreises auf der positiven, des Rückkehrkreises auf dem negativen Teile dieser Achse, beide in der Entfernung $\frac{N}{2}$ vom Pol.

Außer im Pole schneiden sie die Normale noch in je einem Punkte in der Entfernung N vom Pole. Diese beiden Punkte bezeichnen wir mit dem Namen des Wende- resp. Rückkehrpoles. Ihre beiden Koordinaten im x_2, y_2-System lauten $0, N$ resp. $0, -N$, im x_1, y_1-System also a_2, b_2 resp. $-a_2, -b_2$.

Um eine wichtige Eigenschaft dieser Punkte abzuleiten, legen wir bei der ursprünglichen Bewegung eine Tangente im Punkte x, y an die Bahnkurve. Ihre Gleichung im x_1, y_1-System lautet:

(5) $$x_1 X_1 + y_1 Y_1 - x_1^2 - y_1^2 = 0.$$

Wir wollen nun annehmen, daß der Punkt x_1, y_1 auf dem Wendekreis gelegen sei, also seine Koordinaten der Gleichung Genüge leisten:

$$x_1^2 + y_1^2 - a_2 x_1 - b_2 y_1 = 0.$$

Für alle diese Punkte kann die Gleichung der Tangente geschrieben werden:

(6) $$x_1 (X_1 - a_2) + y_1 (Y_1 - b_2) = 0.$$

Wie also auch der Punkt x_1, y_1 auf dem Wendekreis gewählt sein möge, stets geht seine Tangente an die Bahnkurve durch den Wendepol, den wir durch W bezeichnen wollen. Unter solchen Umständen finden wir den Lehrsatz:

Die Tangenten, die man in den Punkten des Wendekreises an die Bahnkurven legen kann, gehen alle durch den Wendepol.

Das Analoge gilt für die umgekehrte Bewegung. An Stelle des Wendekreises tritt der Rückkehrkreis, an Stelle des Wendepoles der Rückkehrpol, den wir durch Ψ bezeichnen wollen.

Eine weitere Eigenschaft des Wende- resp. Rückkehrpoles ist im Paragraphen 5 gefunden worden, freilich ohne die jetzt eingeführte Bezeichnung zu gebrauchen. Wir können den folgenden Lehrsatz aussprechen:

Der Wendekreis ist der geometrische Ort der Spitzen der Einhüllenden von geraden Linien für die umgekehrte Bewegung.

Der analoge Satz gilt für den Rückkehrkreis.

Als Beispiel wählen wir den Fall, daß die beiden Polkurven Kreise sind. Die Bewegungsgleichungen können geschrieben werden:

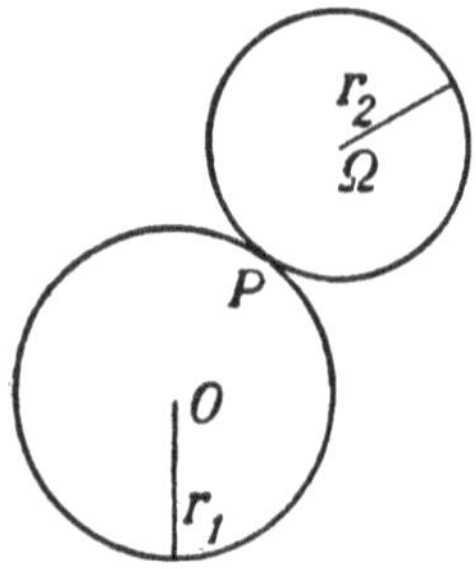

Fig. 11.

$$x = (r_1 + r_2) \cos \varkappa\vartheta + \xi \cos \vartheta - \eta \sin \vartheta,$$
$$(7) \qquad y = (r_1 + r_2) \sin \varkappa\vartheta + \xi \sin \vartheta + \eta \cos \vartheta,$$
$$\varkappa = r_2 : r_1 + r_2.$$

r_1 ist der Radius des festen Kreises und positiv anzunehmen, r_2 ist auch positiv, wenn die beiden Kreise beim Rollen sich von außen berühren, negativ in den anderen Fällen.

Der Pol ist der jeweilige Berührungspunkt P der beiden Kreise und hat die Koordinaten:

$$(8) \qquad x_p = r_1 \cos \varkappa\vartheta, \qquad y_p = r_1 \sin \varkappa\vartheta,$$

also haben a_2 und b_2 die Werte:

$$(9) \qquad a_2 = \varkappa r_1 \cos \varkappa\vartheta, \qquad b_2 = \varkappa r_1 \sin \varkappa\vartheta.$$

Die Gleichungen des Wende- und des Rückkehrkreises ergeben sich im x, y-System resp. gleich:

$$(10\,\text{a}) \qquad (x - r_1 \cos \varkappa\vartheta)^2 + (y - r_1 \sin \varkappa\vartheta)^2 \mp \varkappa r_1 \cos \varkappa\vartheta\,(x - r_1 \cos \varkappa\vartheta) \mp \varkappa r_1 \sin \varkappa\vartheta\,(y - r_1 \sin \varkappa\vartheta) = 0,$$

im x_1, y_1-System resp. gleich:

$$(10\,\text{b}) \qquad x_1^2 + y_1^2 \mp \varkappa r_1 \cos \varkappa\vartheta x_1 \mp \varkappa r_1 \sin \varkappa\vartheta y_1 = 0$$

und endlich im x_2, y_2-System gleich:

$$(10\,\text{c}) \qquad x_2^2 + y_2^2 \mp \varkappa r_1 y_2 = 0.$$

Die Koordinaten ihrer zweiten Schnittpunkte mit der Polbahnnormale, d. h. die Koordinaten des Wende- resp. Rückkehrpoles, ergeben sich im x, y-System resp. gleich:

$$\frac{r_1 (r_1 + 2r_2)}{r_1 + r_2} \cos \varkappa\vartheta, \qquad \frac{r_1 (r_1 + 2r_2)}{r_1 + r_2} \sin \varkappa\vartheta \text{ und:}$$
$$\frac{r_1^2}{r_1 + r_2} \cos \varkappa\vartheta, \qquad \frac{r_1^2}{r_1 + r_2} \sin \varkappa\vartheta,$$

im x_1, y_1-System resp. gleich:

$$\pm \varkappa r_1 \cos \varkappa\vartheta, \qquad \pm \varkappa r_1 \sin \varkappa\vartheta$$

und endlich im x_2, y_2-System resp. gleich:

$$0, \pm \varkappa r_1.$$

Man erkennt ohne weiteres, daß die Wende- resp. Rückkehrpole im Laufe der Bewegung einen zur festen Polkurve konzentrischen Kreis beschreiben.

Aus den Formeln folgt eine einfache Konstruktion des Wende- resp. Rückkehrpoles und damit des Wende- resp. Rückkehrkreises. Für den Fall der epizykloidischen Bewegung gestaltet sie sich folgendermaßen: Vom Mittelpunkte 0 des festen Kreises trage man auf einer beliebigen durch ihn hindurchgehenden geraden Linie die Strecken $O\Lambda = r_1$ und $OB = r_1 + r_2$ ab, verbinde B mit dem Pole P und ziehe durch Λ eine Parallele zu PB. Ihr Schnittpunkt mit OP ist dann der Rückkehrpol Ψ. Analog ist die Konstruktion des Wendepoles. Der Rückkehrpol liegt auf der Linie OP, der Wendepol auf der Linie $P\Omega$. Wir werden auf dieses Beispiel später noch einmal zurückkommen.

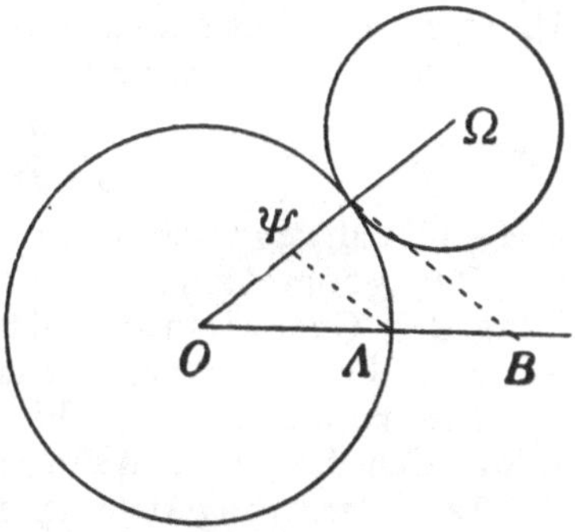

Fig. 12.

Zu den angegebenen allgemeinen Eigenschaften des Wende- und des Rückkehrkreises können wir noch eine mechanische hinzufügen, die bei ihrer Verallgemeinerung zu einer unendlichen Kette weiterer Kreise führt.

In der Tat, die Geschwindigkeit eines Punktes x, y zur Zeit t ist gleich:

$$\sqrt{\left(\frac{dx}{dt}\right)^2 + \left(\frac{dy}{dt}\right)^2},$$

ihr Richtungskoeffizient gleich:

$$\frac{dy}{dt} : \frac{dx}{dt}.$$

Die Beschleunigung desselben Punktes zur Zeit t ist:

$$\sqrt{\left(\frac{d^2x}{dt^2}\right)^2 + \left(\frac{d^2y}{dt^2}\right)^2},$$

ihr Richtungskoeffizient gleich:

$$\frac{d^2y}{dt^2} : \frac{d^2x}{dt^2}.$$

Wir fragen nun: Wo liegen alle Punkte, für welche die Richtung der Geschwindigkeit mit der Richtung der Beschleunigung zusammenfällt?

Für diese Punkte muß die Gleichung bestehen:

$$(11) \qquad \frac{dx}{dt}\frac{d^2y}{dt^2} - \frac{dy}{dt}\frac{d^2x}{dt^2} = 0.$$

Nun ist aber:

$$\frac{dx}{dt}=\frac{dx}{d\vartheta}\,\frac{d\vartheta}{dt},\qquad \frac{dy}{dt}=\frac{dy}{d\vartheta}\,\frac{d\vartheta}{dt},$$
$$\frac{d^2x}{dt^2}=\frac{d^2x}{d\vartheta^2}\left(\frac{d\vartheta}{dt}\right)^2+\frac{dx}{d\vartheta}\,\frac{d^2\vartheta}{dt^2},\qquad \frac{d^2y}{dt^2}=\frac{d^2y}{d\vartheta^2}\left(\frac{d\vartheta}{dt}\right)^2+\frac{dy}{d\vartheta}\,\frac{d^2\vartheta}{dt^2}.$$

Daraus folgt, daß die linke Seite der Gleichung (11) geschrieben werden kann:

$$\left(\frac{dx}{d\vartheta}\,\frac{d^2y}{d\vartheta^2}-\frac{dy}{d\vartheta}\,\frac{d^2x}{d\vartheta^2}\right)\left(\frac{d\vartheta}{dt}\right)^3.$$

Unter solchen Umständen ergibt sich, daß die gesuchten Punkte auf dem Kreise mit der Gleichung:

$$\frac{dx}{d\vartheta}\,\frac{d^2y}{d\vartheta^2}-\frac{dy}{d\vartheta}\,\frac{d^2x}{d\vartheta^2}=0 \tag{12}$$

gelegen sind, und damit der Lehrsatz:

Der geometrische Ort der Punkte, für welche die Richtung der Geschwindigkeit mit der Richtung der beschleunigenden Kraft zusammenfällt, ist der Wendekreis.

Dieser Satz gilt für die ursprüngliche Bewegung. Ein analoger würde sich für die umgekehrte Bewegung ergeben.

Die letzte Fragestellung ermöglicht eine Verallgemeinerung. Wir fragen: Wo liegen alle Punkte, für welche die Richtung der Geschwindigkeit mit der Richtung der beschleunigenden Kraft einen konstanten Winkel γ einschließt?

Offenbar muß für diese Punkte die Gleichung bestehen:

$$\frac{dx}{dt}\,\frac{d^2y}{dt^2}-\frac{dy}{dt}\,\frac{d^2x}{dt^2}:\frac{dx}{dt}\,\frac{d^2x}{dt^2}+\frac{dy}{dt}\,\frac{d^2y}{dt^2}=\operatorname{tang}\gamma. \tag{13}$$

Führt man diese Gleichung näher aus, so folgt, daß die gesuchten Punkte sämtlich auf Kreisen liegen, und zwar auf solchen, die durch die Schnittpunkte der beiden Kreise:

$$\frac{dx}{d\vartheta}\,\frac{d^2y}{d\vartheta^2}-\frac{dy}{d\vartheta}\,\frac{d^2x}{d\vartheta^2}=0 \text{ und} \tag{14}$$

$$\left(\frac{d\vartheta}{dt}\right)^2\left(\frac{dx}{d\vartheta}\,\frac{d^2x}{d\vartheta^2}+\frac{dy}{d\vartheta}\,\frac{d^2y}{d\vartheta^3}\right)+\frac{d^2\vartheta}{dt^2}\left(\left(\frac{dx}{d\vartheta}\right)^2+\left(\frac{dy}{d\vartheta}\right)^2\right)=0 \tag{15}$$

hindurchgehen. Der erste ist der Wendekreis, der zweite der geometrische Ort der Punkte, für welche die Richtung der Geschwindigkeit senkrecht auf der Richtung der beschleunigenden Kraft steht.

Unter Berücksichtigung der Formeln:

$$\frac{dx}{d\vartheta}=-y_1,\qquad \frac{dy}{d\vartheta}=x_1,$$
$$\frac{d^2x}{d\vartheta^2}=a_2-x_1,\qquad \frac{d^2y}{d\vartheta^2}=b_2-y_1$$

können wir die Gleichung des letzteren im x_1, y_1-System schreiben:

$$\frac{d^2\vartheta}{dt^2}\,(x_1^2+y_1^2)+\left(\frac{d\vartheta}{dt}\right)^2(x_1\,(b_2-y_1)-y_1\,(a_2-x_1))=0, \tag{16 a}$$

im x_2, y_2-System:

(16 b) $$\frac{d^2\vartheta}{dt^2}(x_2^2 + y_2^2) + N x_2 \left(\frac{d\vartheta}{dt}\right)^2 = 0.$$

Der Kreis geht also durch den Nullpunkt und berührt in ihm die Polbahnnormale. Der Mittelpunkt liegt auf der Polbahntangente und hat die Abszisse:

$$x_2 = -\frac{N}{2}\left(\frac{d\vartheta}{dt}\right)^2 : \frac{d^2\vartheta}{dt^2}.$$

Der Wendekreis und der zuletzt betrachtete schneiden sich in zwei Punkten. Der eine ist der Pol, für welchen die Gleichungen bestehen:

$$\frac{dx}{dt} = 0, \quad \frac{dy}{dt} = 0,$$

der andere der Punkt, welcher den Gleichungen entspricht:

$$\frac{d^2x}{dt^2} = 0, \quad \frac{d^2y}{dt^2} = 0.$$

Im zweiten Schnittpunkt ist also die Beschleunigung der Null gleich. Man nennt diesen Punkt den Beschleunigungspol. Fassen wir die letzten Resultate zusammen, so erhalten wir den folgenden Lehrsatz:

Der geometrische Ort aller Punkte, für welche die Richtung der Geschwindigkeit mit der Richtung der beschleunigenden Kraft einen konstanten Winkel bildet, ist ein Kreis, welcher durch den Pol und den Beschleunigungspol hindurchgeht.

§ 11*.

Die geometrische Verwandtschaft zwischen den Kurvenpunkten und den entsprechenden Krümmungsmittelpunkten. Einfachste Zuordnungen entsprechender Punkte. Konstruktionen und metrische Relationen.

Im vorangehenden sind die Koordinaten des Krümmungsmittelpunktes, der zu einem Bahnpunkt gehört, in den drei von uns gewählten Koordinatensystemen dargestellt worden. Im Systeme 2 erhielten wir die Beziehungen:

(1) $$w u_2 = -N x_2 y_2, \quad w v_2 = -N y_2^2,$$

aus denen sich umgekehrt die Gleichungen ergeben:

(2) $$x_2 (u_2^2 + v_2^2 + N v_2) = N u_2 v_2, \quad y_2 (u_2^2 + v_2^2 + N v_2) = N v_2^2.$$

Im wesentlichen gleichbedeutend mit diesen Gleichungen sind die weiteren:

(3) $$\begin{aligned} x_2 v_2 - y_2 u_2 &= 0, \\ x_2 u_2 + v_2 (y_2 - N) &= -N y_2. \end{aligned}$$

Diese Gleichungen zeigen, daß zwischen den Punkten x_2, y_2 und den Punkten u_2, v_2 eine quadratische Verwandtschaft besteht. Jedem endlichen Punkte mit Ausnahme des Poles, den wir zunächst als endlichen

*) In bezug auf diesen Paragraphen werde vor allem verwiesen auf das Werk von Schönflies: Geometrie der Bewegung in synthetischer Darstellung, Leipzig 1886.

bestimmten Punkt annehmen, und des Punktes $x_2 = 0$, $y_2 = N$ entsprechen eindeutig bestimmte Werte von u_2 und von v_2. Diese Werte sind auch ihrerseits endlich, es sei denn, der Punkt x_2, y_2 liege auf dem Wendekreis. Im letzteren Falle werden u_2 und v_2 unendlich groß und umgekehrt. Erwägen wir den Lehrsatz am Schlusse des § 8, so können wir demnach die folgende Eigenschaft des Wendekreises angeben:

Der Wendekreis ist der geometrische Ort der Krümmungsmittelpunkte aller unendlich fernen Punkte für die umgekehrte Bewegung.

Der Punkt $x_2 = 0$, $y_2 = 0$ ist der Hauptpunkt der Verwandtschaft. Ihm entspricht nicht nur ein Punkt u, v, sondern deren unendlich viele, die alle, soweit sie endlich sind, auf der Linie $v_2 = 0$ gelegen sind. Für $x_2 = 0$, $y_2 = N$ wird v_2 unendlich groß, während u_2 beliebige Werte annehmen kann.

Den unendlich fernen Punkten der x_2, y_2-Ebene entsprechen die Punkte u_2, v_2 des Rückkehrkreises und umgekehrt. Wir finden also, wie vorauszusehen, für den Rückkehrkreis die Eigenschaft:

Der Rückkehrkreis ist der geometrische Ort der Krümmungsmittelpunkte aller unendlich fernen Punkte für die ursprüngliche Bewegung.

Sehen wir die Punkte u_2, v_2 als gegeben an, so ergeben sich ähnliche Eigenschaften für die Punkte x_2, y_2 wie vorhin. Ein Teil ist schon angegeben, von der Aufstellung der anderen kann abgesehen werden.

Wir wollen nun die geometrische Zuordnung entsprechender Punkte, wie sie durch die quadratische Verwandtschaft bedingt ist, näher verfolgen. Wir nehmen dazu an, daß zwei entsprechende Punktepaare $\mathfrak{A}, A$; $\mathfrak{A}', A'$ gegeben seien.

Da der Pol ein fest bestimmter, im Endlichen gelegener Punkt sein soll, so schneiden sich die Verbindungslinien entsprechender Punkte auch in einem fest bestimmten endlichen Punkt, dem eben genannten Pol. In diesen Punkt denken wir uns den Anfangspunkt des Koordinatensystems hineinverlegt, legen also für das folgende zunächst das x_1, y_1-System zugrunde.

Für die Koordinaten entsprechender Punkte bestehen dann nach dem früheren die Beziehungen:

$$(4) \qquad \begin{aligned} u_1 (x_1^2 + y_1^2 - a_2 x_1 - b_2 y_1) &= - x_1 (a_2 x_1 + b_2 y_1), \\ v_1 (x_1^2 + y_1^2 - a_2 x_1 - b_2 y_1) &= - y_1 (a_2 x_1 + b_2 y_1). \end{aligned}$$

Da zwei Paare entsprechender Punkte gegeben sind, so erhalten wir zwei voneinander unabhängige lineare Gleichungen mit den unbekannten Größen a_2 und b_2, die hieraus bestimmt sind. Unter solchen Umständen erhalten wir den Lehrsatz:

Die geometrische Verwandtschaft, die zwischen den Punkten der beweglichen Ebene und deren entsprechenden Krümmungsmittelpunkten besteht, ist bestimmt, sobald zwei entsprechende Punktepaare der angegebenen Art gegeben sind.

Wir wollen uns nun zunächst mit den Punkten der x_1-Achse beschäftigen. Für sie wird $v_1 = 0$, und es bleibt die Beziehung:

(5) $$u_1 = -a_2 x_1 : x_1 - a_2.$$

Entsprechende Punkte liegen alle auf der x_1-Achse, und zwar findet eine projektive Beziehung zwischen den Punkten u_1 und x_1 statt. Die beiden Doppelpunkte fallen in den Pol.

Für $x_1 = a_2$ wird u_1 unendlich groß, d. h. für den Schnittpunkt der x_1-Achse mit dem Wendekreis, den wir durch W_a bezeichnen wollen. Ähnlich wird für $u_1 = -a_2$ die Größe x_1 unendlich groß, d. h. für den Schnittpunkt der x_1-Achse mit dem Rückkehrkreis, den wir durch Ψ_a bezeichnen wollen. Die Punkte mit den Koordinaten x_1 und u_1 seien die vorhin eingeführten Punkte Λ und A.

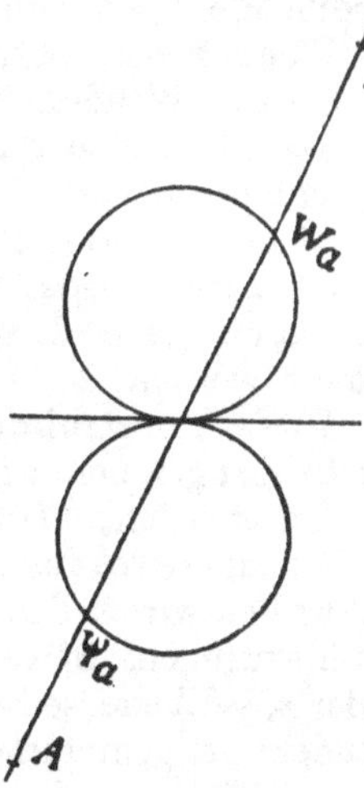

Fig. 13.

Es ist dann der Punkt W_a und mit ihm Ψ_a in einfacher Weise zu konstruieren, wenn die Punkte Λ und A gegeben sind. In der Tat, die Beziehung zwischen x_1 und u_1 können wir in der Form schreiben:

$$(u_1 - x_1)(a_2 - x_1) = x_1^2.$$

Aus ihr folgt die Gleichung:

(6) $$\Lambda A \,.\, \Lambda W_a = P\Lambda^2.$$

Die Konstruktion gestaltet sich demgemäß folgendermaßen:

Wir ziehen durch Λ eine beliebige Gerade g und verbinden irgendeinen Punkt derselben Q mit P und mit A. Alsdann ziehen wir durch P eine Parallele zu QA und durch ihren Schnittpunkt Q_1 mit $Q\Lambda$ eine Parallele zu QP. Diese Parallele trifft die Linie ΛA in dem zu ihr gehörenden Wendepunkt W_a.

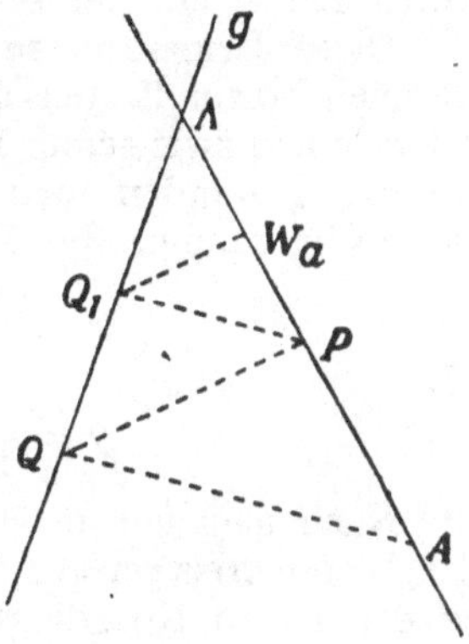

Fig. 14.

Ist umgekehrt auf der x_1-Achse der entsprechende Wendepunkt gegeben, so kann zu jedem ihrer Punkte Λ der entsprechende Krümmungsmittelpunkt A in analoger Weise konstruiert werden, es braucht nur A und W_a miteinander vertauscht zu werden.

Die x_1-Achse ist dadurch ausgezeichnet, daß sie durch den Pol hindurchgeht, im übrigen aber völlig willkürlich ist. Wir wollen eine Gerade, die durch den Pol hindurchgeht, einen Normalstrahl nennen, dann gelten die vorhin angegebenen Konstruktionen für einen jeden Normalstrahl. Unter solchen Umständen erhalten wir den folgenden Lehrsatz:

Wenn auf einem Normalstrahl ein Paar entsprechender Punkte gegeben ist, so ist der dazugehörende Wendepunkt zu konstruieren, und ist umgekehrt auf einem Normalstrahl der dazugehörende Wendepunkt gegeben, so kann zu jedem ihrer Punkte der entsprechende Krümmungsmittelpunkt konstruiert werden.

Hierbei ist der Pol als bekannt angenommen. Für die umgekehrte Bewegung gelten die entsprechenden Beziehungen.

Nun seien zwei entsprechende Punktepaare $\mathfrak{A}$, A; $\mathfrak{A}'$, A' und damit der Pol gegeben. Ihnen entsprechen zwei Normalstrahlen. Auf jedem dieser beiden Normalstrahlen kann dann nach dem vorigen der entsprechende Wendepunkt konstruiert werden. Es sind also zwei Punkte des Wendekreises bestimmt, zu denen der Pol als dritter hinzukommt, so daß der Wendekreis selbst bestimmt ist.

Damit ist aber das Problem gelöst, zu einem beliebigen Punkte $\mathfrak{A}''$ den entsprechenden Krümmungsmittelpunkt zu konstruieren. In der Tat, man verbinde $\mathfrak{A}''$ mit P, so schneidet diese Linie den Wendekreis in dem zum Normalstrahl $\mathfrak{A}''P$ gehörenden Wendepunkt W_a. Dann aber kann nach dem vorigen der zu $\mathfrak{A}''$ gehörende Punkt A'' konstruiert werden.

Diese Konstruktion, bei der der Wendekreis und der Pol als gegeben angesehen wird, rührt von Grübler her.

Unter solchen Umständen kommt der Bestimmung des Poles und des Wendekreises für die Krümmungstheorie eine erhöhte Bedeutung zu, und wollen wir zu den bisherigen Bemerkungen darüber noch die folgenden hinzufügen. Bewegt ein Punkt der ξ, η-Ebene sich auf einer Geraden in der x, y-Ebene, so liegt er in jedem Augenblick auf dem entsprechenden Wendekreis, geht ferner eine Gerade der ξ, η-Ebene durch einen Punkt der x, y-Ebene, so durchläuft der letztere bei der umgekehrten Bewegung eine Gerade und liegt also auf dem Rückkehrkreis. Die Normale in dem festen Punkt auf der beweglichen Geraden geht durch den Pol.

Diese Bemerkungen gelten allgemein. Wir fügen die folgenden Beispiele hinzu. Erstens das Beispiel der Bewegung eines starren Systems, bei welchem zwei seiner Punkte $\mathfrak{A}$ und B auf zwei zueinander senkrecht stehenden Geraden fortrücken und das schon in § 2 behandelt worden ist. Wir fanden die Bewegungsgleichungen:

$$
\begin{aligned}
x &= \frac{l}{2}\sin\vartheta + \xi\cos\vartheta - \eta\sin\vartheta,\\
y &= \frac{l}{2}\cos\vartheta + \xi\sin\vartheta + \eta\cos\vartheta.
\end{aligned}
\tag{7}
$$

Nach dem vorhin Bemerkten folgt, daß die Punkte $\mathfrak{A}$ und B auf dem Wendekreis gelegen sind. Der Pol ist der Schnittpunkt der Parallelen zu den festen Koordinatenachsen, die durch $\mathfrak{A}$ und B gelegt werden können. Damit sind drei Punkte des Wendekreises bestimmt, er selbst also auch.

Auch als zweites Beispiel nehmen wir ein schon in § 2 behandeltes, bei welchem ein unveränderliches System sich so bewegt, daß eine seiner Geraden fortwährend durch einen festen Punkt $\mathfrak{A}$ hindurchgeht und einer ihrer Punkte, der Punkt Ω, eine Gerade g beschreibt. Als Bewegungsgleichungen fanden wir:

$$
\begin{aligned}
x &= \xi\cos\vartheta - \eta\sin\vartheta,\\
y &= l\operatorname{tg}\vartheta + \xi\sin\vartheta + \eta\cos\vartheta.
\end{aligned}
\tag{8}
$$

Die Bahnkurven ergaben sich als Kurven vierter Ordnung. Errichten wir in Ω ein Lot auf der Linie g und in $\mathfrak{A}$ ein solches auf der ξ-Achse, so ist ihr Schnittpunkt der Pol P. Wir kennen damit zwei Punkte des Wendekreises, die Punkte P und Ω. Ein dritter wird gefunden, wenn wir $\mathit{\Lambda}P$ über P hinaus um sich selbst verlängern bis zum Punkte Q. Damit sind wiederum der Pol und der Wendekreis bestimmt.

Drittens nehmen wir an, daß die Bewegung der Ebene dadurch bestimmt ist, daß der eine Endpunkt Ω einer Strecke von der Länge l auf einem Kreise vom Radius r gleitet, während der andere Endpunkt sich auf einer Geraden g bewegt, die von dem Mittelpunkte des gegebenen Kreises den Abstand h besitzt. In den Mittelpunkt des Kreises legen wir den Anfangspunkt des festen Koordinatensystems, die x-Achse parallel der Linie g. Den Anfangspunkt des beweglichen Koordinatensystems legen wir in den Punkt Ω, die ξ-Achse in die Linie $\mathit{\Lambda}\Omega$. Den Winkel, der die Linie $O\Omega$ mit der positiven x-Achse einschließt, bezeichnen wir durch φ, den Koordinatenwinkel durch ϑ, dann lauten die Bewegungsgleichungen:

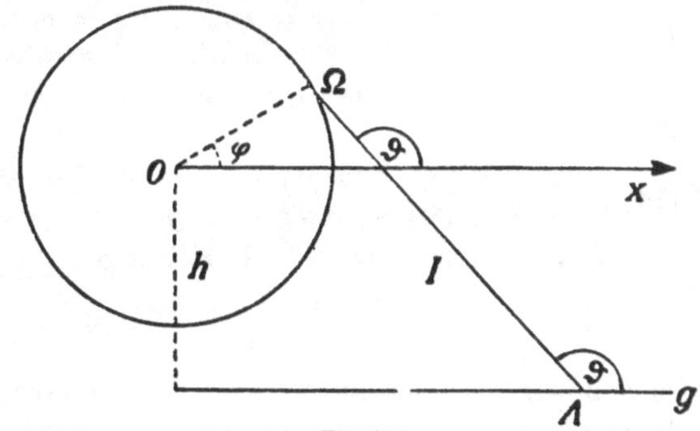

Fig. 15.

$$(9) \qquad \begin{aligned} x &= r\cos\varphi + \xi\cos\vartheta - \eta\sin\vartheta, \\ y &= r\sin\varphi + \xi\sin\vartheta + \eta\cos\vartheta, \end{aligned}$$

wobei zwischen φ und ϑ die Beziehung besteht:

$$(10) \qquad r\sin\varphi = l\sin\vartheta - h.$$

Die definierte Bewegung ist die des Schubkurbelgetriebes und in einigen speziellen Fällen schon von uns betrachtet worden. Die Bahnkurven sind im allgemeinen Kurven vierter Ordnung.

Der Pol P ist der Schnittpunkt der Linie $O\Omega$ mit der Linie, die im Punkte $\mathit{\Lambda}$ senkrecht auf g steht. Der Punkt $\mathit{\Lambda}$ ist ein Wendepunkt seiner Bahn. Einen dritten Punkt des Wendekreises können wir auf dem Normalstrahl OP bestimmen. In der Tat, O und Ω sind zwei entsprechende Punkte, P bekannt, also nach angegebenen Methoden der Wendepunkt auf dem Normalstrahl zu bestimmen. Damit ist auch in diesem Falle das Problem gelöst.

Im vorangehenden ist eine Methode entwickelt worden, mit deren Hilfe zu einem jeden Kurvenpunkte der entsprechende Krümmungsmittelpunkt bestimmt werden kann, wenn zwei entsprechende Punktepaare oder auch der Wendekreis und der Pol gegeben sind.

Es soll im folgenden eine zweite Methode entwickelt werden, die auf etwas anderen Betrachtungen beruht. Als Koordinatensystem wählen wir hierbei das x_2, y_2-System, wollen aber der einfacheren Bezeichnung wegen den Index 2 fortlassen.

Gegeben sind zwei entsprechende Punktepaare $\mathit{\Lambda}, A$; $\mathit{\Lambda}', A'$ auf zwei voneinander verschiedenen Normalstrahlen.

Die Gleichung des Normalstrahles $\mathcal{A}P$ hat die Form:

(11) $$y = mx,$$

die des Normalstrahles $\mathcal{A}'P$ die entsprechende:

(12) $$y = m'x.$$

Wir wollen die Koordinaten von $\mathcal{A}$ durch x, y, von $\mathcal{A}'$ durch x', y', von A durch u, v, von A' durch u', v' bezeichnen, dann folgen die Beziehungen:

(13) $$\begin{aligned} y &= mx, \qquad v = mu; \\ y' &= m'x', \qquad v' = m'u'. \end{aligned}$$

Infolgedessen lauten die Gleichungen der Verbindungslinien $\mathcal{A}\mathcal{A}'$, AA':

(14) $$\begin{aligned} f &= X\,(mx - m'x') - Y\,(x - x') - xx'\,(m - m') = 0, \\ \varphi &= X\,(mu - m'u') - Y\,(u - u') - uu'\,(m - m') = 0. \end{aligned}$$

Nun bestehen aber die Beziehungen:

$$u = -\frac{mNx}{x\,(1 + m^2) - mN}, \qquad u' = -\frac{m'Nx'}{x'\,(1 + m'^2) - m'N},$$

so daß wir die Gleichung $\varphi = 0$ in der Form schreiben können:

(15) $$mm'Nf - xx'\,(m - m')\,(X\,(m + m') - Y\,(1 - mm')) = 0.$$

Für den Schnittpunkt der beiden Verbindungslinien gilt also die Gleichung:

(16) $$X\,(m + m') - Y\,(1 - mm') = 0,$$

da wir von dem Fall absehen können, daß x oder x' der Null gleich ist.

Die letzte Gleichung ist unabhängig von der Wahl der Punkte $\mathcal{A}$ und $\mathcal{A}'$ auf den entsprechenden Normalstrahlen. Die ihr entsprechende Linie geht durch den Pol. Unter solchen Umständen finden wir den Lehrsatz:

Sind zwei voneinander verschiedene Normalstrahlen gegeben und $\mathcal{A}, A$; $\mathcal{A}', A'$ irgend zwei Paar entsprechender Punkte auf ihnen, so schneiden sich die Verbindungslinien $\mathcal{A}\mathcal{A}'$, AA' auf einer und derselben durch den Pol hindurchgehenden Geraden.

Denken wir uns nun, daß die auf den beiden Normalstrahlen ineinanderliegenden projektivischen Punktreihen die kollineare Beziehung zweier zusammenfallender ebener Felder vermitteln, so liegen dieselben in Kollineation, und zwar ist P das Zentrum und die gefundene Gerade die Achse der Kollineation. Wir nennen sie deshalb die zu den beiden Normalstrahlen gehörende Kollineationsachse.

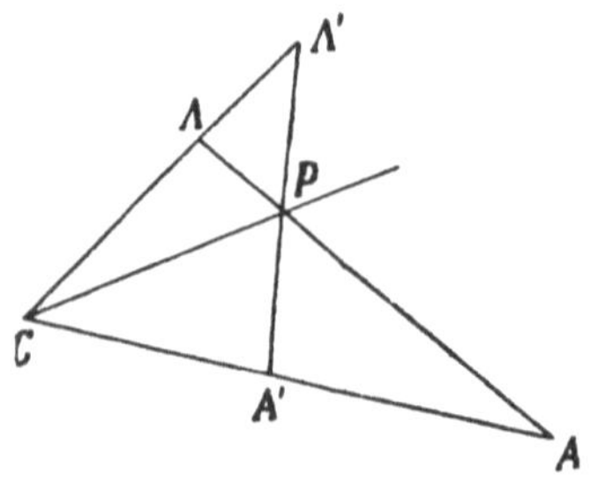

Fig. 16.

Ist diese Achse konstruiert, so kann auf jedem der beiden Normalstrahlen zu einem jeden ihrer Punkte der entsprechende Krümmungsmittelpunkt linear konstruiert werden, vorausgesetzt, daß auf einem von ihnen ein Paar zusammengehörender Punkte gegeben ist. In der

Tat, es mögen auf dem einen Normalstrahl die entsprechenden Punkte $\mathcal{A}$, A gegeben sein. Auf dem zweiten Normalstrahl nehmen wir einen beliebigen Punkt $\mathcal{A}'$ und ziehen die Verbindungslinie $\mathcal{A}\mathcal{A}'$, welche die Kollineationsachse im Punkte C treffen möge. Die Verbindungslinie der Punkte C und A schneidet dann den zweiten Normalstrahl in dem Krümmungsmittelpunkt A' des Punktes $\mathcal{A}'$. Ferner kann auf dem ersten Normalstrahl zu jedem Punkte der entsprechende Krümmungsmittelpunkt konstruiert werden.

Wir können diese Konstruktionen verallgemeinern.

In der Tat, m ist die Tangente des Winkels, die der erste Normalstrahl mit der Polkurventangente bildet, d. h. der Winkel, um welchen man die Polkurventangente im positiven Sinne drehen muß, damit sie mit dem Normalstrahl zusammenfällt. Das Analoge gilt für m'. Wir wollen diese Winkel durch α und α' bezeichnen. Aus der Gleichung:

$$X(m + m') - Y(1 - mm') = 0$$

ergibt sich, daß der Winkel β, den die Kollineationsachse mit der Polkurventangente bildet, durch die Gleichung bestimmt ist:

$$\operatorname{tg}\beta = \frac{m+m'}{1 - mm'}. \tag{17}$$

Also folgt:

$$\beta = \alpha + \alpha', \tag{18}$$

und wir erhalten den Lehrsatz:

Der Winkel, um welchen man die Polkurventangente im positiven Sinne drehen muß, damit sie mit dem ersten Normalstrahl zusammenfällt, ist gleich dem Winkel, um welchen man den zweiten Normalstrahl im positiven Sinne drehen muß, damit er mit der Kollineationsachse zusammenfällt.

Hieraus folgt, daß, wenn zwei Normalstrahlen und die dazu gehörende Kollineationsachse gegeben sind, die Polkurventangente in einfacher Weise konstruiert werden kann, und dasselbe gilt für die Kollineationsachse, wenn außer den beiden Normalstrahlen die Polkurventangente gegeben ist.

Auf diesen Erwägungen beruht eine weitere Konstruktion des Krümmungsmittelpunktes eines beliebigen Bahnpunktes, wenn die Polkurventangente und zwei zusammengehörende Punkte $\mathcal{A}$ und A gegeben sind.

In der Tat sei $\mathcal{A}'$ ein beliebiger Bahnpunkt. Wir ziehen die Linie $\mathcal{A}A$, welche die gegebene Polkurventangente im Pole P schneidet, und ziehen ferner die Linie $\mathcal{A}'P$. Alsdann ist die Kollineationsachse diejenige Linie, die mit dem Normalstrahl $\mathcal{A}'P$ denselben Winkel bildet, wie die Linie $\mathcal{A}A$ mit der Polkurventangente. Wir ziehen jetzt die Linie $\mathcal{A}\mathcal{A}'$, bis sie die Kollineationsachse im Punkte C schneidet. Die Verbindungslinie CA schneidet dann den Normal-

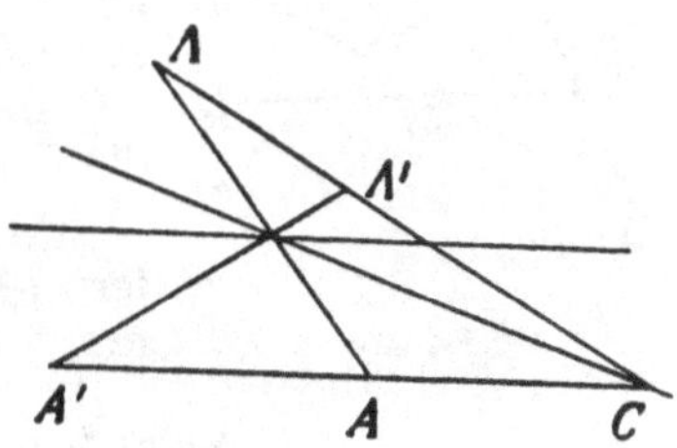

Fig. 17.

strahl $\Lambda'P$ im gesuchten Krümmungsmittelpunkt A'. Diese Konstruktion wird die Bobilliersche genannt.

Als Beispiel kann die Epizykloidenbewegung in Betracht gezogen werden.

Rollt ein beweglicher Kreis auf einem festen, so ist die Polkurventangente in jedem Augenblicke bestimmt. Ferner beschreibt der Mittelpunkt Ω des rollenden Kreises wieder einen Kreis, dessen Mittelpunkt der Mittelpunkt O des festen Kreises ist. Dem Punkte Ω entspricht also der Punkt O, so daß die Bedingungen, die der letzten Konstruktion zugrunde liegen, tatsächlich erfüllt sind.

Die Bobilliersche Konstruktion kann ohne weiteres auch dazu verwendet werden, zu einem Krümmungsmittelpunkt den zugehörigen Bahnpunkt zu finden, wenn uns die Polbahntangente und ein Paar entsprechender Punkte gegeben sind. Die zu den beiden Normalstrahlen gehörige Kollineationsachse kann konstruiert werden. Ist C der Schnittpunkt der Verbindungslinie der beiden gegebenen Krümmungsmittelpunkte A und A' mit der Kollineationsachse, so schneidet die Verbindungslinie des Punktes C und des gegebenen Bahnpunktes Λ den zweiten Normalstrahl im gesuchten Bahnpunkt Λ'.

Vor der Bobillierschen Konstruktion hatten wir die Aufgabe gelöst, zu einem Bahnpunkt Λ den entsprechenden Krümmungsmittelpunkt A zu konstruieren, wenn der Pol und der Wendepunkt W_a des entsprechenden Normalstrahles gegeben sind. Die Ableitung dieser Konstruktion stützte sich auf die Beziehung:

$$\Lambda A \cdot \Lambda W_a = P\Lambda^2.$$

Bedenken wir, daß die Punkte Λ und A bzw. W_a und Ψ_a bei der Umkehrung der Bewegung ihre Rollen vertauschen, so finden wir die analoge Beziehung:

$$A\Lambda \cdot A\Psi_a = PA^2.$$

Ist von den Punkten W_a und Ψ_a auf einem Normalstrahl der eine bekannt, so läßt sich der andere ohne weiteres konstruieren, da $\Psi_a W_a$ durch P halbiert wird.

Sind uns nun auf einem Normalstrahl die Punkte W_a und A bekannt und soll der Punkt Λ konstruiert werden, so bestimmen wir zunächst den Punkt Ψ_a und verfahren dann ähnlich wie früher.

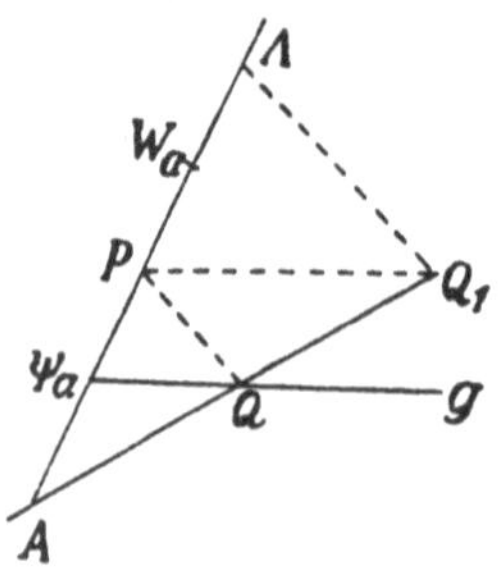

Fig. 18.

Wir legen durch Ψ_a eine beliebige Gerade g und verbinden irgendeinen Punkt Q derselben mit P. Dann ziehen wir durch P die Parallele zu $\Psi_a Q$ und durch ihren Schnittpunkt Q_1 mit AQ die Parallele zu QP. Diese Parallele trifft die Linie AP im gesuchten Bahnpunkt Λ.

Wir nehmen nun an, daß der Pol unendlich fern sei. Wir gehen dabei von den Formeln (4) des § 9 aus:

$$u_3 = x_3 - \frac{x}{y_3 - y_3^{(p)}}, \qquad v_3 = y_3.$$

Die Gleichungen zeigen, daß auch in diesem Fall eine quadratische Verwandtschaft vorliegt. Die Verbindungslinien entsprechender Punkte sind der Polkurventangente parallel. Entsprechende Punkte auf Parallelen zur Polkurventangente bilden kongruente Punktreihen. Alle unendlich fernen Punkte entsprechen sich selbst, dem unendlich fernen Pol jedoch entspricht in beiden Punktsystemen die ganze Polkurventangente. Jedem Punkt der Polkurventangente entspricht in beiden Punktsystemen der unendlich ferne Pol.

Kennt man ein Paar entsprechender Punkte $\mathfrak{A}, A$, so kennt man auch die Richtung der Polkurventangente. Wählen wir eine Parallele t zur Polkurventangente als x-Achse eines Koordinatensystems, so haben die Verwandtschaftsgleichungen der Bahnpunkte und der entsprechenden Krümmungsmittelpunkte die soeben angegebene Form. Zur Bestimmung der Konstanten $\varkappa$, $y_3^{(p)}$ ist die Angabe eines weiteren Punktpaares $\mathfrak{A}'A'$ erforderlich, wobei natürlich die Linien $\mathfrak{A}A$ und $\mathfrak{A}'A'$ nicht zusammenfallen dürfen.

Durch Angabe zweier Punktpaare ist also auch bei unendlich fernem Pol die quadratische Verwandtschaft bestimmt. Ist die Polkurventangente bekannt, so genügt es, ein Punktpaar zu kennen, wie ohne weiteres ersichtlich ist.

Um zu einem Punkt $\mathfrak{A}''$ den entsprechenden Punkt A'' zu konstruieren, wenn uns die Punktpaare $\mathfrak{A}, A$ und $\mathfrak{A}', A'$ gegeben sind, verfahren wir folgendermaßen:

Wir zeichnen die Geraden $\mathfrak{A}\mathfrak{A}'$ und AA', die sich im Punkte Q schneiden mögen, ziehen durch $\mathfrak{A}''$ zu $\mathfrak{A}A$ die Parallele g und bestimmen auf der Geraden $\mathfrak{A}'\mathfrak{A}''$ den Punkt Q' so, daß Q' von der Geraden g in bezug auf Größe und Richtung denselben Abstand hat wie Q von $\mathfrak{A}A$. Die Gerade $A'Q'$ schneidet g im gesuchten Punkt A''. Die Polkurventangente ist die Gerade, von der $\mathfrak{A}$ dieselbe Entfernung hat wie Q von $\mathfrak{A}'A'$, und zwar in bezug auf Größe und Richtung.

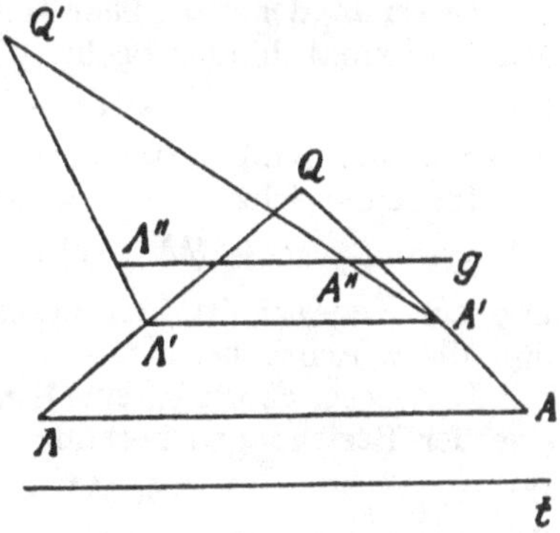

Fig. 19.

Die Richtigkeit der ausgeführten Konstruktion ist leicht zu erweisen. Aus der Figur findet man die Proportion:

$$\mathfrak{A}A : \mathfrak{A}'A' = l + y'_3 - y_3 : l,$$

wenn y'_3, y_3 die Ordinaten der entsprechenden Punkte, l das von Q auf $\mathfrak{A}'A'$ gefällte Lot bedeutet.

Mit Rücksicht auf die Beziehungen:

$$\mathfrak{A}A = -\frac{\varkappa}{y_3 - y_3^{(p)}}, \quad \mathfrak{A}'A' = -\frac{\varkappa}{y'_3 - y_3^{(p)}}$$

erhält man ohne Mühe:

$$l = y_3 - y_3^{(p)}.$$

Damit ist die Konstruktion der Polkurventangente als richtig erwiesen. Das von Q auf ΛA gefällte Lot hat die Größe $l + y'_3 - y_3 = y'_3 - y_3^{(p)}$. Die von Q' auf $\Lambda''A''$ bzw. $\Lambda'A'$ gefällten Lote haben die Größen $y'_3 - y_3^{(p)}$ bzw. $y''_3 - y_3^{(p)}$.

Die Figur liefert die Proportion:

$$\Lambda''A'' : \Lambda'A' = y'_3 - y_3^{(p)} : y''_3 - y_3^{(p)},$$

aus der vermöge der Gleichung:

$$\Lambda'A' = -\frac{\varkappa}{y'_3 - y_3^{(p)}}$$

folgt:

$$\Lambda''A'' = -\frac{\varkappa}{y''_3 - y_3^{(p)}},$$

womit die Richtigkeit unserer Konstruktion bewiesen ist.

Die angegebene Konstruktion findet sich auf andere Weise abgeleitet bei Burmester.

§ 12.

Fortsetzung. Zuordnung einiger entsprechender Kurven.

Nachdem wir die Zuordnung entsprechender Punkte in der x, y- und u, v-Ebene untersucht haben, wollen wir jetzt die Zuordnung einiger entsprechenden Kurven in Betracht ziehen, wobei wir das x_2, y_2-System zugrunde legen, den Index 2 aber fortlassen.

Es sei in der x, y-Ebene eine gerade Linie gegeben, die nicht durch den Nullpunkt hindurchgeht. Ihre Gleichung können wir schreiben:

(1) $$ax + by + c = 0,$$

wobei c von Null verschieden anzunehmen ist.

Ihr entspricht in der u, v-Ebene die Kurve:

(2) $$cu^2 + (bN + c)\,v^2 + aNuv + cNv = 0,$$

also ein Kegelschnitt, der durch den Nullpunkt hindurchgeht und in ihm die u-Achse berührt.

Der Kegelschnitt ist eine Hyperbel, Parabel oder Ellipse, je nachdem eine der Beziehungen besteht:

(3) $$4c\,(bN + c) - a^2N^2 \lesseqqgtr 0.$$

Wir können das noch anders deuten.

Suchen wir dazu die Schnittpunkte der vorgelegten geraden Linie mit dem Wendekreis! Ihre Koordinaten ergeben sich aus den Gleichungen:

$$ax + by + c = 0,$$
$$x^2 + y^2 - Ny = 0.$$

Die y-Koordinaten der Schnittpunkte leisten also der Gleichung Genüge:

$$y^2\,(a^2 + b^2) + y\,(2bc - a^2N) + c^2 = 0,$$

deren Diskriminante den Wert besitzt:

$$-\,a^2\,(4c\,(bN + c) - a^2N^2).$$

Wir sehen also, die Art des Kegelschnittes hängt davon ab, ob die gerade Linie den Wendekreis in zwei reellen Punkten schneidet, ihn berührt oder keinen Punkt mit ihm gemeinsam hat.

Dieses Resultat ist zunächst nur richtig, wenn a von Null verschieden ist. Es bleibt aber, wie man sich leicht überzeugt, bestehn, wenn $a = 0$ ist.

Eine eigentümliche Eigenschaft besitzt der Krümmungskreis der Kegelschnitte im Nullpunkt.

Durch zweimalige Differentiation, wobei wir u als unabhängige Veränderliche ansehen, ergeben sich die beiden Gleichungen:

$$(4)\quad \begin{aligned} &2cudu + 2\,(bN + c)\,vdv + aN\,(udv + vdu) + cNdv = 0,\\ &2cdu^2 + 2\,(bN + c)\,(dv^2 + vd^2v) + aN\,(2dudv + ud^2v) + cNd^2v = 0. \end{aligned}$$

Im Punkte $u = 0$, $v = 0$ wird also erstens:

$$\frac{dv}{du} = 0,$$

wie vorauszusehen, und zweitens:

$$\frac{d^2v}{du^2} = -\frac{2}{N}.$$

Die Koordinaten des Krümmungsmittelpunktes im genannten Punkte lauten also:

$$0, -\frac{N}{2},$$

der Punkt selbst fällt also mit dem Mittelpunkt des Rückkehrkreises zusammen. Der gesuchte Krümmungskreis aller der betrachteten Kegelschnitte ist demnach der Rückkehrkreis. Unter solchen Umständen haben alle Kegelschnitte im Nullpunkte drei Punkte gemeinsam. Fassen wir die letzten Betrachtungen zusammen, so ergibt sich der Lehrsatz:

Für eine jede Gerade des x, y-Systems, welche nicht durch den Pol hindurchgeht, liegen die Krümmungsmittelpunkte der Bahnen ihrer Punkte auf einem Kegelschnitt, welcher durch den Pol hindurchgeht und in ihm den Rückkehrkreis zum Krümmungskreis hat. Der Kegelschnitt ist eine Hyperbel, Parabel oder Ellipse, je nachdem die Gerade mit dem Wendekreis zwei reelle verschiedene, zusammenfallende oder keinen reellen Punkt gemeinsam hat.

Wir nehmen jetzt an, daß die gerade Linie durch den Pol hindurchgeht. Ihre Gleichung hat die Form:

$$(5)\qquad ax + by = 0,$$

ihr entspricht die Kurve:

$$(6)\qquad bv^2 + auv = 0.$$

In diesem Falle zerfällt also der Kegelschnitt in zwei gerade Linien, von denen die eine die Tangente an die beiden Polkurven und die zweite die ursprüngliche Gerade ist.

Auch hier ist noch ein Fall besonders hervorzuheben, wenn nämlich die gegebene Gerade die Polkurventangente $y = 0$ ist. Dieser Linie entspricht, wie schon bemerkt, lediglich ein Punkt, nämlich der Pol. —

Wir wollen noch den Fall betrachten, daß in der x, y-Ebene ein Kegelschnitt gegeben sei, der im Nullpunkt die Polkurventangente berührt, so kann seine Gleichung geschrieben werden:

(7) $$a_{11}x^2 + 2a_{12}xy + a_{22}y^2 + 2a_{13}y = 0.$$

Diesem Kegelschnitt entspricht eine Kurve, deren Gleichung die Form hat:

(8) $$v^2 (a_{11}Nu^2 + 2a_{12}Nuv + a_{22}Nv^2 + 2a_{23} (u^2 + v^2 + Nv)) = 0.$$

Abgesehen von der doppelt zu zählenden Polkurventangente $v = 0$ ergibt sich also wieder ein Kegelschnitt, der durch den Nullpunkt hindurchgeht und in ihm die Polkurventangente berührt.

Wir machen noch ein paar Bemerkungen zu dem Fall, daß der Pol unendlich fern liegt. Dabei erinnern wir an die Formeln (4) des § 9:

$$u_3 = x_3 - \frac{\varkappa}{y_3 - y_3^{(p)}}, \qquad v_3 = y_3.$$

Sehen wir von dem Fall ab, daß $y_3^{(p)}$ unendlich groß ist, so nehmen wir eine Parallelverschiebung des x_3, y_3-Systems vermöge der Formeln vor:

$$x_4 = x_3, \; y_4 = y_3 - y_3^{(p)}.$$

Die Verwandtschaftsgleichungen lauten in dem neuen Koordinatensystem, wenn wir den Index 4 unterdrücken:

$$u = x - \frac{\varkappa}{y}, \qquad v = y$$

oder:

$$x = \frac{uv + \varkappa}{v}, \qquad y = v.$$

Der Geraden:

$$ax + by + c = 0$$

entspricht der Kegelschnitt:

$$auv + bv^2 + cv + a\varkappa = 0,$$

der eine Hyperbel ist, welche die Polkurventangente und die vorgelegte Gerade zu Asymptoten hat. Für die Geraden $x = c'$ geht der Kegelschnitt in eine gleichseitige Hyperbel über, während er für die Parallelen zur Polkurventangente in die Polkurventangente und die vorgelegte Gerade zerfällt.

Dem Kegelschnitt:

$$a_{11}x^2 + 2a_{12}xy + a_{22}y^2 + 2a_{13}x + 2a_{23}y + a_{33} = 0$$

entspricht die Kurve vierter Ordnung:

$$a_{11}u^2v^2 + 2a_{12}uv^3 + a_{22}v^4 + 2a_{13}uv^2 + 2a_{23}v^3 + 2a_{11}\varkappa uv + (a_{33} + 2a_{12}\varkappa)v^2 + 2a_{13}\varkappa v + a_{11}\varkappa^2 = 0.$$

Die Richtungskoeffizienten ihrer Asymptoten sind:

$$\mu_{1,2} = 0, \qquad \mu_{3,4} = \frac{-a_{12} \pm \sqrt{a_{12}^2 - a_{11}a_{22}}}{a_{22}}.$$

Wie man leicht erkennt, besitzen die Kurven vierter Ordnung alle die Doppelasymptote $v = 0$. Die Gleichungen der beiden anderen Asymptoten findet man, indem man $v = \mu_{3,4}\, u + c$ in die Kurvengleichung einsetzt und c so bestimmt, daß der Koeffizient von u^3 gleich Null wird. Dieser Koeffizient hat die Form:

$$A\,\{c\,(2a_{11} + 6a_{12}A + 4a_{22}A^2) + 2a_{13}A + 2a_{23}A^2\},$$

wobei $\mu_{3,4}$ durch A ersetzt worden ist.

Durch Nullsetzung des Koeffizienten ergibt sich:

$$c\,\{2\,(a_{11} + 2a_{12}A + a_{22}A^2) + 2A\,(a_{12} + a_{22}A)\} = -\,2A\,(a_{13} + a_{23}A)$$

oder, da:

$$a_{11} + 2a_{12}A + a_{22}A^2 = 0$$

ist:

$$c = -\,\frac{a_{13} + a_{23}A}{a_{12} + a_{22}A}.$$

Dabei hat A die Werte μ_3 bzw. μ_4. Die beiden letztgenannten Asymptoten, die reell oder imaginär sein können, fallen mit denjenigen des entsprechenden Kegelschnitts zusammen.

Jedem Kreis entspricht daher eine zirkulare Kurve vierter Ordnung. Außer der Doppelasymptote $v = 0$ sind ihre Asymptoten die Verbindungslinien des Mittelpunktes des Kreises mit den absoluten Punkten.

Durch Zerfallen der Kurven vierter Ordnung können die Verhältnisse entsprechend vereinfacht werden. So entspricht z. B. der Hyperbel

$$2a_{12}xy + a_{22}y^2 + 2a_{23}y + a_{33} = 0$$

die Hyperbel:

$$2a_{12}uv + a_{22}v^2 + 2a_{23}v + a_{33} + 2a_{12}x = 0\,.$$

und die doppelt zu zählende x-Achse. Beide Hyperbeln besitzen dieselben Asymptoten.

§ 13.

Die Krümmungstheorie der beiden Polkurven.

Es sollen jetzt die Krümmungsmittelpunkte der Punkte der beiden Polkurven berechnet werden. Die Koordinaten eines Punktes der festen Polkurve im x, y-System lauten:

(1) $$x_p = a - b', \quad y_p = b + a',$$

die Koordinaten des entsprechenden Krümmungsmittelpunktes:

$$x_p - \frac{N^2}{M}\frac{dy_p}{d\vartheta}, \quad y_p + \frac{N^2}{M}\frac{dx_p}{d\vartheta},$$

wobei gesetzt ist:

(2) $$M = (a' - b'')\,(b'' + a''') - (b' + a'')\,(a'' - b''').$$

Verlegen wir den Anfangspunkt des Koordinatensystems in den Pol und lassen wie früher die x-Achse mit der Polkurventangente zusammenfallen, so wird die x-Koordinate des Krümmungsmittelpunktes, den wir durch V_p bezeichnen wollen, der Null gleich, während die y-Koordinate der Länge und Richtung nach gleich PV_p ist und den Wert annimmt:

(3) $$PV_p = -\,\frac{N^3}{M}.$$

Damit ist der Krümmungsmittelpunkt der festen Polkurve im Pol analytisch bestimmt.

In ähnlicher Weise kann der Krümmungsmittelpunkt der beweglichen Polkurve bestimmt werden, der zur Phase ϑ gehört. Die Koordinaten dieses Punktes im ξ, η-System haben die Werte:

$$\xi - \frac{N^2}{M}\frac{d\eta}{d\vartheta},$$
$$\eta + \frac{N^2}{M}\frac{d\xi}{d\vartheta},$$

wobei gesetzt ist:

$$M = \frac{d\xi}{d\vartheta}\frac{d^2\eta}{d\vartheta^2} - \frac{d\eta}{d\vartheta}\frac{d^2\xi}{d\vartheta^2}. \tag{4}$$

Um den letzten Ausdruck zu bestimmen, erinnern wir an die Beziehungen:

$$\xi = a' \sin\vartheta - b' \cos\vartheta,$$
$$\eta = a' \cos\vartheta + b' \sin\vartheta,$$

dann ergibt sich für M der Wert:

$$M = M - N^2. \tag{5}$$

An Stelle des ξ, η-Systems wollen wir das x, y-System einführen. Es geschieht das mit Hilfe der Gleichungen:

$$x = a + \xi\cos\vartheta - \eta\sin\vartheta,$$
$$y = b + \xi\sin\vartheta + \eta\cos\vartheta.$$

Die Koordinaten des Krümmungsmittelpunktes der beweglichen Polkurve, der zu der Phase ϑ gehört, nehmen die Werte an:

$$x - \frac{N^2}{M}\left(\frac{d\xi}{d\vartheta}\sin\vartheta + \frac{d\eta}{d\vartheta}\cos\vartheta\right),$$
$$y + \frac{N^2}{M}\left(\frac{d\xi}{d\vartheta}\cos\vartheta - \frac{d\eta}{d\vartheta}\sin\vartheta\right).$$

Wir verlegen nun wieder den Anfangspunkt des Koordinatensystems in den Pol und lassen die Abszissenachse mit der Polkurventangente zusammenfallen. Dann wird die x-Koordinate des Krümmungsmittelpunktes, den wir durch Y_p bezeichnen wollen, gleich Null, die y-Koordinate dagegen ist der Länge und dem Zeichen nach gleich:

$$PY_p = -\frac{N^3}{M}, \tag{6}$$

und es besteht zwischen PY_p und PV_p die Beziehung:

$$\frac{1}{PY_p} - \frac{1}{PV_p} = \frac{1}{N} = \frac{1}{PW}. \tag{7}$$

Damit ist der Krümmungsmittelpunkt der beweglichen Polkurve im Pol bestimmt. Zu gleicher Zeit folgt aus der Theorie der quadratischen Verwandtschaft, die in § 11 näher entwickelt worden ist, daß dem Krümmungsmittelpunkt der beweglichen Polkurve der Krümmungsmittelpunkt der festen Polkurve zugeordnet ist. Wir sprechen dieses Resultat noch einmal in der Form eines Lehrsatzes aus:

Dem Krümmungsmittelpunkt der beweglichen Polkurve im Pol ist bei der früher untersuchten quadratischen Verwandtschaft der Krümmungsmittelpunkt der festen Polkurve in demselben Punkte als entsprechender Punkt zugeordnet.

Ist also die quadratische Verwandtschaft in einer der früher angegebenen Weisen geometrisch bestimmt, so kann der Krümmungsmittelpunkt der einen Polkurve im Pole konstruiert werden, wenn der der anderen bekannt ist.

Wir können die gefundenen Resultate aber auch so deuten, daß, falls der Pol und die beiden Krümmungsmittelpunkte der Polkurven gegeben sind, die quadratische Verwandtschaft bestimmt ist, also jedem Punkte der Ebene der entsprechende Krümmungsmittelpunkt zugeordnet werden kann und umgekehrt.

Wir wollen noch einige weitere Bemerkungen an diese Betrachtungen knüpfen und fragen dazu erstens: Welchem Punkte R_3 entspricht der Punkt Y_p bei der quadratischen Verwandtschaft? Es muß dann die Beziehung bestehen:

$$PY_p = -\frac{N \cdot PR_3}{PR_3 - N}$$

oder umgekehrt:

$$PR_3 = \frac{N \cdot PY_p}{PY_p + N}.$$

Setzen wir den früher gefundenen Wert von PY_p ein, so ergibt sich die Ordinate $\frac{R}{3}$ — wie wir sie bezeichnen wollen — des Punktes R_3 gleich:

$$(8) \qquad \frac{R}{3} = -\frac{N^3}{M - N^2}.$$

Wir werden diesen Punkt R_3 später in der Kreispunkttheorie wiedertreffen und ihm dann eine andere geometrische Deutung geben können.

Wir fragen zweitens, welcher Punkt R'_3 dem Punkte V_p bei der quadratischen Verwandtschaft zuzuordnen sei. In diesem Falle muß die Beziehung bestehen:

$$PR'_3 = -\frac{N \cdot PV_p}{PV_p - N}.$$

Setzen wir den früher gefundenen Wert von PV_p ein, so ergibt sich die Ordinate $\frac{R'}{3}$ des Punktes R'_3 gleich:

$$(9) \qquad \frac{R'}{3} = -\frac{N^3}{M + N^2}.$$

Auch diesen Punkt R'_3 werden wir später wiederfinden und anders geometrisch deuten können. Jedenfalls sind die Punkte R_3 und R'_3 bestimmbar, wenn die quadratische Verwandtschaft bekannt und einer der beiden Punkte V_p oder Y_p gegeben ist, und umgekehrt sind die Punkte V_p und Y_p zu konstruieren, wenn einer der beiden Punkte R_3 oder R'_3 gegeben ist.

Dabei können wir zwischen den Punkten R_3 und R'_3 noch eine einfachere Beziehung herstellen. Ihre Ordinaten waren durch $\frac{R}{3}$ und $\frac{R'}{3}$ bezeichnet worden. Wir wollen nun an Stelle der beiden Punkte R_3 und R'_3 die unmittelbar aus ihnen abzuleitenden in Betracht ziehen, deren Ordinaten die Größen R und R' selbst sind und diese Punkte durch R_1 und R'_1 bezeichnen. Wir fragen: Welcher Punkt entspricht dem Punkte R_1 bei der früher untersuchten quadratischen Verwandtschaft? Die Ordinate von R_1 ist gleich:

$$R = -\frac{3N^3}{M - N^2},$$

also ergibt sich als Ordinate des entsprechenden Punktes die Größe:

$$R' = -\frac{3N^3}{M + N^2},$$

das heißt, der entsprechende Punkt ist der Punkt R'_1. Wir finden also, daß dem Punkte R_1 bei der quadratischen Verwandtschaft der Punkt R'_1 als zugeordneter entspricht, so daß hiermit eine einfachere Beziehung zwischen den beiden Punkten hergestellt ist, als es bisher der Fall war.

Ferner wollen wir noch die folgende Betrachtung anschließen. Aus den aufgestellten Beziehungen folgt:

$$\frac{3}{PR_1} = \frac{1}{PY_p} + \frac{1}{PW}.$$

Setzen wir:

$$\frac{3}{PR_1} = \frac{2}{PK_1},$$

so ist hieraus der Punkt K_1 unmittelbar bestimmt, wenn der Punkt R_1 gegeben ist und umgekehrt. Dann aber folgt die Gleichung:

$$\frac{2}{PK_1} = \frac{1}{PY_p} + \frac{1}{PW}. \tag{10}$$

Es ist also Y_p der vierte harmonische Punkt zu P, K_1 und W und kann unmittelbar konstruiert werden, wenn diese drei Punkte gegeben sind.

Schließlich sei noch folgendes bemerkt. Wir betrachteten soeben die Gleichung:

$$\frac{1}{PY_p} - \frac{1}{PV_p} = \frac{1}{PW}.$$

Sie ist ein spezieller Fall einer allgemeineren Gleichung, die aus der Theorie der quadratischen Verwandtschaft unmittelbar abzuleiten ist. Nehmen wir dazu statt der Polkurvennormale einen beliebigen Normalstrahl, auf ihm einen Punkt Y und den ihm entsprechenden V, nennen ferner seinen Schnittpunkt mit dem Wendekreis W_n, so folgt die Beziehung:

$$\frac{1}{PY} - \frac{1}{PV} = \frac{1}{PW_n}. \tag{11}$$

Nun besteht aber zwischen PW und PW_n die Gleichung:

$$PW_n = PW \cos\gamma,$$

wenn γ der Winkel ist, den die Linie PW_n mit der Linie PW bildet, und hieraus ergibt sich die Gleichung:

$$(12) \qquad \frac{1}{PY_p} - \frac{1}{PV_p} = \left(\frac{1}{PY} - \frac{1}{PV}\right)\cos\gamma = \frac{1}{PW},$$

die unter dem Namen der Euler-Savaryschen bekannt ist.

§ 14.

Die Krümmungstheorie der Hüllbahnkurven.

Wir wollen im folgenden die Krümmungstheorie der Einhüllenden der Systemkurven, der sogenannten Hüllbahnkurven, entwickeln. Dabei bedienen wir uns der polaren Linienkoordinaten. Es sei uns eine beliebige Systemkurve gegeben, etwa durch die Gleichung:

$$\delta = f(\omega).$$

Dann lauten die Gleichungen ihrer Einhüllenden:

$$(1) \qquad d = a\cos(\vartheta + \omega) + b\sin(\vartheta + \omega) + f(\omega),$$
$$\psi = \vartheta + \omega,$$

wobei die Beziehung besteht:

$$\frac{\partial d}{\partial \vartheta}\frac{\partial \psi}{\partial \omega} - \frac{\partial d}{\partial \omega}\frac{\partial \psi}{\partial \vartheta} = 0$$

oder:

$$(2) \qquad \frac{da}{d\vartheta}\cos\psi + \frac{db}{d\vartheta}\sin\psi = \frac{df}{d\omega},$$

wobei der Kürze halber f an Stelle von $f(\omega)$ geschrieben wurde.

Durch Differentiation der Gleichung (1) nach ψ erhalten wir mit Rücksicht auf (2):

$$d'_\psi = b\cos\psi - a\sin\psi + \frac{df}{d\omega},$$

$$d''_\psi = \left(\frac{db}{d\psi} - a\right)\cos\psi - \left(\frac{da}{d\psi} + b\right)\sin\psi + \frac{d^2f}{d\omega^2}\frac{d\omega}{d\psi}.$$

Mit Rücksicht auf § 7 finden wir als Koordinaten des Krümmungsmittelpunktes der Einhüllenden unserer Systemkurve, der zum augenblicklichen Berührungspunkt der Einhüllenden mit der Systemkurve gehört:

$$(3) \qquad \begin{aligned} u_e &= a - \frac{df}{d\omega}\sin\psi + \left(\frac{da}{d\psi}\sin\psi - \frac{db}{d\psi}\cos\psi - \frac{d^2f}{d\omega^2}\frac{d\omega}{d\psi}\right)\cos\psi, \\ v_e &= b + \frac{df}{d\omega}\cos\psi + \left(\frac{da}{d\psi}\sin\psi - \frac{db}{d\psi}\cos\psi - \frac{d^2f}{d\omega^2}\frac{d\omega}{d\psi}\right)\sin\psi. \end{aligned}$$

Diesen Werten kann eine zweite Deutung gegeben werden. Die Koordinaten des Krümmungsmittelpunktes unserer Systemkurve $\delta = f(\omega)$, der zum augenblicklichen Berührungspunkt derselben mit ihrer Einhüllenden gehört, lauten im ξ, η-System:

$$-\frac{df}{d\omega}\sin\omega - \frac{d^2f}{d\omega^2}\cos\omega, \qquad \frac{df}{d\omega}\cos\omega - \frac{d^2f}{d\omega^2}\sin\omega.$$

Im x, y-System haben die Koordinaten des Krümmungsmittelpunktes unserer Systemkurve die Form:

$$u = a - \frac{df}{d\omega}\sin\psi - \frac{d^2f}{d\omega^2}\cos\psi, \quad v = b + \frac{df}{d\omega}\cos\psi - \frac{d^2f}{d\omega^2}\sin\psi.$$

Der Krümmungsmittelpunkt der Bahnkurve, die der Krümmungsmittelpunkt der betrachteten Systemkurve momentan beschreibt, hat die Koordinaten:

$$u_x = u - \frac{e^2}{w}\frac{dv}{d\vartheta}, \quad v_x = v + \frac{e^2}{w}\frac{du}{d\vartheta}. \tag{4}$$

In diesen Gleichungen ist ω als konstant anzusehen, im übrigen können die rechten Seiten nach den in § 8 angegebenen allgemeinen Regeln gebildet werden. In unserem Falle tritt noch die Bedingungsgleichung (2) hinzu, sowie die durch ihre Differentiation nach ϑ sich ergebende:

$$\frac{dy_p}{d\vartheta}\cos\psi - \frac{dx_p}{d\vartheta}\sin\psi = \left(\frac{d^2f}{d\omega^2} + \frac{da}{d\vartheta}\sin\psi - \frac{db}{d\vartheta}\cos\psi\right)\frac{d\omega}{d\vartheta}.$$

Unter Berücksichtigung dieser Gleichungen nehmen die Größen e^2 und w die Form an:

$$e^2 = (u - x_p)^2 + (v - y_p)^2 = \left(\frac{da}{d\vartheta}\sin\psi - \frac{db}{d\vartheta}\cos\psi + \frac{d^2f}{d\omega^2}\right)^2,$$

$$w = e^2 - \frac{dy_p}{d\vartheta}(u - x_p) + \frac{dx_p}{d\vartheta}(v - y_p) = \left(\frac{da}{d\vartheta}\sin\psi - \frac{db}{d\vartheta}\cos\psi + \frac{d^2f}{d\omega^2}\right)^2\frac{d\psi}{d\vartheta}.$$

Demnach gilt die Beziehung:

$$\frac{e^2}{w} = \frac{d\vartheta}{d\psi}.$$

Die Gleichungen (4) nehmen somit die Gestalt an:

$$u_x = a - \frac{df}{d\omega}\sin\psi - \frac{d^2f}{d\omega^2}\cos\psi - \left(\frac{db}{d\vartheta} - \frac{df}{d\omega}\sin\psi - \frac{d^2f}{d\omega^2}\cos\psi\right)\frac{d\vartheta}{d\psi},$$

$$v_x = b + \frac{df}{d\omega}\cos\psi - \frac{d^2f}{d\omega^2}\sin\psi + \left(\frac{da}{d\vartheta} - \frac{df}{d\omega}\cos\psi + \frac{d^2f}{d\omega^2}\sin\psi\right)\frac{d\vartheta}{d\psi}$$

oder mit Rücksicht auf die Gleichung:

$$\frac{d\omega}{d\psi} = 1 - \frac{d\vartheta}{d\psi}$$

und der Gleichungen (2) und (3):

$$u_x = u_e, \quad v_x = v_e.$$

Unter solchen Umständen folgt der Lehrsatz:

Der Krümmungsmittelpunkt der Einhüllenden einer beliebigen Systemkurve, der zum momentanen Berührungspunkt der Systemkurve mit der Einhüllenden gehört, fällt in jedem Augenblick mit dem Krümmungsmittelpunkt derjenigen Bahn zusammen, welche der Krümmungsmittelpunkt der Systemkurve beschreibt.

Da bei der umgekehrten Bewegung eine Systemkurve und ihre Einhüllende ihre Rollen vertauschen, läßt sich der soeben ausgesprochene Satz leicht für die umgekehrte Bewegung umformen.

Die in § 11 entwickelte Verwandtschaft zwischen den Bahnpunkten und den Krümmungsmittelpunkten besteht infolge des gefundenen Lehrsatzes auch zwischen den Krümmungsmittelpunkten der Systemkurven und denjenigen ihrer Einhüllenden, die zu den momentanen Berührungspunkten der Systemkurven mit ihren Einhüllenden gehören. Hieraus folgt unter anderem, daß die Normalen in den Berührungspunkten der Einhüllenden mit den entsprechenden Systemkurven in jedem Augenblick durch den Pol gehen. Da die beiden Polkurven im Verhältnis von Systemkurve und Einhüllender zueinander stehen, so sind, wie hier ohne weiteres folgt, die Krümmungsmittelpunkte der beiden Polkurven entsprechende Punkte der genannten quadratischen Verwandtschaft. Für den Fall einer geraden Linie ergibt sich ferner infolge der bestehenden quadratischen Verwandtschaft ohne weiteres der Satz, daß die Krümmungsmittelpunkte der Einhüllenden aller Systemgeraden in jedem Augenblick auf dem Rückkehrkreis liegen und Entsprechendes für die umgekehrte Bewegung gilt. Infolge der bestehenden quadratischen Verwandtschaft gilt ferner die Aussage: Sind ϱ und ϱ_e die Abstände der Krümmungsmittelpunkte einer Systemkurve und ihrer Einhüllenden vom Pol, φ der Winkel des Normalstrahles, auf dem sich die beiden Kurven momentan berühren, mit der positiven Richtung der y_2-Achse, so gilt die Gleichung:

$$\left(\frac{1}{\varrho} - \frac{1}{\varrho_e}\right) \cos \varphi = \frac{1}{N}.$$

Dabei ist auf dem Normalstrahl φ die Richtung PW_φ als positiv angenommen worden, wenn W_φ den Schnittpunkt des Normalstrahles φ mit dem Wendekreis bedeutet.

Dritter Abschnitt.

Ballscher Punkt und Kreispunktkurve.

§ 15.

Über Berührungen höherer Ordnung zwischen Tangente und Bahnkurve. Der Ballsche Punkt.

Wir haben im vorigen Abschnitt die Definition des Wendekreises gegeben. Es war das der geometrische Ort der Punkte, in denen die Tangenten momentan im Berührungspunkte mit der Bahnkurve drei Punkte gemeinsam haben. Wir fragen: Gibt es unter ihnen auch solche, in denen die Tangente mehr als drei Punkte mit der Kurve gemeinsam hat?

Für diese Punkte muß neben der Gleichung:

$$\frac{d^2y}{dx^2} = 0 \text{ oder } \frac{d^2x}{dy^2} = 0$$

die Gleichung:

$$\frac{d^3y}{dx^3} = 0 \text{ oder } \frac{d^3x}{dy^3} = 0$$

bestehen. Nun ist:

$$\frac{d^2y}{dx^2} = \frac{w}{\left(\frac{dx}{d\vartheta}\right)^3}$$

und ferner:

$$\frac{d^3y}{dx^3} = \frac{w'\left(\frac{dx}{d\vartheta}\right) - 3w\,\frac{d^2x}{d\vartheta^2}}{\left(\frac{dx}{d\vartheta}\right)^5}.$$

Ähnlich lauten die Ausdrücke für:

$$\frac{d^2x}{dy^2} \text{ und } \frac{d^3x}{dy^3}.$$

Sehen wir daher von den Punkten ab, in denen beide Ausdrücke:

$$\frac{dx}{d\vartheta} \text{ und } \frac{dy}{d\vartheta}$$

zu gleicher Zeit der Null gleich werden, also von den Punkten der festen Polkurve, so folgen die beiden Beziehungen:

$$(1)\qquad \begin{aligned}\frac{dx}{d\vartheta}\frac{d^2y}{d\vartheta^2}-\frac{dy}{d\vartheta}\frac{d^2x}{d\vartheta^2}&=0,\\ \frac{dx}{d\vartheta}\frac{d^3y}{d\vartheta^3}-\frac{dy}{d\vartheta}\frac{d^3x}{d\vartheta^3}&=0\end{aligned}$$

als hinreichende und notwendige Bedingung für eine Berührung dritter Ordnung zwischen Tangente und Kurve. Um die letzten Gleichungen weiterzuführen, erinnern wir an die Beziehungen:

$$\frac{dx}{d\vartheta}=-y_1,\qquad \frac{dy}{d\vartheta}=x_1,$$

$$\frac{d^2x}{d\vartheta^2}=-x_1+a''+b',\qquad \frac{d^2y}{d\vartheta^2}=-y_1+b''-a',$$

$$\frac{d^3x}{d\vartheta^3}=y_1+a'''+a',\qquad \frac{d^3y}{d\vartheta^3}=-x_1+b'''+b'.$$

Mit ihrer Hilfe ergeben sich als Bedingungen für die vierpunktige Berührung die Gleichungen:

$$(2)\qquad \begin{aligned}x_1^2+y_1^2-(a''+b')\,x_1-(b''-a')\,y_1&=0,\\ (a'+a''')\,x_1+(b'+b''')\,y_1&=0.\end{aligned}$$

Wir wollen nun neben den schon gebrauchten Bezeichnungen:

$$(3)\qquad a_2=a''+b',\qquad b_2=b''-a',$$

für $n>2$ die weiteren einführen:

$$(4)\qquad a_n=a^{(n)}+a^{(n-2)},\qquad b_n=b^{(n)}+b^{(n-2)},$$

wobei die gestrichenen Buchstaben auf den rechten Seiten die entsprechenden Differentialquotienten nach ϑ bedeuten. Dann nehmen die Gleichungen (2) die Form an:

$$x_1^2+y_1^2-a_2x_1-b_2y_1=0,$$
$$a_3x_1+b_3y_1=0.$$

Sehen wir von den Koordinaten des Poles ab, so ergeben sich für x_1 und y_1 die Werte:

$$(5)\qquad x_1=b_3\frac{a_2b_3-b_2a_3}{a_3^2+b_3^2},\qquad y_1=-a_3\frac{a_2b_3-b_2a_3}{a_3^2+b_3^2},$$

aus denen weiterhin die Gleichung folgt:

$$(6)\qquad b_3x_1-a_3y_1=a_2b_3-b_2a_3.$$

Es gibt also stets einen und nur einen Punkt der genannten Art, es sei denn, daß a_3 und b_3 zu gleicher Zeit der Null gleich werden. In diesem Falle würden alle Punkte des Wendekreises in Frage kommen. Wir sehen von ihm wie in der Folge von analogen Fällen ab. Dann ergibt sich der Lehrsatz:

Es gibt im allgemeinen einen und nur einen Punkt, in welchem in jedem Augenblick der Bewegung eine vierpunktige Berührung der Bahnkurve mit der Tangente stattfindet. Seine Koordinaten leisten den Gleichungen Genüge:

$$a_3x_1+b_3y_1=0,\qquad b_3x_1-a_3y_1=a_2b_3-b_2a_3.$$

Man nennt diesen Punkt den Ballschen Punkt. Im Laufe der Bewegung beschreibt er eine Kurve, die mit dem Namen der Ballschen Kurve oder auch der Undulationskurve bezeichnet wird. Die Gleichungen (5) stellen diese Kurve analytisch dar.

Zu der Ballschen Kurve kommen wir auch auf einem anderen Wege, indem wir nach der Einhüllenden des Wendekreises fragen. Die Gleichung des Wendekreises lautete:

$$x_1^2 + y_1^2 - a_2 x_1 - b_2 y_1 = 0.$$

Durch Differentiation nach ϑ ergibt sich die weitere Beziehung:

$$a_3 x_1 + b_3 y_1 = 0.$$

Die gesuchte Einhüllende besteht aus den Punkten, deren Koordinaten den beiden letzten Gleichungen Genüge leisten. Das sind erstens die Punkte mit den Koordinaten:

$$x_1 = 0, \quad y_1 = 0$$

und zweitens die Ballschen Punkte. Während bisher die Punkte der Polkurve nicht in Betracht gezogen worden sind, nehmen wir sie hier hinzu und erhalten den Lehrsatz:

Die Einhüllende der Wendekreise besteht aus der festen Polkurve und der Ballschen Kurve.

Es ist nun leicht, die Theorie weiter fortzusetzen.

Im allgemeinen wird es keine Punkte geben, in denen die Tangente die Bahnkurve in fünf zusammenfallenden Punkten schneidet, es wird das vielmehr nur für gewisse Werte von ϑ der Fall sein können. Wir erhalten die hierauf bezügliche Bedingung, wie mit leichter Mühe folgt, wenn wir die linke Seite der Gleichung:

$$a_3 x_1 + b_3 y_1 = 0$$

noch einmal differenzieren und der Null gleichsetzen. Wir gelangen zu der Gleichung:

$$(a_4 + b_3)\, x_1 + (b_4 - a_3)\, y_1 = a_2 b_3 - b_2 a_3$$

oder unter Berücksichtigung der Gleichung (6) zur Beziehung:

(7) $$a_4 x_1 + b_4 y_1 = 0.$$

Mit ihr muß die Gleichung

$$a_3 x_1 + b_3 y_1 = 0$$

zusammenbestehen, oder also es folgt die Beziehung:

(8) $$a_3 b_4 - b_3 a_4 = 0,$$

so daß die Ausdrücke für x_1 und y_1 auch in die Form gebracht werden können:

$$x_1 = b_4 \frac{a_2 b_4 - b_2 a_4}{a_4^2 + b_4^2}, \quad y_1 = - a_4 \frac{a_2 b_4 - b_2 a_4}{a_4^2 + b_4^2}.$$

Es ergibt sich somit der Lehrsatz:

Die hinreichende und notwendige Bedingung für eine fünfpunktige Berührung der Tangente lautet:

$$a_3 b_4 - b_3 a_4 = 0.$$

Die Koordinaten der betreffenden Punkte leisten neben den früheren den Gleichungen Genüge:

$$a_4 x_1 + b_4 y_1 = 0,$$
$$b_4 x_1 - a_4 y_1 = a_2 b_4 - b_2 a_4.$$

In derselben Weise geht es weiter. Wir erhalten den Lehrsatz:

Die hinreichenden und notwendigen Bedingungen für eine n-punktige Berührung lauten:

$$a_3 b_r - b_3 a_r = 0 \text{ für } r = 4, 5, \ldots n - 1.$$

Die Koordinaten der betreffenden Punkte leisten den Gleichungen Genüge:

$$b_r x_1 + b_r y_1 = 0,$$
$$b_r x_1 - a_r y_1 = a_2 b_r - b_2 a_r \text{ für } r = 3, 4, \ldots n - 1.$$

§ 16.

Über die vierpunktige Berührung des Krümmungskreises mit der Bahnkurve. Die Kreispunktkurve.

Die analogen Aufgaben in der Krümmungstheorie führen zu größeren Schwierigkeiten, so daß wir uns auf die einfachsten Fälle beschränken wollen. Der Krümmungskreis hat im allgemeinen drei Punkte mit der Kurve im Berührungspunkt gemeinsam. Wir fragen zuerst, wo die Punkte gelegen sind, in denen er vier Punkte mit der Kurve gemeinsam hat.

Für die Koordinaten des Krümmungsmittelpunktes bestehen allgemein die Gleichungen:

$$(1)\qquad \begin{gathered} (x-u)^2 + (y-v)^2 = \varrho^2, \\ (x-u) + (y-v)\frac{dy}{dx} = 0, \\ 1 + \left(\frac{dy}{dx}\right)^2 + (y-v)\frac{d^2y}{dx^2} = 0. \end{gathered}$$

Soll die Zahl der zusammenfallenden Punkte im Berührungspunkte gleich 4 sein, so tritt die Gleichung hinzu:

$$(2)\qquad 3\frac{dy}{dx}\frac{d^2y}{dx^2} + (y-v)\frac{d^3y}{dx^3} = 0$$

oder, wenn $(y - v)$ aus den beiden letzten Gleichungen eliminiert wird:

$$(3)\qquad \frac{d^3y}{dx^3}\left(1 + \left(\frac{dy}{dx}\right)^2\right) - 3\frac{dy}{dx}\left(\frac{d^2y}{dx^2}\right)^2 = 0.$$

Hierbei ist x als unabhängige, y als abhängige Veränderliche gewählt worden. Im umgekehrten Falle gestalten sich die Formeln analog. Nun bestehen die Beziehungen:

$$\frac{dy}{dx} = \frac{dy}{d\vartheta} : \frac{dx}{d\vartheta}, \quad \frac{d^2y}{dx^2} = w : \left(\frac{dx}{d\vartheta}\right)^3,$$
$$\frac{d^3y}{dx^3} = w'\frac{dx}{d\vartheta} - 3w\frac{d^2x}{d\vartheta^2} : \left(\frac{dx}{d\vartheta}\right)^5.$$

Setzen wir diese Werte in Gleichung (3) ein, so ergibt sich das Resultat:

$$e^2 w' - 3ee'w : \left(\frac{dx}{d\vartheta}\right)^5 = 0.$$

Bei der Vertauschung von x und y wären wir zu einer Gleichung gelangt, die von der soeben gefundenen sich nur dadurch unterscheidet, daß im Nenner die Größe:

$$\left(\frac{dy}{d\vartheta}\right)^5$$

sich befindet. Sehen wir von dem Fall ab, daß sowohl:

$$\frac{dx}{d\vartheta} \text{ als auch } \frac{dy}{d\vartheta}$$

der Null gleich ist, so folgt, daß für die genannten Punkte die Gleichung bestehen muß:

$$e^2 w' - 3ee'w = 0. \tag{4}$$

Um diese Gleichung weiter auszuführen, führen wir das x_1, y_1-System ein und erinnern an die Beziehungen:

$$\begin{aligned} e^2 &= x_1^2 + y_1^2, \\ ee' &= b_2 x_1 - a_2 y_1, \\ w &= x_1^2 + y_1^2 - a_2 x_1 - b_2 y_1, \\ w' &= - a_3 x_1 - b_3 y_1; \end{aligned} \tag{5}$$

dann nimmt die Gleichung die Gestalt an:

$$(a_3 x_1 + b_3 y_1)(x_1^2 + y_1^2) + 3(b_2 x_1 - a_2 y_1)(x_1^2 + y_1^2 - a_2 x_1 - b_2 y_1) = 0. \tag{6}$$

Es ist das die Gleichung einer zirkulären Kurve dritter Ordnung, die durch den Koordinatenanfang hindurchgeht und in ihm einen Doppelpunkt besitzt, also rational ist. Die beiden Tangenten in dem Doppelpunkt haben die Gleichungen:

$$\begin{aligned} b_2 x_1 - a_2 y_1 &= 0, \\ a_2 x_1 + b_2 y_1 &= 0, \end{aligned}$$

fallen also mit der Tangente und der Normalen der beiden Polkurven im Pole zusammen. Wir erhalten demnach den folgenden Lehrsatz:

Der geometrische Ort der Punkte, in denen in einem Augenblick eine vierpunktige Berührung zwischen dem Krümmungskreis und der Bahnkurve stattfindet, ist eine zirkuläre, rationale Kurve dritter Ordnung, die den Pol als Doppelpunkt besitzt. Die beiden Tangenten im Pol fallen mit der Tangente und der Normalen an die Polkurven im Pole zusammen.

Die Kurve wird von Burmester mit dem Namen der Kreispunktkurve, von Grübler mit dem Namen der Kreisungspunktkurve bezeichnet. Wir wollen die Burmestersche Bezeichnung wählen, wohl auch kurz den Buchstaben C_3 gebrauchen.

Führen wir das x_2, y_2-System ein, so nimmt die Gleichung der C_3 die Gestalt an:

$$(p x_2 + q y_2)(x_2^2 + y_2^2) - 3N^2 x_2 y_2 = 0, \tag{7}$$

wobei gesetzt ist:

$$(8)\qquad \begin{aligned} p &= b_2a_3 - a_2b_3 + 3N^2 : N, \\ q &= a_2a_3 + b_2b_3 : N. \end{aligned}$$

Es soll im folgenden bei der Diskussion der C_3, soweit nichts anderes bemerkt wird, das x_2, y_2-System gewählt werden, wobei der Einfachheit halber der Index 2 fortgelassen wird. Die Gleichung der Kreispunktkurve lautet demnach:

$$(9)\qquad (px + qy)(x^2 + y^2) - 3N^2 xy = 0.$$

Wir überzeugen uns, daß bei gegebenem Doppelpunkt und gegebenen Tangenten in ihm, wie vorauszusehen, die C_3 durch zwei ihrer Punkte bestimmt ist.

Wir wollen schon an dieser Stelle ihre Schnittpunkte mit dem Wendekreis suchen, dessen Gleichung die Form hat:

$$x^2 + y^2 - Ny = 0.$$

Sehen wir von dem Pol und den imaginären Kreispunkten ab, so ergibt sich ein einziger Punkt, dessen Koordinaten der weiteren Gleichung genügen:

$$p_1x + qy = 0,$$

wobei gesetzt ist:

$$(10)\qquad p_1 = b_2a_3 - a_2b_3 : N$$

und resp. die Werte besitzen:

$$(11\text{ a})\qquad \begin{aligned} &(a_2b_3 - b_2a_3)(a_2a_3 + b_2b_3) : N(a_3^2 + b_3^2), \\ &(a_2b_3 - b_2a_3)^2 : N(a_3^2 + b_3^2). \end{aligned}$$

Im x_1, y_1-System nehmen sie die Form an:

$$(11\text{ b})\qquad b_3(a_2b_3 - b_2a_3) : a_3^2 + b_3^2, \quad -a_3(a_2b_3 - b_2a_3) : a_3^2 + b_3^2,$$

so daß der entsprechende Punkt mit dem Ballschen zusammenfällt, ein Resultat, das vorauszusehen war und später für eine Konstruktion des Ballschen Punktes benutzt werden wird.

Die Kreispunktkurve ist in einer größeren Anzahl rein geometrischer und kinematischer Arbeiten behandelt worden. Eine besonders umfassende Darstellung findet sich in der Kinematik von Allievi. Wir begnügen uns damit, ihre wichtigsten Eigenschaften kurz abzuleiten.

§ 17.

Fortsetzung. Konstruktionen und metrische Beziehungen.

Die Gleichung der Kreispunktkurve war in die Form gebracht worden:

$$(1)\qquad (px + qy)(x^2 + y^2) - 3N^2xy = 0.$$

Wir wollen uns die linke Seite dieser Gleichung mit einer Größe f multipliziert denken und diese Größe so bestimmen, daß die Gleichungen bestehen:

$$(2)\qquad fp = m,\ fq = n,\ 3fN^2 = 2(m^2 + n^2).$$

Es ist das der Fall, wenn gesetzt wird:

$$(3)\qquad m = \frac{3N^2p}{2(p^2 + q^2)},\quad n = \frac{3N^2q}{2(p^2 + q^2)},\quad f = \frac{3N^2}{2(p^2 + q^2)}.$$

Umgekehrt folgen hieraus die Gleichungen:

$$(4) \qquad p = \frac{3}{2}\frac{N^2 m}{m^2+n^2}, \qquad q = \frac{3}{2}\frac{N^2 n}{m^2+n^2}, \qquad f = \frac{2}{3}\frac{m^2+n^2}{N^2}.$$

Die Gleichung der Kreispunktkurve nimmt dann die Form an:

$$(5) \qquad (mx+ny)(x^2+y^2) - 2(m^2+n^2)xy = 0.$$

Sie zeigt, daß der Punkt $x = n$, $y = m$ jedenfalls auf der Kurve gelegen ist. Wir wollen ihn durch F bezeichnen. Nennen wir den Winkel, den der Radius vektor PF mit der x-Achse bildet, δ, so folgt:

$$\operatorname{tg}\delta = m : n.$$

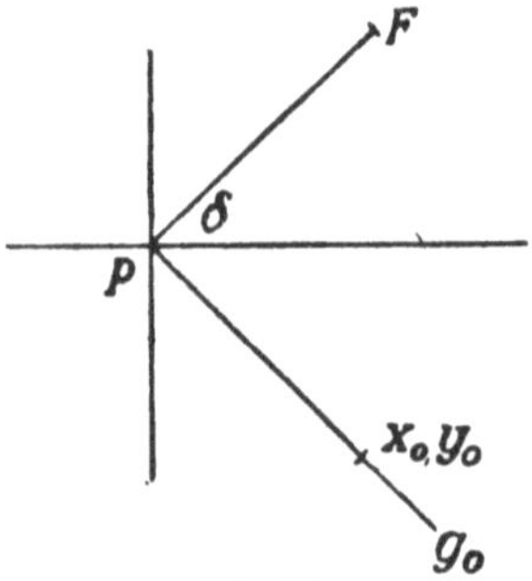

Fig. 20.

Nehmen wir andererseits die durch den Nullpunkt hindurchgehende Linie mit der Gleichung:

$$(6) \qquad mx + ny = 0$$

und bezeichnen sie durch g_0, ihren Winkel mit der x-Achse durch δ_1, so folgt:

$$\operatorname{tg}\delta_1 = -\frac{m}{n}.$$

Die Koordinatenachsen halbieren unter solchen Umständen die Winkel, welche die Linie g_0 und die Linie PF resp. ihre Verlängerung miteinander bilden.

Wir wollen nun auf der Linie g_0 einen Punkt x_0, y_0 annehmen, der die Entfernung l vom Koordinatenanfangspunkt besitzt. Für diesen Punkt gelten die Gleichungen:

$$x_0^2 + y_0^2 = l^2$$
$$mx_0 + ny_0 = 0,$$

so daß seine Koordinaten in der Form dargestellt werden können:

$$x_0 = nl : \sqrt{m^2+n^2}, \qquad y_0 = -ml : \sqrt{m^2+n^2}.$$

Das Zeichen der Wurzel ist in beiden Gleichungen das nämliche.

Die Gleichung des Kreises, der um x_0, y_0 mit dem Radius l beschrieben werden kann, lautet:

$$(7) \qquad \sqrt{m^2+n^2}\,(x^2+y^2) - 2l\,(nx - my) = 0,$$

die der Verbindungslinie des Punktes F und des Punktes x_0, y_0:

$$(8) \qquad \sqrt{m^2+n^2}\,(mx - ny) + l\,(mx + ny - 2nm) = 0,$$

wobei dasselbe Wurzelzeichen wie in den Ausdrücken für x_0 und y_0 zu wählen ist. Für die Schnittpunkte des Kreises und der geraden Linie gelten die beiden letzten Gleichungen zusammen. Unter solchen Umständen kann einem jeden Wertesystem x_0, y_0 ein Paar solcher Schnittpunkte zugeordnet werden. Lassen wir den Punkt mit den Kordinaten x_0, y_0 alle möglichen Lagen auf der Linie g_0 annehmen, so erhalten wir durch Elimination von l aus den Gleichungen (7) und (8) die Gleichung des geometrischen Ortes der definierten Schnittpunkte in der Form:

$$(x^2+y^2)(mx + ny - 2mn) + 2(mx - ny)(nx - my) = 0.$$

Der genannte geometrische Ort ist demnach die Kreispunktkurve. Sehen wir von der gewählten speziellen Lage des Koordinatensystems ab, so erhalten wir unter solchen Umständen den Lehrsatz:

Legt man durch einen festen Punkt F ein Strahlenbüschel, um die Schnittpunkte desselben mit einer festen Geraden g_0 Kreise, die alle durch einen bestimmten Punkt P der Geraden g_0 hindurchgehen, so ist der geometrische Ort der Schnittpunkte entsprechender Strahlen und Kreise die Kreispunktkurve. Man nennt den Punkt F das Fokalzentrum der C_3, die Linie g_0 ihre Fokalachse.

Das Kreisbüschel und das Strahlenbüschel sind projektiv einander zugeordnet. Ist demnach der Punkt F und die Gerade g_0 konstruierbar, so ist auch die Kreispunktkurve punktweise zu konstruieren. Die Lage von F sowohl, wie die der Geraden g_0 hängen von m und n ab. Sind diese Größen zu konstruieren, so gilt dasselbe von dem Punkte F, wie von der Geraden g_0, also auch von der C_3. Wir können hieran sofort eine zweite Entstehungsart der letzteren anschließen. In der Tat, greifen wir auf der Linie g_0 einen Punkt B heraus, schlagen um ihn einen Kreis durch den Pol und ziehen die Verbindungslinie des Punktes F mit dem Punkte B, so schneidet die letztere den Kreis in zwei Punkten der C_3. Wir greifen einen von ihnen, den Punkt C, heraus und ziehen durch ihn eine Linie, die mit FB den Winkel 2δ bildet. Nennen wir ihren Schnittpunkt mit der Linie g_0 : D, so sind die beiden Dreiecke:

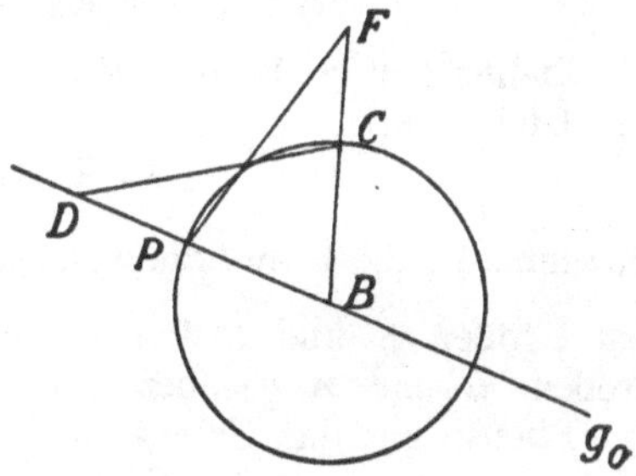

Fig. 21.

$$CDB \text{ und } PFB$$

einander kongruent. Daraus folgt:

$$DC = PF.$$

Es hat also die Linie DC stets dieselbe Länge, wie auch der Punkt B auf der Fokalachse gewählt sein möge, und zwar die Länge des Vektors PF. Hieraus folgt der weitere Lehrsatz:

Die Kreispunktkurve ist der geometrische Ort des Scheitels eines Winkels von der Größe 2δ, dessen einer Schenkel durch einen festen Punkt, das Fokalzentrum, hindurchgeht, während ein Punkt des zweiten Schenkels, der vom Scheitel die feste Entfernung PF besitzt, auf der Geraden g_0 gleitet.

Wir wollen neben den beiden bisherigen Gleichungsformen der Kreispunktkurve jetzt eine dritte hinzunehmen, indem wir zwei neue Größen R und S durch die Gleichungen einführen:

$$(9) \qquad \frac{1}{R} = \frac{p}{3N^2}, \quad \frac{1}{S} = \frac{q}{3N^2},$$

dann folgen die weiteren Beziehungen:

$$(10)\qquad \begin{aligned} \frac{1}{R} &= \frac{m}{2(m^2+n^2)}, & \frac{1}{S} &= \frac{n}{2(m^2+n^2)}, \\ m &= \frac{1}{2}\,\frac{RS^2}{R^2+S^2}, & n &= \frac{1}{2}\,\frac{R^2S}{R^2+S^2}, \end{aligned}$$

und die Gleichung der C_3 nimmt die Form an:

$$(11)\qquad (x^2+y^2)\left(\frac{x}{R}+\frac{y}{S}\right) - xy = 0.$$

Sind die Größen m und n konstruierbar, so sind es die Größen R und S auch und umgekehrt. In der Tat, die Koordinaten des Fokalzentrums lauten:

$$n, m.$$

Die Linie PF hat also die Gleichung:

$$mx - ny = 0.$$

Ziehen wir im Punkte F zu dieser Linie eine Senkrechte, so lautet ihre Gleichung:

$$nx + my = m^2 + n^2.$$

Sie schneidet die x- und die y-Achse in den resp. Punkten $\frac{S}{2}, 0; 0, \frac{R}{2}$, so daß den Größen S und R konstruierbare Punkte entsprechen, wenn die Größen m und n gegeben sind.

Ebenso gilt das Umgekehrte. Bestimmen wir auf den Achsen zwei Punkte mit der Abszisse $\frac{S}{4}$ resp. der Ordinate $\frac{R}{4}$ und schlagen um diese Punkte Kreise, die durch den Pol hindurchgehen, so schneiden sie sich im Punkte mit den Koordinaten n, m.

Die soeben eingeführte Größe R fällt mit der Größe R zusammen, die wir im § 13 eingeführt haben. In der Tat, p war gesetzt worden:

$$p = b_2a_3 - b_3a_2 + 3N^2 : N$$

oder also, wie eine leichte Transformation zeigt:

$$p = -M + N^2 : N,$$

daher folgt:

$$(12)\qquad R = -\frac{3N^3}{M - N^2},$$

und das ist dieselbe Größe R, die wir in § 13 betrachtet haben. Hieraus folgt eine einfache geometrische Deutung von R. Dem Punkte R_3, dessen Ordinate $\frac{R}{3}$ ist, entspricht bei der früher in Betracht gezogenen quadratischen Verwandtschaft der Krümmungsmittelpunkt der beweglichen Polkurve als zugeordneter Punkt.

Zu dieser geometrischen Deutung fügen wir eine weitere hinzu, wobei auch S mit in Betracht gezogen werden kann.

Legen wir die Gleichung der C_3 in der Form zugrunde:

$$f(x, y) = \left(\frac{x}{R}+\frac{y}{S}\right)(x^2+y^2) - xy = 0,$$

so folgen für die Werte $x = 0$, $y = 0$ die Beziehungen:

$$\frac{\partial f}{\partial x} = 0, \quad \frac{\partial f}{\partial y} = 0, \quad \frac{\partial^2 f}{\partial x^2} = 0, \quad \frac{\partial^2 f}{\partial x \partial y} = -1, \quad \frac{\partial^2 f}{\partial y^2} = 0,$$

$$\frac{\partial^3 f}{\partial x^3} = \frac{6}{R}, \quad \frac{\partial^3 f}{\partial y^3} = \frac{6}{S}.$$

Demgemäß ergeben sich, wie auch schon früher bemerkt wurde, für den ersten Differentialquotienten von y nach x die Werte 0 und ∞. Dem ersten Werte entspricht die Gleichung:

$$\frac{d^2 y}{dx^2} = \frac{2}{R},$$

also folgt für den entsprechenden Zweig der C_3, der die x-Achse berührt, als Ordinate des Krümmungsmittelpunktes die Größe:

$$\frac{R}{2}.$$

Analog folgt als Abszisse des Krümmungsmittelpunktes des zweiten Zweiges der C_3, der die y-Achse berührt, die Größe

$$\frac{S}{2}.$$

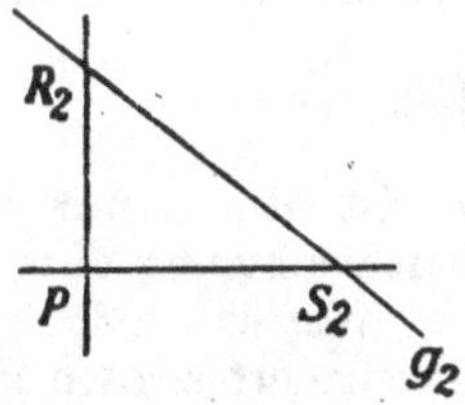

Fig. 22.

Unter solchen Umständen erhalten wir den Lehrsatz:

Die beiden Krümmungsmittelpunkte der C_3 im Pole besitzen die Koordinaten:

$$0, \frac{R}{2} \text{ resp. } \frac{S}{2}, 0,$$

oder also die Krümmungsradien in diesem Punkte sind vom Zeichen abgesehen resp. gleich $\frac{R}{2}$ und $\frac{S}{2}$.

Wir wollen die entsprechenden Punkte auf der x- resp. y-Achse durch S_2 resp. R_2 bezeichnen, ihre Verbindungslinie durch g_2. Somit haben wir für R zwei und für S eine geometrische Deutung gefunden. Es gibt auch für S noch eine weitere geometrische Deutung, indessen sehen wir bei dieser Gelegenheit davon ab, auf sie näher einzugehen. Wohl aber wollen wir für S zwei weitere analytische Darstellungen haben, die sich durch Einfachheit auszeichnen.

Die Größe q war gesetzt worden gleich:

$$q = a_2 a_3 + b_2 b_3 : N$$

oder auch:

$$q = (a'' + b')(a''' + b'') + (b'' - a')(b''' - a'') : N.$$

Nun war aber gesetzt worden:

$$N^2 = (a'' + b')^2 + (b'' - a')^2,$$

also folgt:

$$N \frac{dN}{d\vartheta} = (a'' + b')(a''' + b'') + (b'' - a')(b''' - a'')$$

und damit:

(13) $$q = \frac{dN}{d\vartheta}.$$

Da die Beziehung zwischen q und S lautete:

$$\frac{1}{S} = \frac{q}{3N^2},$$

so ergibt sich für S die weitere einfache Darstellung:

(14) $$\frac{3}{S} = \frac{1}{N^2}\frac{dN}{d\vartheta}.$$

Wir können an ihrer Stelle noch zwei andere wählen. In der Tat, nennen wir s_p die Länge der festen Polkurve, so folgt:

$$N = \frac{ds_p}{d\vartheta}$$

oder also:

(15) $$\frac{3}{S} = \frac{1}{N^2}\frac{d^2 s_p}{d\vartheta^2}.$$

Wählen wir s_p als unabhängige Veränderliche, so ergibt sich schließlich:

(16) $$\frac{3}{S} = -\frac{d^2\vartheta}{ds_p^2} : \frac{d\vartheta}{ds_p}.$$

Es ist also S mit Hilfe der Winkelgeschwindigkeit und der Winkelbeschleunigung dargestellt.

Wir haben im vorangegangenen gezeigt, wie die Kreispunktkurve konstruiert werden kann, wenn die Größen R und S konstruiert werden können. Wir wollen zu den angegebenen Konstruktionen noch einige weitere hinzufügen und diese an andere Gleichungsformen anknüpfen.

Wir setzen dazu in der Gleichung der Kreispunktkurve:

$$\left(\frac{x}{R} + \frac{y}{S}\right)(x^2 + y^2) - xy = 0$$

$$x = \mu y$$

ein und erhalten für y die Darstellung:

$$y = \mu : (1 + \mu^2)\left(\frac{\mu}{R} + \frac{1}{S}\right),$$

während x die Form annimmt:

$$x = \mu^2 : (1 + \mu^2)\left(\frac{\mu}{R} + \frac{1}{S}\right).$$

μ bedeutet dabei einen willkürlichen Parameter. Setzen wir an seiner Stelle die Größe:

$$\mu \frac{R}{S},$$

so erhalten wir eine neue analytische Darstellung der C_3, bei welcher die Koordinaten ihrer Punkte durch einen Parameter μ dargestellt werden, und zwar in der Form:

(17) $$\begin{aligned} x &= R^2 S\mu^2 : (1 + \mu)(S^2 + R^2\mu^2), \\ y &= RS^2\mu : (1 + \mu)(S^2 + R^2\mu^2). \end{aligned}$$

Diese Darstellung benutzen wir, um eine weitere Konstruktion der C_3 abzuleiten.

Wir denken uns dazu die Punkte R_2 und S_2 auf den Achsen bestimmt und die Verbindungslinie g_2 gezogen. Ihre Gleichung lautet, wenn wir die laufenden Koordinaten durch x und y bezeichnen:

$$\frac{x}{S} + \frac{y}{R} = \frac{1}{2},$$

die wir mit Hilfe eines veränderlichen Parameters λ auch durch die beiden Gleichungen ersetzen können:

$$x = \frac{S}{2}\frac{1}{1+\lambda}, \quad y = \frac{R}{2}\frac{\lambda}{1+\lambda}.$$

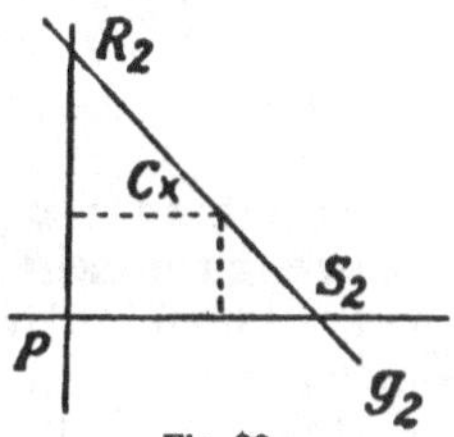

Fig. 23.

Durch einen Punkt dieser Linie, der zu dem Werte λ gehört, denken wir uns Parallele zu den Achsen gezogen. Sie schneiden die Achsen in den Punkten mit den Koordinaten:

$$\frac{S}{2}\frac{1}{1+\lambda}, 0; \quad 0, \frac{R}{2}\frac{\lambda}{1+\lambda}.$$

Um diese Punkte beschreiben wir Kreise, die durch den Pol hindurchgehen. Ihre Gleichungen lauten:

$$x^2 + y^2 - \frac{S}{1+\lambda}x = 0,$$

$$x^2 + y^2 - \frac{R\lambda}{1+\lambda}y = 0.$$

Hieraus folgen für den Schnittpunkt der beiden Kreise — abgesehen vom Nullpunkte — die Koordinaten:

$$(18) \qquad \begin{aligned} x &= R^2S\lambda^2 : (1+\lambda)(S^2 + R^2\lambda^2), \\ y &= RS^2\lambda : (1+\lambda)(S^2 + R^2\lambda^2). \end{aligned}$$

Der Schnittpunkt C liegt also auf der C_3. Hieraus folgt dann der Lehrsatz:

Die Kreispunktkurve ist der geometrische Ort der Schnittpunkte entsprechender Kreise zweier Kreisbüschel. Jeder Kreis geht durch den Pol. Entsprechende Mittelpunkte sind die Projektionen der Punkte der Linie g_2 auf die Achsen.

Jedenfalls ist damit eine weitere Konstruktion der C_3 gegeben, wenn die Größen R und S bekannt sind. Ist ein Kurvenpunkt C gegeben, so ist es nur nötig, eine der beiden Größen R oder S zu kennen, da ein Punkt der Linie g_2 gefunden werden kann. Wir ziehen dazu die Linie PC und in ihrem Halbierungspunkt zu ihr eine Senkrechte, die die Achsen in den beiden Punkten D und E schneiden möge. Die Parallelen durch D und E zu den Achsen schneiden sich dann in einem Punkte der Linie g_2. Ist dann noch R oder S bekannt, so ist die Linie g_2 bekannt und damit die zuletzt angegebene Konstruktion der C_3 durchzuführen. Sind schließlich zwei Punkte der C_3 bekannt, so kann die Linie g_2 und damit die Kurve selbst konstruiert werden.

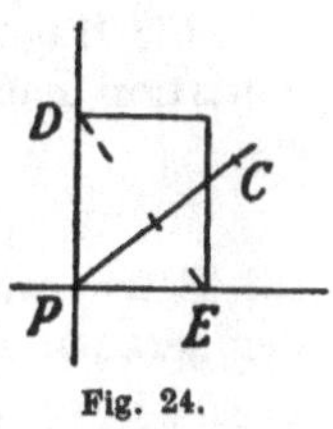

Fig. 24.

Wir können im Anschluß an die letzten Betrachtungen noch folgendes aussagen. Zieht man in den Punkten der C_3 zu den entsprechenden Verbindungslinien mit dem Nullpunkt Senkrechte, die die Achsen in den Punkten mit den Koordinaten $x, 0; 0, y$ schneiden, so ist der geometrische Ort der Punkte mit den Koordinaten x, y eine gerade Linie g_1, die der Linie g_2 parallel ist und den doppelten Abstand wie die letztere vom Nullpunkt besitzt. Sie schneidet die Achsen also in den Punkten mit den Koordinaten $S, 0; 0, R$, die durch S_1 und R_1 bezeichnet worden sind. Hieraus folgt dann die folgende Konstruktion der C_3, wenn R und S und damit die Linie g_1 bekannt ist.

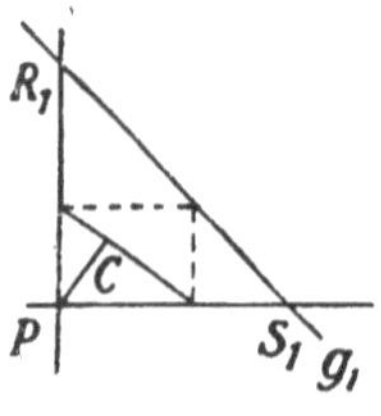

Fig. 25.

Von einem beliebigen Punkte der Linie g_1 fälle man die Senkrechten auf die Achsen, verbinde die beiden Schnittpunkte und fälle vom Pole auf die Verbindungslinie eine Senkrechte. Der Schnittpunkt der beiden letzten Linien ist dann ein Punkt der Kreispunktkurve. —

Eine besonders einfache Gestalt nimmt die Gleichung der C_3 an, wenn Polarkoordinaten eingeführt werden. Wir setzen dazu:

$$x = r \cos \varphi, \quad y = r \sin \varphi$$

und erhalten die Gleichung:

$$\frac{1}{r} = \frac{1}{R \sin \varphi} + \frac{1}{S \cos \varphi}. \tag{19}$$

Mit ihrer Hilfe kann eine weitere Eigenschaft der C_3 abgeleitet werden.

Wir greifen dazu einen Punkt C der C_3 mit den Koordinaten r und φ heraus, verbinden ihn mit dem Pol und ziehen durch C eine Senkrechte zu der Verbindungslinie. Deren Gleichung lautet:

$$\frac{x \cos \varphi}{r} + \frac{y \sin \varphi}{r} = 1.$$

Mit Rücksicht auf die Gleichung der C_3 können wir sie schreiben:

$$\left(\frac{1}{R \sin \varphi} + \frac{1}{S \cos \varphi}\right)(x \cos \varphi + y \sin \varphi) = 1$$

oder auch:

$$\frac{x}{R} \operatorname{ctg} \varphi + \frac{y}{S} \operatorname{tg} \varphi = 1 - \frac{x}{S} - \frac{y}{R}.$$

Wir fragen nach der Einhüllenden dieser geraden Linie. Die Differentiation nach φ ergibt:

$$\operatorname{tg}^2 \varphi = \frac{x}{R} \frac{S}{y}.$$

Setzen wir den hieraus sich ergebenden Wert von $\operatorname{tg} \varphi$ in die Gleichung der geraden Linie ein, so ergibt sich die Gleichung:

$$\left(\frac{x}{S} - \frac{y}{R}\right)^2 - 2\left(\frac{x}{S} + \frac{y}{R}\right) + 1 = 0. \tag{20}$$

Hieraus folgt mit wenigen Schlüssen der Lehrsatz:

Die C_3 ist die Fußpunktkurve einer Parabel, die die x- und die y-Achse in den Punkten S_1 und R_1 berührt.

Es sind das die wesentlichsten Gleichungsformen und Konstruktionen der C_3, auf die an dieser Stelle eingegangen werden sollte.

Wir wollen noch einige weitere ihrer Eigenschaften kurz angeben. Aus der Gleichung:

$$\left(\frac{x}{R}+\frac{y}{S}\right)(x^2+y^2)-xy=0$$

folgt, daß unsere Kurve eine reelle im Endlichen gelegene Asymptote besitzt, deren Gleichung lautet:

$$y=-\frac{S}{R}x-\frac{RS^2}{R^2+S^2}. \tag{21}$$

Ihr Richtungskoeffizient hat den Wert:

$$-\frac{S}{R},$$

sie ist also der Fokalachse parallel und schneidet die Achsen in den Punkten:

$$\frac{-R^2S}{R^2+S^2},\quad \frac{-RS^2}{R^2+S^2}.$$

Der Punkt in der Ebene, dessen Projektionspunkte auf die Achsen die soeben definierten Punkte sind, ist also das Spiegelbild des Schnittpunktes der beiden Krümmungskreise der C_3 im Pole in bezug auf diesen Punkt.

Hieraus folgt eine einfache Konstruktion der Asymptote, wenn die Größen R und S bekannt sind, auf welche nicht eingegangen zu werden braucht.

Die Asymptote schneidet die Kurve noch in einem weiteren Punkte, dessen Koordinaten die Werte haben:

$$x=\frac{R^2S^3}{R^4-S^4},\quad y=-\frac{R^3S^2}{R^4-S^4}.$$

Der Punkt ist stets reell und im Endlichen gelegen, solange R von S verschieden ist. Seine Verbindungslinie mit dem Pol besitzt den Richtungskoeffizienten:

$$-\frac{R}{S}.$$

Sie bildet also mit der x-Achse den Winkel $\frac{\pi}{2}+\delta$, wobei δ den früher durch diesen Buchstaben bezeichneten Winkel bedeutet.

Soviel über die Asymptoten der C_3. In Polarkoordinaten hatten wir deren Gleichung gefunden:

$$\frac{1}{r}=\frac{1}{R\sin\varphi}+\frac{1}{S\cos\varphi}.$$

Die Differentiation nach φ zeigt, daß nur ein Maximalwert von r existiert. Der entsprechende Wert von φ leistet der Gleichung Genüge:

$$\text{(22)} \qquad \operatorname{tg} 3\varphi = \frac{S}{R}.$$

Endlich fragen wir nach den Wendepunkten. Ihre Polarkoordinaten leisten der Gleichung Genüge:

$$2\left(\frac{dr}{d\varphi}\right)^2 - r\frac{d^2r}{d\varphi^2} + r^2 = 0.$$

Es gibt demnach nur einen reellen Wendepunkt. Der entsprechende Wert von φ leistet der Gleichung Genüge:

$$\text{(23)} \qquad \operatorname{tg} 3\varphi = -\frac{S}{R}.$$

Hieraus folgt, daß die Winkel, welche die Verbindungslinien des Poles mit dem Maximalpunkte und dem Wendepunkt miteinander bilden, durch die Achsen halbiert werden.

§ 18.

Definition und Haupteigenschaften der Mittelpunktskurve.

Zu einem jeden Punkte der Kreispunktskurve gehört ein bestimmter Krümmungsmittelpunkt der entsprechenden Bahnkurve. Wir fragen nach seinem geometrischen Orte.

Nennen wir die Koordinaten eines Punktes der Kreispunktskurve x, y, die des entsprechenden Krümmungsmittelpunktes u, v, so bestehen nach früherem die Beziehungen:

$$\text{(1)} \qquad x = \frac{uvN}{u^2 + v^2 + Nv}, \quad y = \frac{Nv^2}{u^2 + v^2 + Nv}.$$

Setzen wir diese Werte in die Gleichung:

$$(px + qy)(x^2 + y^2) - 3N^2 xy = 0$$

ein, so ergibt sich die Gleichung des gesuchten geometrischen Ortes in der Form:

$$\text{(2)} \qquad (p_1 u + qv)(u^2 + v^2) - 3N^2 uv = 0,$$

wobei, wie früher,

$$\text{(3)} \qquad p_1 = p - 3N = a_3 b_2 - a_2 b_3 : N$$

gesetzt ist. Die Gleichung hat dieselbe Form wie die der Kreispunktskurve, nur ist an Stelle von p die Größe p_1 getreten. Burmester nennt sie die Mittelpunktskurve, Grübler die Angelpunktskurve. Wir wollen die erste Bezeichnungsweise gebrauchen.

Zu derselben Kurve kommen wir, wenn wir von einer ganz anderen Fragestellung ausgehen, und zwar, wenn wir nach der Kreispunktskurve der umgekehrten Bewegung fragen.

Die Gleichungen der umgekehrten Bewegung lauten:

$$\xi = \alpha + x\cos\vartheta_1 - y\sin\vartheta_1,$$
$$\eta = \beta + x\sin\vartheta_1 + y\cos\vartheta_1,$$

wobei in ihnen x und y als konstante Größen während des Laufes der Bewegung anzusehen sind.

Die hinreichende und notwendige Bedingung, daß ein Krümmungskreis mit seiner Bahnkurve vier Punkte gemeinsam hat, kann geschrieben werden:

(4) $$e_1^2 w'_1 - 3 e_1 e'_1 w_1 = 0,$$

wobei die Differentiationen auch nach ϑ genommen werden können und e_1 und w_1 die Werte haben:

(5) $$e_1 = x_1^2 + y_1^2, \quad w_1 = x_1^2 + y_1^2 + a_2 x_1 + b_2 y_1.$$

Ähnliche Rechnungen wie in der Theorie der direkten Bewegung führen dann zu der Gleichung:

(6 a) $$(a_3 x_1 + b_3 y_1)(x_1^2 + y_1^2) - 3(a_2 x_1 + b_2 y_1)(b_2 x_1 - a_2 y_1) = 0,$$

die im x_2, y_2-System die Form annimmt:

(6 b) $$(p_1 x + q y)(x^2 + y^2) - 3 N^2 xy = 0.$$

Unter solchen Umständen ergibt sich der Lehrsatz:

Die Kreispunktskurve der umgekehrten Bewegung fällt mit der Mittelpunktskurve der direkten zusammen und umgekehrt.

Aus der ersten Entstehungsart der Mittelpunktskurve folgt dann der weitere Lehrsatz:

Ein jeder Normalstrahl schneidet die Kreispunkts- und Mittelpunktskurve in entsprechenden Punkten der quadratischen Verwandtschaft, und zwar entspricht dem Schnittpunkt mit der Kreispunktskurve der Schnittpunkt mit der Mittelpunktskurve.

Ist daher die Kreispunktskurve und die quadratische Verwandtschaft bekannt, so kann die Mittelpunktskurve punktweise konstruiert werden, und ist umgekehrt die Mittelpunktskurve und die quadratische Verwandtschaft bekannt, so kann die Kreispunktskurve punktweise konstruiert werden.

Die Mittelpunktskurve besitzt nun analoge Eigenschaften wie die Kreispunktskurve. Wir beschränken uns darauf, die folgenden kurz hervorzuheben.

Ihre Gleichung kann geschrieben werden:

(7) $$(m_1 x + n_1 y)(x^2 + y^2) - 2(m_1^2 + n_1^2) xy = 0,$$

wobei m_1 und n_1 die Werte haben:

(8) $$m_1 = \frac{3N^2 p_1}{2(p_1^2 + q^2)}, \quad n_1 = \frac{3N^2 q}{2(p_1^2 + q^2)}.$$

Das Fokalzentrum hat die Koordinaten:

$$n_1, \; m_1,$$

die Fokalachse die Gleichung:

(9) $$m_1 x + n_1 y = 0.$$

Eine dritte Gleichungsform lautet:

(10) $$\left(\frac{x}{R'} + \frac{y}{S}\right)(x^2 + y^2) - xy = 0,$$

wobei die Beziehungen bestehen:

$$(11)\quad \frac{1}{R'} = \frac{p_1}{3N^2},\ \frac{1}{S} = \frac{q}{3N^2},$$
$$m_1 = \tfrac{1}{2}\frac{R'S^2}{(R'^2+S^2)},\ n_1 = \tfrac{1}{2}\frac{R'^2S}{(R'^2+S^2)}.$$

Berücksichtigen wir die früher gefundenen Resultate, so ergibt sich mit Hilfe weniger Schlüsse der Lehrsatz:

Die Fokalachse der umgekehrten Bewegung schneidet den Wendekreis auf der Kreispunktskurve oder also im Ballschen Punkte.

Die soeben eingeführte Größe R' stimmt mit der Größe R' überein, die in § 13 eingeführt worden ist. Es ist also $\frac{R'}{3}$ die Ordinate des Punktes auf der Polkurvennormale, welcher dem Krümmungsmittelpunkt der festen Polkurve bei der früher untersuchten quadratischen Verwandtschaft entspricht.

Ferner aber folgt auf Grund einer ähnlichen Untersuchung, wie sie für die Größe $\frac{R}{2}$ angestellt worden ist, daß $\frac{R'}{2}$ die Ordinate des Krümmungsmittelpunktes im Pole desjenigen Zweiges der Mittelpunktskurve ist, der die x-Achse berührt.

Somit haben wir eine Anzahl von Beziehungen zwischen der Theorie der untersuchten quadratischen Verwandtschaft sowie der Kreis- und Mittelpunktskurve und schließlich der Krümmungstheorie der beiden Polkurven gefunden, die für diese Theorien von Bedeutung sind. Neben den schon entwickelten Sätzen heben wir noch den weiteren hervor, daß, falls zwei Punkte der Kreispunktskurve und die ihnen entsprechenden der Mittelpunktskurve bekannt sind, sowohl diese Kurven, als auch ihre Krümmungsmittelpunkte im Nullpunkte und die Krümmungsmittelpunkte der beiden Polkurven im Pole konstruiert werden können.

§ 19.

Beispiele.

Für die Durchführung von Beispielen dürften die folgenden Bemerkungen von Bedeutung sein:

1. Bewegt sich ein Punkt der Ebene auf einer Geraden, so ist er ein Undulationspunkt. Seine Verbindungslinie mit dem Pol ist der Asymptote der Mittelpunktskurve parallel. Geht eine gerade Linie stets durch einen festen Punkt, so ist letzterer der Undulationspunkt der umgekehrten Bewegung und seine Verbindungslinie mit dem Pol der Asymptote der Kreispunktskurve parallel.

2. Ist ein Punkt der Ebene gezwungen, sich auf einem Kreise zu bewegen, so ist er ein Punkt der Kreispunktskurve, der Mittelpunkt des Kreises ein Punkt der Mittelpunktskurve. Bewegen sich zwei Punkte auf Kreisen, liegt also der Fall des Gelenkvierecks vor, so sind je zwei entsprechende Punkte der beiden in Betracht gezogenen Kurven bekannt, die Kurven also zu konstruieren. Wenn umgekehrt ein Kreis der bewegten

Ebene stets durch einen festen Punkt hindurchgeht, so liegt der letztere auf der Mittelpunktskurve, der Mittelpunkt des Kreises auf der C_3.

1. Beispiel: Eine Gerade gehe andauernd durch einen Punkt, während ein Punkt dieser Geraden sich auf einer geraden Linie bewege, eine Bewegung, die schon früher behandelt worden ist.

Es sei Λ der feste Punkt, durch welchen andauernd die Systemgerade γ geht, g hingegen die Gerade, auf welcher der Systempunkt Ω sich bewegt. Den Pol P der beliebig angenommenen Systemlage finden wir als

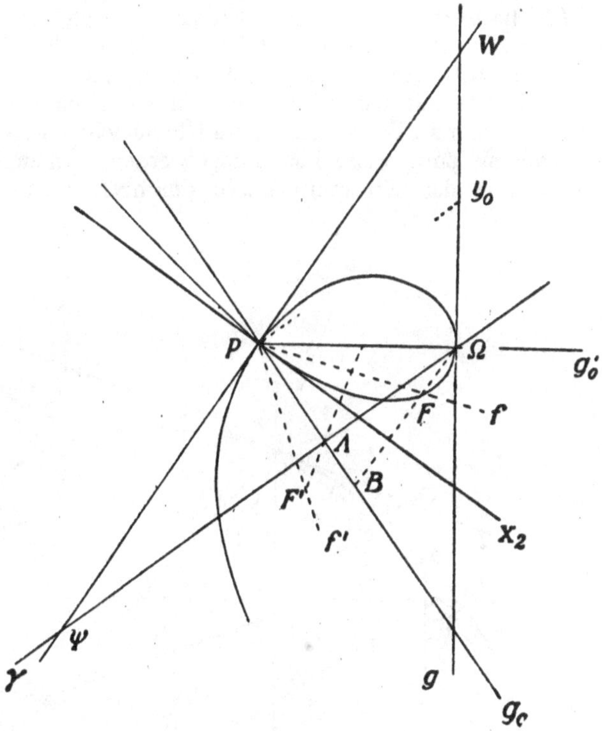

Fig. 26.

Schnittpunkt der in Λ auf γ und in Ω auf g errichteten Senkrechten. Wenn wir bedenken, daß dem Punkt Ω der unendlich ferne Punkt von $P\Omega$ als Krümmungsmittelpunkt und dem unendlich fernen Punkt von $P\Lambda$ der Punkt Λ als Krümmungsmittelpunkt entspricht, so können wir ohne weiteres die zu $P\Lambda$ und $P\Omega$ gehörige Kollineationsachse zeichnen und mit Hilfe der Bobillierschen Konstruktion die Polkurventangente und somit auch die Polkurvennormale. Erwägen wir, daß der Wendepol, falls ein Systempunkt eine Gerade beschreibt, immer auf dieser Geraden liegt, so erkennen wir, daß der Schnittpunkt der Polkurvennormale mit g der Wendepol W ist, und wenn wir die umgekehrte Bewegung in Betracht ziehen, daß die Polkurvennormale die Gerade γ im Rückkehrpol Ψ schneidet.

Mit Hilfe der Beziehung $\Psi P = PW$ kann man bei unserer Bewegung die Polkurvennormale und somit auch die Polkurventangente sehr einfach auf andere Weise finden. Wir ziehen PY_0 parallel zu γ und machen $Y_0W = \Omega Y_0$. Dann ist die Gerade PW die Polkurvennormale, W der Wendepol. Der Schnittpunkt der Gerade PW mit γ ist der Rückkehrpol Ψ.

Die Geraden $P\Lambda$ und $P\Omega$ sind die Fokalachsen g_0 und g'_0 der Kreis- und Mittelpunktskurve. Um die Fokalzentren F und F' der beiden Kurven zu finden, bedenken wir, daß die Polkurventangente die Winkel ΛPF und $\Omega PF'$ halbiert. Wir können also sofort durch P die geraden Linien f und f' ziehen, auf denen F und F' bzw. liegen. F selbst finden wir, indem wir die Mittelsenkrechte zu $P\Omega$ konstruieren, die $P\Lambda$ in B schneidet. Die Gerade $B\Omega$ schneidet dann f in F. Ganz entsprechend finden wir F'. Da wir nun Fokalzentrum und Fokalachse beider Kurven kennen, so können sie punktweise konstruiert werden. In der Figur 26 ist die Konstruktion der Kreispunktkurve durchgeführt worden.

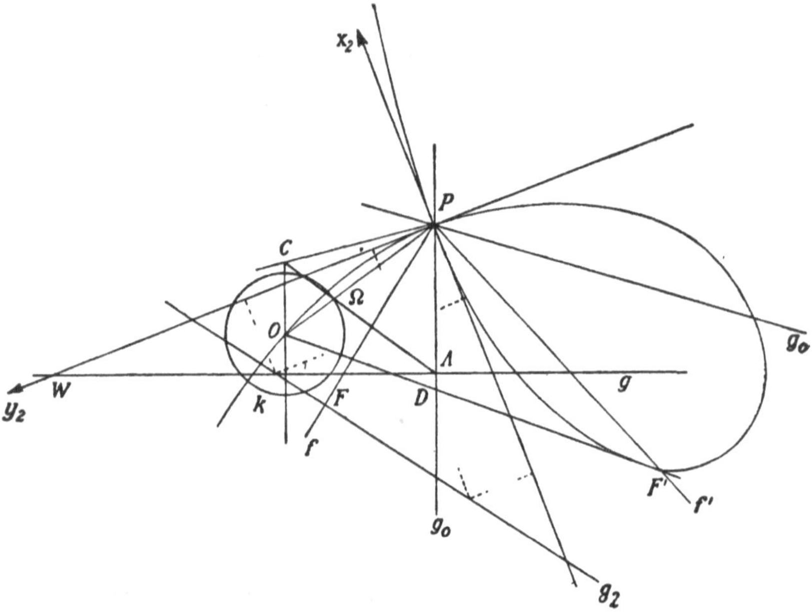

Fig. 27.

2. Beispiel: Ein Systempunkt soll sich auf einem Kreis, ein anderer auf einer Geraden bewegen, eine Bewegung, die ebenfalls schon zur Besprechung gelangte.

Es sei k der Bahnkreis des Systempunktes Ω und g die Bahngerade des Systempunktes Λ. Der Pol P einer beliebigen Systemlage kann, wie früher angegeben wurde, sofort gefunden werden. Ist C der Schnittpunkt von $\Lambda\Omega$ mit der durch O zu $P\Lambda$ gezogenen Parallelen, so ist PC die zu $P\Omega$ und $P\Lambda$ gehörige Kollineationsachse. Nach der Bobillierschen Konstruktion finden wir die Polkurventangente und somit die Polkurvennormale, die g im Wendepol W schneidet. Die durch die Schnittpunkte der Mittelsenkrechten zu $P\Omega$ und $P\varDelta$ mit den Achsen zu den Achsen gezogenen Parallelen schneiden sich bzw. in zwei Punkten der Linie g_2. Wie die Kreispunktkurve C_3 punktweise konstruiert werden kann, wenn die Linie g_2 gegeben ist, ist früher auseinandergesetzt worden. Einfacher läßt sich die C_3 konstruieren, wenn das Fokalzentrum F und die Fokalachse g_0 gegeben sind. Nun ist aber F der Fußpunkt des von P auf g_2 gefällten Lotes. g_0 kann ebenfalls sofort konstruiert werden, da der Winkel, den PF mit g_0 bildet, durch die Polkurventangente halbiert wird.

Die Gerade $P\varDelta$ ist die Fokalachse der Mittelpunktskurve Γ_3; es läßt sich also sofort die gerade Linie f' zeichnen, auf welcher das Fokalzentrum F' der Γ_3 liegt. Ist D der Schnittpunkt der Mittelsenkrechten von PO mit $P\varDelta$, so schneidet DO die Gerade f' in F', so daß auch die Mittelpunktskurve punktweise konstruiert werden kann. In der Figur 27 ist die Konstruktion der Mittelpunktskurve durchgeführt worden.

§ 20.

Untersuchung der Kreis- und Mittelpunktskurve für den Fall des unendlich fernen Pols.

Wir wollen nunmehr auch den Fall ins Auge fassen, daß der Pol auf der festen Polkurve in die Unendlichkeit rückt. Das feste Koordinatensystem soll hierbei wieder die für diesen Fall bei früherer Gelegenheit (siehe § 9) angegebene Lage besitzen, d. h. die x-Achse soll in die entsprechende Asymptote, der Anfangspunkt in einen ihrer im Endlichen gelegenen Punkte fallen. Die Gleichung der C_3 im x_2, y_2-System hat die Form:

(1) $$(px_2 + qy_2)(x_2^2 + y_2^2) - 3N^2 x_2 y_2 = 0.$$

Wir setzen wieder:

$$x_2 = x_2' + x_p$$

und erhalten die Gleichung:

$$(p(x_2' + x_p) + qy_2)((x_2' + x_p)^2 + y_2^2) - 3N^2 (x_2' + x_p) y_2 = 0.$$

Um den Grenzübergang vornehmen zu können, schreiben wir sie:

$$\left(\frac{px_p^3}{3N^2}\,\frac{x_2' + x_p}{x_p} + \frac{qx_p^2 y_2}{3N^2}\right)\left(\frac{(x_2' + x_p)^2 + y_2^2}{x_p{}^2}\right) - (x_2' + x_p)\, y_2 = 0.$$

Gehen wir zur Grenze über, so ergibt sich die Gleichung:

$$xy - y \lim \frac{x_p(qx_p - 3N^2)}{3N^2} = \lim \frac{px_p^3}{3N^2}$$

oder, wenn wir setzen:

$$\lim \frac{px_p^3}{3N^2} = l, \ \lim \frac{x_p(qx_p - 3N^2)}{3N^2} = l_1,$$

(2) $$xy - l_1 y = l.$$

Wir erhalten den Lehrsatz:

Im Grenzfalle geht die Kreispunktskurve, von der unendlich fernen Geraden abgesehen, in eine Hyperbel über, deren eine Asymptote die y-Achse, deren andere die Linie $x = l_1$ ist.

Hierbei können die Größen l und l_1 endliche und unendliche Werte annehmen und für $l = 0$ ein Zerfallen der Hyperbel in zwei gerade Linien stattfinden. Wir wollen diese Möglichkeiten für den früher behandelten Fall etwas näher in Untersuchung ziehen und demgemäß annehmen, daß um $\vartheta = 0$ herum die Entwickelungen gelten:

$$\begin{aligned} a &= \alpha_0 \vartheta^m + \alpha_1 \vartheta^{m+1} + \ldots, \\ b &= \beta_0 \vartheta^{\frac{1}{2}} + \beta_1 \vartheta^{\frac{3}{2}} + \ldots, \end{aligned} \tag{3}$$

wobei m größer als 1 anzunehmen ist.

Wir ziehen zuerst den Fall in Betracht, daß m größer als 1, dagegen $< \frac{3}{2}$ ist. Dann nehmen die Entwickelungen von x_p und y_p die Form an:

$$\begin{aligned} x_p &= -\tfrac{1}{2}\beta_0 \vartheta^{-\frac{1}{2}} - \tfrac{3}{2}\beta_1 \vartheta^{\frac{1}{2}} + \alpha_0 \vartheta^m + \ldots, \\ y_p &= m\alpha_0 \vartheta^{m-1} + \beta_0 \vartheta^{\frac{1}{2}} + \ldots. \end{aligned} \tag{4}$$

Es werden die Ordnungszahlen von x_p und y_p also gleich $-\frac{1}{2}$ resp. gleich $m - 1$.

Ferner ergeben sich die Darstellungen:

$$\begin{aligned} a_2 &= m \cdot m - 1\, \alpha_0 \vartheta^{m-2} + \tfrac{1}{2}\beta_0 \vartheta^{-\frac{1}{2}} + \ldots, \\ b_2 &= -\tfrac{1}{4}\beta_0 \vartheta^{-\frac{3}{2}} + \tfrac{3}{4}\beta_1 \vartheta^{-\frac{1}{2}} + \ldots, \end{aligned} \tag{5}$$

so daß die Ordnungszahlen von a_2 und b_2 gleich $m - 2$ resp. gleich $-\frac{3}{2}$ sind. Die Ordnungszahl von N ist $-\frac{3}{2}$ und schließlich:

$$\begin{aligned} a'_2 &= m \cdot m - 1 \cdot m - 2\alpha_0 \vartheta^{m-3} - \tfrac{1}{4}\beta_0 \vartheta^{-\frac{3}{2}} + \ldots, \\ b'_2 &= \tfrac{3}{8}\beta_0 \vartheta^{-\frac{5}{2}} - \tfrac{3}{8}\beta_1 \vartheta^{-\frac{3}{2}} + \ldots. \end{aligned} \tag{6}$$

Für p wählen wir die Darstellung:

$$b_2 a'_2 - a_2 b'_2 + 2N^2 : N.$$

Die Ordnungszahl des Zählers ist $m - \frac{9}{2}$, und zwar wird der Koeffizient der niedrigsten Potenz:

$$\frac{-m(m-1)(m-2)\alpha_0\beta_0}{4}.$$

Die Ordnungszahl von p selbst ist demnach gleich $m - 3$. Um den Grenzwert des Ausdruckes:

$$\frac{p x_p^3}{3 N^2}$$

zu bestimmen, genügt es, den Grenzwert von $\frac{p}{3N}$ zu finden, da der Grenzwert des zweiten Faktors gleich der endlichen von Null verschiedenen Größe $\varkappa$ gefunden war. Dann folgt aber, daß der gesuchte Grenzwert unendlich groß wird, so daß dieser Fall nicht weiter in Betracht gezogen zu werden braucht.

Wir können also annehmen, daß m mindestens gleich $\frac{3}{2}$ sei. Es sei größer als $\frac{3}{2}$. Die Entwicklungen von x_p und y_p lauten dann:

$$\begin{aligned} x_p &= -\tfrac{1}{2}\beta_0 \vartheta^{-\frac{1}{2}} - \tfrac{3}{2}\beta_1 \vartheta^{\frac{1}{2}} + \ldots, \\ y_p &= \beta_0 \vartheta^{\frac{1}{2}} + \beta_1 \vartheta^{\frac{3}{2}} + \ldots\, m\alpha_0 \vartheta^{m-1} + \ldots. \end{aligned} \tag{7}$$

Es haben also x_p und y_p die Ordnungszahlen $-\frac{1}{2}$ resp. $\frac{1}{2}$. Ferner wird:

$$(8)\qquad \begin{aligned} a_2 &= \tfrac{1}{2}\beta_0\,\vartheta^{-\frac{1}{2}} + \tfrac{3}{2}\beta_1\,\vartheta^{\frac{1}{2}} + \ldots, \\ b_2 &= -\tfrac{1}{4}\beta_0\,\vartheta^{-\frac{3}{2}} + \tfrac{3}{4}\beta_1\,\vartheta^{-\frac{1}{2}} \ldots. \end{aligned}$$

Hieraus folgt für p als Ordnungszahl eine Zahl größer als $-\frac{3}{2}$, es wird also

$$\lim \frac{p x_p^3}{3N^2}$$

der Null gleich, die Hyperbel zerfällt in zwei gerade Linien, die Linie $y = 0$ und die Linie $x = l_1$ wenn

$$\lim \frac{x_p\,(q x_p - 3N^2)}{3N^2}$$

wieder durch l_1 bezeichnet wird. Um diesen Grenzwert zu bestimmen, wählen wir für q die Form:

$$q = \frac{a_2 a_2' + b_2 b_2'}{N}.$$

Es ergibt sich dann die Entwicklung:

$$(9)\qquad q = \mp \tfrac{3}{8}\beta_0\,\vartheta^{-\frac{5}{2}} + \ldots,$$

wobei das positive oder negative Zeichen zu nehmen ist, je nachdem β_0 negativ oder positiv ist. Daraus folgt, daß für positive Werte von β_0 der Ausdruck:

$$x_p\,(q x_p - 3N^2)$$

als Faktor der niedrigsten Potenz von ϑ, und zwar der Potenz $\vartheta^{-\frac{7}{2}}$, die Größe Null besitzt, seine Ordnungszahl also größer als -3 ist. Daher wird l_1 in diesem Falle gleich Null.

Ist dagegen β_0 negativ, so folgt, daß l_1 unendlich groß wird.

Wir nehmen endlich den Fall $m = \frac{3}{2}$.

Dann werden die Entwicklungen von x_p und y_p:

$$(10)\qquad \begin{aligned} x_p &= -\tfrac{1}{2}\beta_0\,\vartheta^{-\frac{1}{2}} - \tfrac{3}{2}\beta_1\,\vartheta^{\frac{1}{2}} + \ldots, \\ y_p &= (\beta_0 + \tfrac{3}{2}\alpha_0)\,\vartheta^{\frac{1}{2}} + \beta_1\,\vartheta^{\frac{3}{2}} + \ldots, \end{aligned}$$

so daß x_p und y_p die Ordnungszahlen $-\frac{1}{2}$ und $\frac{1}{2}$ besitzen, vorausgesetzt, daß $\beta_0 + \frac{3}{2}\alpha_0$ von Null verschieden ist. Im ausgeschlossenen Falle wird die Ordnungszahl von y_p größer als $\frac{1}{2}$.

Ferner wird:

$$(11)\qquad \begin{aligned} a_2 &= \tfrac{1}{2}(\beta_0 + \tfrac{3}{2}\alpha_0)\,\vartheta^{-\frac{1}{2}} + \ldots, \\ b_2 &= -\tfrac{1}{4}\beta_0\,\vartheta^{-\frac{3}{2}} + \tfrac{3}{4}\beta_1\,\vartheta^{-\frac{1}{2}} + \ldots, \end{aligned}$$

so daß a_2 und b_2 die Ordnungszahlen $-\frac{1}{2}$ und $-\frac{3}{2}$ besitzen, und zwar unter derselben Voraussetzung wie vorhin. Hieraus folgt, daß zu p die Ordnungszahl $-\frac{3}{2}$ gehört, und zwar nimmt das niedrigste Glied, vom Zeichen abgesehen, die Form an:

$$-\tfrac{3}{4}\alpha_0\,\vartheta^{-\frac{3}{2}}.$$

Hieraus folgt, daß in diesem Falle der Ausdruck:

$$\frac{p x_p^3}{3N^2}$$

einen endlichen von Null verschiedenen Grenzwert l besitzt, und zwar ist das der einzige Fall. In bezug auf l_1 gelten ähnliche Betrachtungen wie im vorigen Falle.

Wir können den Grenzwert l noch anders darstellen. In der Tat, wir hatten seinerzeit die Größen R und S durch die Gleichungen definiert:

$$R = \frac{3N^2}{p}, \quad S = \frac{3N^2}{q}.$$

Aus den letzten Untersuchungen folgt dann, daß R sowohl wie S beide unendlich groß werden, daß insbesondere

$$\lim \left| \frac{S}{x_p} \right| = 1$$

ist. Dann kann die Bedingung, daß der Ausdruck

$$\frac{p x_p^3}{3N^2}$$

den Grenzwert l besitzt, auch so gefaßt werden, daß ihn, vom Zeichen abgesehen,

$$\frac{S^3}{R}$$

besitzt.

Ganz analog wäre die umgekehrte Bewegung zu untersuchen. An Stelle von l tritt die Größe l', die durch die Gleichung definiert ist:

$$l' = \lim \frac{p_1 x_p^3}{3N^2}.$$

Vierter Abschnitt[1]).

Höhere Rückkehr- und Wendepole.

§ 21.

Die Evoluten der Einhüllenden von geraden Linien.

Nehmen wir an, daß in der beweglichen Ebene eine gerade Linie durch die Gleichungen gegeben ist:

(1) $$\xi = u \cos \varepsilon + m, \quad \eta = u \sin \varepsilon + m_1,$$

so hat ihre Einhüllende, wie wir in § 5 gesehen haben, die Gleichungen:

(2) $$\begin{aligned} x &= f_0(\vartheta) + \cos(\vartheta + \varepsilon)\,[f_0'(\vartheta)\sin(\vartheta+\varepsilon) - \varphi_0'(\vartheta)\cos(\vartheta+\varepsilon)], \\ y &= \varphi_0(\vartheta) + \sin(\vartheta + \varepsilon)\,[f_0'(\vartheta)\sin(\vartheta+\varepsilon) - \varphi_0'(\vartheta)\cos(\vartheta+\varepsilon)], \end{aligned}$$

wobei gesetzt ist:

$$\varkappa = m \sin \varepsilon - m_1 \cos \varepsilon, \; f_0(\vartheta) = a + \varkappa \sin(\vartheta + \varepsilon),$$
$$\varphi_0(\vartheta) = b - \varkappa \cos(\vartheta + \varepsilon).$$

In der Bewegungslehre haben sich die Evoluten dieser Kurven von Bedeutung gezeigt, so daß wir uns mit ihnen beschäftigen wollen.

Die Koordinaten des Krümmungsmittelpunktes eines Punktes x, y der Kurve (2) haben die Werte:

(3) $$u = x - \frac{e^2}{w}\frac{dy}{d\vartheta}, \quad v = y + \frac{e^2}{w}\frac{dx}{d\vartheta},$$

wobei, wie früher, gesetzt ist:

$$e^2 = \left(\frac{dx}{d\vartheta}\right)^2 + \left(\frac{dy}{d\vartheta}\right)^2, \; w = \frac{dx}{d\vartheta}\frac{d^2y}{d\vartheta^2} - \frac{dy}{d\vartheta}\frac{d^2x}{d\vartheta^2}.$$

Nun ist:

$$\frac{dx}{d\vartheta} = \psi(\vartheta)\cos(\vartheta + \varepsilon), \; \frac{dy}{d\vartheta} = \psi(\vartheta)\sin(\vartheta + \varepsilon),$$

wenn unter $\psi(\vartheta)$ die Funktion verstanden wird:

(4) $$\psi(\vartheta) = (2f_0'(\vartheta) - \varphi_0''(\vartheta))\cos(\vartheta + \varepsilon) + (2\varphi_0'(\vartheta) + f_0''(\vartheta))\sin(\vartheta + \varepsilon).$$

Es folgt also:

$$e = \psi(\vartheta).$$

---

[1]) In bezug auf diesen Abschnitt werde verwiesen auf: Müller, Beiträge zur Theorie des ebenen Gelenkvierecks. Braunschweig 1897 (siehe auch 42. Band der Zeitschrift für Math. und Physik). Krause, Zur Theorie der ebenen unveränderlichen Systeme. Archiv der Math. und Physik III, 16. Carl, Über höhere Rückkehr- und Wendepole, 1911.

Ähnlich folgt:

$$w = (\psi(\vartheta))^2.$$

Unter solchen Umständen nehmen die Gleichungen der Evolute die Form an:

$$u = x - \frac{dy}{d\vartheta}, \quad v = y + \frac{dx}{d\vartheta}$$

oder auch:

$$(5) \qquad \begin{aligned} u &= f_0(\vartheta) - \varphi_0'(\vartheta) - \sin(\vartheta + \varepsilon) F, \\ v &= \varphi_0(\vartheta) + f_0'(\vartheta) + \cos(\vartheta + \varepsilon) F, \end{aligned}$$

wobei gesetzt ist:

$$F = \cos(\vartheta + \varepsilon)(f_0'(\vartheta) - \varphi_0''(\vartheta)) + \sin(\vartheta + \varepsilon)(\varphi_0'(\vartheta) + f_0''(\vartheta)).$$

Die Gleichungen haben dieselbe Form, wie die Gleichungen der einhüllenden Kurve, nur daß an Stelle der Funktionen $f_0(\vartheta)$ und $\varphi_0(\vartheta)$ die Funktionen getreten sind:

$$f_1(\vartheta) = f_0(\vartheta) - \varphi_0'(\vartheta) = x_p,$$
$$\varphi_1(\vartheta) = \varphi_0(\vartheta) + f_0'(\vartheta) = y_p,$$

und $\varepsilon + \frac{\pi}{2}$ an Stelle von ε gesetzt ist.

Hierbei zeigt es sich, daß in $f_1(\vartheta)$ und $\varphi_1(\vartheta)$ die Größe $\varkappa$ herausgefallen ist, so daß wir für die soeben entwickelte Kurve und für die weiteren Evoluten setzen können:

$$f_0(\vartheta) = a, \quad \varphi_0(\vartheta) = b.$$

Unter solchen Umständen werden sich bei den folgenden Evoluten ähnliche Formen ergeben müssen. An Stelle der Größen $f_1(\vartheta)$, $\varphi_1(\vartheta)$ treten der Reihe nach:

$$f_2(\vartheta) = x_p - y'_p, \quad \varphi_2(\vartheta) = y_p + x'_p,$$
$$f_3(\vartheta) = x_p - 2y_p' - x_p'', \quad \varphi_3(\vartheta) = y_p + 2x_p' - y_p'',$$
$$f_n(\vartheta) = x_p - (n-1)y_p' - (n-1)_2 x_p'' \ldots + (-1)^r (n-1)_{2r} x_p^{(2r)} + (-1)^{r+1}(n-1)_{2r+1} y_p^{(2r+1)} + \ldots,$$
$$(6) \quad \varphi_n(\vartheta) = y_p + (n-1)x_p' - (n-1)_2 y_p'' \ldots + (-1)^r (n-1)_{2r} y_p^{(2r)} + (-1)^r (n-1)_{2r+1} x_p^{(2r+1)} + \ldots..$$

Für spätere Zwecke empfiehlt es sich, an Stelle der Größen x_p und y_p sowie deren Differentialquotienten die Größen a und b, sowie deren Differentialquotienten einzuführen. Wir erhalten hierbei die Darstellungen:

$$f_1(\vartheta) = a - b', \quad \varphi_1(\vartheta) = b + a',$$
$$f_2(\vartheta) = a - 2b' - a'', \quad \varphi_2(\vartheta) = b + 2a' - b'',$$
$$f_3(\vartheta) = a - 3b' - 3a'' + b''', \quad \varphi_3(\vartheta) = b + 3a' - 3b'' - a''',$$
$$f_4(\vartheta) = a - 4b' - 6a'' + 4b''' + a^{(4)}, \quad \varphi_4(\vartheta) = b + 4a' - 6b'' - 4a''' + b^{(4)},$$

$$(7) \qquad \begin{aligned} f_n(\vartheta) &= a - n_1 b' - n_2 a^{(2)} \ldots + (-1)^r n_{2r} a^{(2r)} \\ &\quad + (-1)^{r+1} n_{2r+1} b^{(2r+1)} + \ldots, \\ \varphi_n(\vartheta) &= b + n_1 a' - n_2 b^{(2)} \ldots + (-1)^r n_{2r} b^{(2r)} \\ &\quad + (-1)^r n_{2r+1} a^{(2r+1)} + \ldots \end{aligned}$$

Fassen wir die Resultate zusammen, so erhalten wir den folgenden Lehrsatz:

Versteht man unter n eine gerade Zahl, so lauten die Koordinaten des n-ten Krümmungsmittelpunktes des Punktes xy der Einhüllenden (2)

$$f_n(\vartheta) + g_n(\vartheta)\cos(\vartheta + \varepsilon),\ \varphi_n(\vartheta) + g_n(\vartheta)\sin(\vartheta + \varepsilon),$$

wobei gesetzt ist:

$$g_n(\vartheta) = f_n'(\vartheta)\sin(\vartheta + \varepsilon) - \varphi_n''(\vartheta)\cos(\vartheta + \varepsilon).$$

Versteht man unter n eine ungerade Zahl, so behalten die Ausdrücke dieselbe Form, nur ist an Stelle von ε zu setzen $\varepsilon + \frac{\pi}{2}$.

Die Koordinaten der Krümmungsmittelpunkte beziehen sich auf das x, y-System. Im x_1, y_1- und x_2, y_2-System sind sie nach angegebenen Regeln aufzustellen. Wir sehen von ihrer Angabe im allgemeinen Falle ab, wollen sie aber in den einfachsten Fällen hinschreiben.

Im x_1, y_1-System lauten die den Größen $f_n(\vartheta)$ und $\varphi_n(\vartheta)$ ent sprechenden:

$$\begin{gathered} 0,\ 0, \\ -b' - a'',\ a' - b'', \\ -2b' - 3a'' + b''',\ 2a' - 3b'' - a''', \\ -3b' - 6a'' + 4b''' + a^{(4)},\ 3a' - 6b'' - 4a''' + b^{(4)}, \end{gathered}$$

im x_2, y_2-System ergeben sich die Ausdrücke:

$$\begin{gathered} 0,\ 0, \\ 0,\ -N, \\ q,\ -p \\ 4q + p_2,\ -4p + q_2 + 5N, \end{gathered}$$

wobei gesetzt ist:

$$\begin{aligned} p &= b_2a_3 - a_2b_3 + 3N^2 : N, \\ q &= a_2a_3 + b_2b_3 \qquad : N, \\ p_2 &= b_2a_4 - a_2b_4 \qquad : N, \\ q_2 &= a_2a_4 + b_2b_4 \qquad : N. \end{aligned}$$

Die Koordinaten der Krümmungsmittelpunkte lassen sich hieraus ohne weiteres hinschreiben.

§ 22.

Definition und Bestimmung der höheren Rückkehrpole und Rückkehrkreise, sowie der höheren Wendepole und Wendekreise.

Aus der Darstellung der Koordinaten der allgemeinen Evolute folgt, daß die Größen m und m_1 für deren Gestalt ohne Bedeutung sind, wohl aber hängt sie von dem Winkel ε ab. Im folgenden sollen einige Sätze angegeben werden, die auch von dieser Größe ε unabhängig sind. Wir nehmen hierbei an, daß n eine gerade Zahl sei, bemerken aber, daß die Resultate auch im Falle eines ungeraden n richtig bleiben.

Aus den angegebenen Formeln folgt, daß die Koordinaten des n-ten Krümmungsmittelpunktes der Gleichung Genüge leisten:

(1 a) $$(u - f_n)^2 + (v - \varphi_n)^2 + (u - f_n)\varphi_n' - (v - \varphi_n) f_n' = 0,$$

die wir auch schreiben können:

(1 b) $(u - f_{n+1})^2 + (v - \varphi_{n+1})^2 + (u - f_{n+1})\,\varphi_n' - (v - \varphi_{n+1})\,f_n' = 0.$

Wir haben hierbei bei den Funktionen $f_n(\vartheta)$ und $\varphi_n(\vartheta)$ das Argument fortgelassen, eine Schreibweise, die auch in der Folge angewandt werden soll.

Es ist dieses die Gleichung eines Kreises, welcher durch die Punkte mit den resp. Koordinaten

$$f_n,\ \varphi_n;\ f_{n+1},\ \varphi_{n+1}$$

hindurchgeht und über der Verbindungslinie beider als Durchmesser beschrieben werden kann. Wir wollen diesen Kreis nach R. Müller den n-ten Rückkehrkreis, den Punkt mit den Koordinaten f_n, φ_n den $(n-1)$-ten Rückkehrpol nennen.

Weitere Eigenschaften der Rückkehrpole ergeben sich aus dem Umstande, daß die Tangente an die n-te Evolute im angegebenen Punkte den Richtungskoeffizienten:

$$\frac{\sin(\vartheta + \varepsilon)}{\cos(\vartheta + \varepsilon)}$$

besitzt. Infolgedessen kann ihre Gleichung geschrieben werden:

$$(x - f_n)\sin(\vartheta + \varepsilon) - (y - \varphi_n)\cos(\vartheta + \varepsilon) = 0,$$

so daß die Tangente in jedem Augenblick durch den $(n - 1)$-ten Rückkehrpol hindurchgeht. Analog folgt, daß die Normale in jedem Augenblick durch den n-ten Rückkehrpol hindurchgeht. Unter solchen Um ständen folgt der Lehrsatz:

Die Punkte der n-ten Evolute, welche in jedem Augenblick zu den Berührungspunkten der Einhüllenden mit den entsprechenden Geraden gehören, liegen alle auf einem Kreise, dem n-ten Rückkehrkreis. Die Tangenten, die in den genannten Punkten an die n-te Evolute gelegt werden können, gehen alle durch einen Punkt, den $n - 1$-ten Rückkehrpol, ebenso die Normalen, und zwar durch den n-ten Rückkehrpol.

Wir haben die Gleichungen der Rückkehrkreise im festen Koordinatensysteme aufgestellt. Hieraus folgen analoge Darstellungen im x_1, y_1- und x_2, y_2-System. Im allgemeinen Falle sehen wir von ihnen ab, in den drei einfachsten Fällen wollen wir sie im x_2, y_2-System geben.

Für $n = 1$ erhalten wir die schon aufgestellte Gleichung:

(2) $$x^2 + y^2 + Ny = 0,$$

für $n = 2$ ergeben sich die Formen:

(3) $(x - q)^2 + (y + p)^2 + q\,(x - q) - (p - N)\,(y + p) = 0$ oder:

$$x\,(x - q) + (y + N)\,(y + p) = 0,$$

im Falle $n = 3$ wählen wir die Darstellungen (4):

$$(x - q)^2 + (y + p)^2 - (p_2 + 3q)\,(x - q) + (3p - 5N - q_2)\,(y + p) = 0$$

oder:

$$(x - q)\,(x - 4q - p_2) + (y + p)\,(y + 4p - q_2 - 5N) = 0. \ -$$

Zu einer jeden Bewegung gehört eine umgekehrte. Die Bewegungsgleichungen lauten:

$$(5)\qquad \begin{aligned}\xi &= \alpha + x\cos\vartheta_1 - y\sin\vartheta_1,\\ \eta &= \beta + x\sin\vartheta_1 + y\cos\vartheta_1,\end{aligned}$$

wobei gesetzt ist:

$$\alpha = -a\cos\vartheta_1 + b\sin\vartheta_1,\ \beta = -a\sin\vartheta_1 - b\cos\vartheta_1,\ \vartheta = -\vartheta_1.$$

Diese Gleichungen haben, wie schon bemerkt, dieselbe Form wie die ursprünglichen, es ist lediglich an Stelle von

$$a,\ b,\ \vartheta$$

zu setzen:

$$\alpha,\ \beta,\ \vartheta_1.$$

Wir werden also zu analogen Kreisen und Punkten wie bei der direkten Bewegung gelangen. Diese Kreise und Punkte wollen wir im Anschluß an Müller n-te Wendekreise und $n-1$-te Wendepole nennen. Für die Tangenten und Normalen an den n-ten Evoluten gelten analoge Sätze wie vorhin.

Auch hier ist alles bestimmt, insbesondere lauten die Koordinaten des $n-1$-ten Wendepols in bezug auf das ξ, η-System:

$$\begin{aligned}&\alpha - n_1\beta' - n_2\alpha''\ldots,\\ &\beta + n_1\alpha' - n_2\beta''\ldots.\end{aligned}$$

Damit sind die Wendekreise von selbst bestimmt. Für die späteren Betrachtungen empfiehlt es sich, die Koordinaten des $n-1^{\text{ten}}$ Wendepols im x, y-System aufzustellen. Es geschieht das mit Hilfe der Transformationsformeln:

$$\begin{aligned}x &= a + \xi\cos\vartheta - \eta\sin\vartheta,\\ y &= b + \xi\sin\vartheta + \eta\cos\vartheta.\end{aligned}$$

Die Ausrechnung möge nur kurz angedeutet werden.

Bezeichnen wir die Koordinaten durch

$$F_n(\vartheta) \text{ und } \Phi_n(\vartheta),$$

so kann der Faktor von $a^{(2r)}$ in $F_n(\vartheta)$ geschrieben werden:

$$(-1)^{r+1}(n_{2r} + (2r+2)_2 n_{2r+2} + \ldots) + (-1)^r((2r+1)_1 n_{2r-1} + (2r+3)_3 n_{2r+3} + \ldots)$$

oder also, vom Faktor n_{2r} abgesehen:

$$(-1)^{r+1}(1 + (n-2r)_2 + (n-2r)_4 + \ldots) + (-1)^r((n-2r)_1 + (n-2r)_3 + \ldots)$$

oder also:

$$(-1)^{r+1}(1-1)^{n-2r} n_{2r}.$$

Unter solchen Umständen wird der Faktor von $a^{(2r)}$ gleich Null, außer wenn $n = 2r$, und dann wird er gleich $(-1)^{r+1}$.

Ähnlich nimmt der Faktor von $b^{(2r+1)}$ die Form an:

$$(-1)^{r+1}(1-1)^{n-2r-1} n_{2r+1}.$$

Dieser wird gleich Null, außer wenn $n = 2r+1$ ist, und dann wird er gleich $(-1)^{r+1}$.

Die übrigen Glieder heben sich fort. Ähnlich ist $\Phi_n(\vartheta)$ zu untersuchen. Wir erhalten den Lehrsatz:

Die Koordinaten $F_n(\vartheta)$, $\Phi_n(\vartheta)$ des $n-1$-ten Wendepols in bezug auf das x, y-System lauten, wenn n eine gerade Zahl ist:

$$a + (-1)^{\frac{n}{2}+1} a^{(n)}, \quad b + (-1)^{\frac{n}{2}+1} b^{(n)},$$

wenn n eine ungerade Zahl ist:

$$a + (-1)^{\frac{n+1}{2}} b^{(n)}, \quad b + (-1)^{\frac{n-1}{2}} a^{(n)}.$$

In den einfachsten Fällen erhalten wir die folgenden Resultate:

$$\begin{aligned} F_1(\vartheta) &= a - b', \quad \Phi_1(\vartheta) = b + a', \\ F_2(\vartheta) &= a + a'', \quad \Phi_2(\vartheta) = b + b'', \\ F_3(\vartheta) &= a + b''', \quad \Phi_3(\vartheta) = b - a''', \\ F_4(\vartheta) &= a - a^{(4)} \quad \Phi_4(\vartheta) = b - b^{(4)}. \end{aligned} \tag{4}$$

In bezug auf das x_1, y_1-System nehmen die Koordinaten in den einfachsten Fällen die Form an:

$$\begin{array}{cc} 0, & 0, \\ a_2, & b_2, \\ b_3, & -a_3, \\ a_2 - a_4, & b_2 - b_4, \end{array}$$

endlich in bezug auf das x_2, y_2-System:

$$\begin{array}{cl} 0, & 0, \\ 0, & N, \\ q, & -p + 3N, \\ -p_2, & N - q_2. \end{array}$$

Auch diese Punkte werden sich ähnlich wie die Rückkehrpole in der Folge von Bedeutung zeigen.

Wir wollen schon an dieser Stelle auf einen Zusammenhang hinweisen, der zwischen ihrer Theorie und der in § 15 entwickelten Theorie der höheren Berührungen zwischen Tangenten und Bahnkurven besteht.

Wir fanden als hinreichende und notwendige Bedingung für eine $n + 2$-punktige Berührung zwischen der Tangente und der Bahnkurve die Gleichungen:

$$a_3 b_r - b_3 a_r = 0 \text{ für } r = 4, 5, \ldots n + 1.$$

Führen wir vermöge der vorhin entwickelten Gleichungen an Stelle der Größen a_m, b_m die Koordinaten der Wendepole im x, y-System ein, so ergibt sich ohne Schwierigkeit der zuerst von Müller aufgestellte Lehrsatz:

Hat eine Tangente im Berührungspunkte $n + 2$ Punkte mit der Bahnkurve gemeinsam, so liegen von den n ersten Wendepolen alle Punkte mit geradem Index auf einer durch den Pol gehenden Geraden und alle Punkte mit ungeradem Index auf einer zu dieser senkrechten Geraden.

Ebenso gilt die Umkehrung und der folgende Lehrsatz, der auch von Müller herrührt:

Wenn in der Kette der Wendepole vom 2-ten bis n-ten alle Punkte von geradem Index mit dem Pol und alle Punkte von ungeradem Index mit dem ersten Wendepol zusammenfallen, so durchschreiten alle Punkte des Wendekreises Bahnstellen mit $n + 2$-punktig berührender Tangente, mit Ausnahme des Poles und des Ballschen Punktes, dessen Tangente mit der Bahnkurve $n + 3$ zusammenfallende Punkte gemein hat. —

Wir haben in obigem die Koordinaten der Rückkehr- und der Wendepole aufgestellt. Hierbei genügt es, die einen zu kennen, um die anderen darzustellen.

Wir begnügen uns damit zu zeigen, wie die Koordinaten der Rückkehrpole im x, y-System gefunden werden können, wenn die der Wendepole bekannt sind.

Aus unseren Formeln folgt:

$$a^{(2r)} = (-1)^{r+1}\,(F_{2r}(\vartheta) - a), \quad a^{(2r+1)} = (-1)^{r}\,(\Phi_{2r+1}(\vartheta) - b),$$
$$b^{(2r)} = (-1)^{r+1}\,(\Phi_{2r}(\vartheta) - b), \quad b^{(2r+1)} = (-1)^{r+1}\,(F_{2r+1}(\vartheta) - a).$$

Setzen wir diese Ausdrücke in die Gleichungen (7) des § 21 ein, so ergeben sich die Beziehungen:

$$(6) \qquad f_n(\vartheta) = \sum_1^n (-1)^{r+1}\, n_r\, F_r(\vartheta), \quad \varphi_n(\vartheta) = \sum_1^n (-1)^{r+1}\, n_r\, \Phi_r(\vartheta).$$

In ähnlicher Weise können die Koordinaten des $n-1$-ten Wendepoles berechnet werden, wenn die Koordinaten der Rückkehrpole bis inkl. dem $n-1^{\text{ten}}$ bekannt sind.

Der n-te Wendekreis ist über der Verbindungslinie des $n-1$-ten und n-ten Wendepols als Durchmesser beschrieben. Seine Gleichung im x, y-System lautet:

$$(7) \qquad (x - F_n)(x - F_{n+1}) + (y - \Phi_n)(y - \Phi_{n+1}) = 0.$$

Aus ihr sind die Gleichungen im x_1, y_1- und im x_2, y_2-System unmittelbar herzuleiten. In den einfachsten Fällen ergeben sich im letzten System die folgenden Gleichungen.

$$(8) \qquad x^2 + y^2 - Ny = 0$$

als Gleichung des ersten Wendekreises,

$$(9) \qquad \begin{aligned} x^2 + (y - N)^2 - qx + (p - 2N)(y - N) &= 0 \text{ oder:} \\ x(x - q) + (y - N)(y + p - 3N) &= 0 \end{aligned}$$

als Gleichung des zweiten und endlich

$$(10) \qquad \begin{aligned} (x - q)^2 + (y + p - 3N)^2 + (q + p_2)(x - q) - (p - 2N - q_2) \\ (y + p - 3N) = 0 \text{ oder:} \\ (x - q)(x + p_2) + (y + p - 3N)(y - N + q_2) = 0 \end{aligned}$$

als Gleichung des dritten.

Wir haben die Koordinaten der höheren Wendepole durch die Größen a und b sowie deren Differentialquotienten ausgedrückt. An deren Stelle können wie bei den höheren Rückkehrpolen die Größen x_p, y_p sowie ihre Differentialquotienten gewählt werden.

Im x, y-System fanden wir, wenn n eine gerade Zahl ist:

$$(11) \qquad F_n(\vartheta) = a + (-1)^{\frac{r}{2}+1} a^{(n)}, \quad \Phi_n(\vartheta) = b + (-1)^{\frac{n}{2}+1} b^{(n)}.$$

Addieren wir zu den rechten Seiten der ersten Gleichung die Größen:

$$b' - b', \; a'' - a'', \ldots \; b^{(n-1)} - b^{(n-1)},$$

der zweiten:

$$a' - a', \; b'' - b'', \ldots \; a^{(n-1)} - a^{(n-1)},$$

so ergeben sich bei geeigneter Zusammenfassung die Darstellungen (12):

$$F_n(\vartheta) = x_p + y_p' - x_p'' - y_p''' \dots (-1)^r x_p^{(2r)} + (-1)^r y_p^{(2r+1)} + \dots,$$
$$\Phi_n(\vartheta) = y_p - x_p' - y_p'' + x_p''' \dots (-1)^r y_p^{(2r)} + (-1)^{r+1} x_p^{(2r+1)} + \dots.$$

Für ein ungerades n ergeben sich dieselben Ausdrücke.

Die Gleichungen (11) und die entsprechenden vorangehenden geben noch zu den folgenden Bemerkungen Anlaß.

Durch wiederholte Differentiation der Bewegungsgleichungen erhalten wir für ein gerades n die Beziehungen:

$$\frac{d^n x}{d\vartheta^n} = a^{(n)} - (-1)^{\frac{n}{2}+1}(x - a),$$
$$\frac{d^n y}{d\vartheta^n} = b^{(n)} - (-1)^{\frac{n}{2}+1}(y - b),$$

für ein ungerades:

$$\frac{d^n x}{d\vartheta^n} = a^{(n)} + (-1)^{\frac{n+1}{2}}(y - b),$$
$$\frac{d^n y}{d\vartheta^n} = b^{(n)} + (-1)^{\frac{n-1}{2}}(x - a).$$

Setzen wir für irgendeinen Wert von n die soeben berechneten Differentialquotienten der Null gleich, so werden die entsprechenden Werte von x und y resp. gleich:

$$F_n(\vartheta) \text{ und } \Phi_n(\vartheta).$$

Die höheren Wendepole sind also die höheren Beschleunigungspole der direkten Bewegung, wenn die Winkelgeschwindigkeit konstant, und zwar gleich 1 ist. Das Analoge gilt für die Beschleunigungspole.

Damit zeigt sich ein enger Zusammenhang zwischen den hier behandelten Theorien und den weitreichenden Untersuchungen über höhere Beschleunigungspole, wie sie von Burmester, Mehmke, Mohr u. a. angestellt worden sind. Da solche Untersuchungen aber aus dem Rahmen dieses Werkes herausfallen, so begnügen wir uns mit diesen Andeutungen und bleiben bei der Müllerschen Definition der höheren Wende- und Rückkehrpole.

§ 23.

Verallgemeinerung der im vorigen Paragraphen gegebenen Definitionen.

Wir haben die höheren Rückkehrpole und -kreise sowie die höheren Wendepole und Wendekreise mit Hilfe der Einhüllenden von geraden Linien definiert. Diese Definitionen können verallgemeinert werden. Wir fassen zu diesem Zweck eine beliebige Systemkurve ins Auge, deren Gleichung in polaren Linienkoordinaten lauten möge:

$$\delta = f(\omega).$$

Ihre Hüllbahnkurve kann durch die Gleichungen dargestellt werden:

$$d = a\cos(\vartheta + \omega) + b\sin(\vartheta + \omega) + f(\omega),$$
$$\psi = \vartheta + \omega,$$

wobei die Beziehung besteht:

$$\frac{\partial d}{\partial \vartheta}\frac{\partial \psi}{\partial \omega} - \frac{\partial d}{\partial \omega}\frac{\partial \psi}{\partial \vartheta} = 0$$

oder:

$$\frac{da}{d\vartheta}\cos(\vartheta + \omega) + \frac{db}{d\vartheta}\sin(\vartheta + \omega) - \frac{df(\omega)}{d\omega} = 0. \tag{1}$$

ω und ϑ können als Funktion von ψ angesehen werden. Durch Differentiation finden wir:

$$\frac{d\vartheta}{d\psi} = 1 - \frac{d\omega}{d\psi}, \frac{d^n\vartheta}{d\psi^n} = -\frac{d^n\omega}{d\psi^n} \text{ für } n = 2, 3, \ldots.$$

Die Gleichung der Einhüllenden der vorgelegten Systemkurve kann geschrieben werden:

$$d = a\cos\psi + b\sin\psi + f(\omega).$$

Die Gleichung ihrer n-ten Evolute lautet:

$$d_n = \mathfrak{f}_n\cos\psi + \mathfrak{g}_n\sin\psi + \frac{d^nf(\omega)}{d\psi^n},$$

wobei gesetzt ist:

$$\mathfrak{f}_n = \frac{d^na}{d\psi^n} + n_1\frac{d^{n-1}b}{d\psi^{n-1}} - n_2\frac{d^{n-2}a}{d\psi^{n-2}} - \ldots,$$

$$\mathfrak{g}_n = \frac{d^nb}{d\psi^n} - n_1\frac{d^{n-1}a}{d\psi^{n-1}} - n_2\frac{d^{n-2}b}{d\psi^{n-2}} + \ldots.$$

Hat eine Systemkurve in einem Augenblick eine $(m + 2)$-punktig berührende Tangente im Berührungspunkt mit ihrer Einhüllenden, so gelten in diesem Augenblick die Beziehungen:

$$\frac{d\omega}{d\psi} = \frac{d^2\omega}{d\psi^2} = \ldots = \frac{d^m\omega}{d\psi^m} = 0.$$

Hingegen wird im allgemeinen $\frac{d^{m+1}\omega}{d\psi^{m+1}} \gtrless 0$ sein.

Dann folgen die Beziehungen:

$$\frac{d\vartheta}{d\psi} = 1, \frac{d^n\vartheta}{d\psi^n} = -\frac{d^n\omega}{d\psi^n} = 0 \text{ für } n = 2, 3, \ldots m$$

und:

$$\frac{d^na}{d\psi^n} = \frac{d^na}{d\vartheta^n} \text{ für } n = 1, 2, \ldots m,$$

$$\frac{d^{m+1}a}{d\psi^{m+1}} = \frac{d^{m+1}a}{d\vartheta^{m+1}} + \frac{da}{d\vartheta}\frac{d^{m+1}\vartheta}{d\psi^{m+1}}.$$

Diese Gleichungen bleiben auch richtig, wenn a durch b ersetzt wird. Ferner bestehen die Relationen:

$$\frac{d^nf(\omega)}{d\psi^n} = 0, n = 1, 2, \ldots m,$$

$$\frac{d^{m+1}f(\omega)}{d\psi^{m+1}} = \frac{df(\omega)}{d\omega}\frac{d^{m+1}\omega}{d\psi^{m+1}} = -\frac{df(\omega)}{d\omega}\frac{d^{m+1}\vartheta}{d\psi^{m+1}}.$$

Die Koordinaten der Tangenten der n-ten Evoluten aller derjenigen Hüllbahnkurven, die in dem betrachteten Augenblick die entsprechenden

Systemkurven in Punkten der letzteren berühren, die eine $(m+2)$-punktig berührende Tangente besitzen, lauten:

$$d_n = \mathfrak{f}_n \cos\psi + \mathfrak{g}_n \sin\psi,\ \psi,$$

wobei gesetzt ist:

$$\mathfrak{f}_n = \frac{d^n a}{d\vartheta^n} + n_1 \frac{d^{n-1} b}{d\vartheta^{n-1}} - n_2 \frac{d^{n-2} a}{d\vartheta^{n-2}} - \ldots,$$

$$\mathfrak{g}_n = \frac{d^n b}{d\vartheta^n} - n_1 \frac{d^{n-1} a}{d\vartheta^{n-1}} - n_2 \frac{d^{n-2} b}{d\vartheta^{n-2}} + \ldots,$$

vorausgesetzt, daß n eine der Zahlen $1, 2, \ldots m$ ist.

Nun ist:

$$\frac{d}{d\psi} d_m = \frac{d^{m+1}(a\cos\psi)}{d\psi^{m+1}} + \frac{d^{m+1}(b\sin\psi)}{d\psi^{m+1}} + \frac{d^{m+1} f(\omega)}{d\psi^{m+1}}.$$

Mit Rücksicht auf die zusammengestellten Formeln finden wir für die in Rede stehenden Hüllbahnkurven:

$$\frac{d}{d\psi} d_m = \mathfrak{f}_{m+1}\cos\psi + \mathfrak{g}_{m+1}\sin\psi + \left(\frac{da}{d\vartheta}\cos\psi + \frac{db}{d\vartheta}\sin\psi - \frac{df(\omega)}{d\omega}\right)\frac{d^{m+1}\vartheta}{d\psi^{m+1}}$$

oder mit Rücksicht auf die Gleichung (1):

$$d_{m+1} = \frac{d}{d\psi} d_m = \mathfrak{f}_{m+1}\cos\psi + \mathfrak{g}_{m+1}\sin\psi,$$

wenn:

$$\mathfrak{f}_{m+1} = \frac{d^{m+1} a}{d\vartheta^{m+1}} + (m+1)_1 \frac{d^m b}{d\vartheta^m} - (m+1)_2 \frac{d^{m-1} a}{d\vartheta^{m-1}} - \ldots,$$

$$\mathfrak{g}_{m+1} = \frac{d^{m+1} b}{d\vartheta^{m+1}} - (m+1)_1 \frac{d^m a}{d\vartheta^m} - (m+1)_2 \frac{d^{m-1} b}{d\vartheta^{m-1}} + \ldots$$

bedeutet.

Ist also n eine der Zahlen $1, 2, \ldots m+1$, so sind die Koordinaten der Tangenten der n-ten Evoluten aller derjenigen Hüllbahnkurven, die in dem betrachteten Augenblick die entsprechenden Systemkurven in Punkten der letzteren berühren, die eine $(m+2)$-punktig berührende Tangente besitzen:

$$d_n = \mathfrak{f}_n \cos\psi + \mathfrak{g}_n \sin\psi,\ \psi,$$

wobei $\mathfrak{f}_n$, $\mathfrak{g}_n$ die Werte haben:

$$(2)\qquad \begin{aligned} \mathfrak{f}_n &= \frac{d^n a}{d\vartheta^n} + n_1 \frac{d^{n-1} b}{d\vartheta^{n-1}} - n_2 \frac{d^{n-2} a}{d\vartheta^{n-2}} - \ldots, \\ \mathfrak{g}_n &= \frac{d^n b}{d\vartheta^n} - n_1 \frac{d^{n-1} a}{d\vartheta^{n-1}} - n_2 \frac{d^{n-2} b}{d\vartheta^{n-2}} + \ldots. \end{aligned}$$

Für $n = 1, 2, \ldots m+1$ gehen, da die Größen $\mathfrak{f}_n$, $\mathfrak{g}_n$ unabhängig von ω sind, die Geraden d_n, ψ alle durch je einen Punkt, der mit dem $(n-1)$-ten Rückkehrpol zusammenfällt. Die Koordinaten $\mathfrak{f}_n$, $\mathfrak{g}_n$ desselben sind wie die Koordinaten d_n, ψ auf das um $n\frac{\pi}{2}$ gedrehte Koordinatensystem bezogen. In bezug auf das alte x, y-System lauten die Koordinaten des genannten Punktes:

$$a - n_1 \frac{db}{d\vartheta} - n_2 \frac{d^2a}{d\vartheta^2} + \ldots, \quad b + n_1 \frac{da}{d\vartheta} - n_2 \frac{d^2b}{d\vartheta^2} - \ldots,$$

wie man leicht erkennt, wenn man die Transformation durchführt.

Die Koordinaten des Berührungspunktes der Tangente d, ψ mit der Kurve $d = f(\psi)$ haben nach § 7 die Form:

$$d \cos \psi - \frac{d}{d\psi}(d) \sin \psi, \quad d \sin \psi + \frac{d}{d\psi}(d) \cos \psi.$$

Da, wie man mit Rücksicht auf (2) leicht erkennt, die Beziehungen gelten:

$$\mathfrak{f}_{n+1} = \frac{d\mathfrak{f}_n}{d\vartheta} + \mathfrak{g}_n, \quad \mathfrak{g}_{n+1} = \frac{d\mathfrak{g}_n}{d\vartheta} - \mathfrak{f}_n, \quad n = 1, 2, \ldots m,$$

so ergeben sich für die Koordinaten der Berührungspunkte der betrachteten Tangenten mit den n-ten Evoluten der in Rede stehenden Hüllbahnkurven die Werte:

$$\begin{aligned} x &= \mathfrak{f}_n - \left(\frac{d\mathfrak{f}_n}{d\vartheta} \cos \psi + \frac{d\mathfrak{g}_n}{d\vartheta} \sin \psi\right) \sin \psi, \\ y &= \mathfrak{g}_n + \left(\frac{d\mathfrak{f}_n}{d\vartheta} \cos \psi + \frac{d\mathfrak{g}_n}{d\vartheta} \sin \psi\right) \cos \psi, \end{aligned} \tag{3}$$

wobei $\mathfrak{f}_n, \mathfrak{g}_n$ die Werte (2) besitzen und n eine der Zahlen $1, 2, \ldots m$ ist.

Aus den Gleichungen (3) folgt:

$$(x - \mathfrak{f}_n)^2 + (y - \mathfrak{g}_n)^2 = \frac{d\mathfrak{f}_n}{d\vartheta}(y - \mathfrak{g}) - \frac{d\mathfrak{g}_n}{d\vartheta}(x - \mathfrak{f}_n).$$

Es liegen also in jedem Augenblick die n-ten Krümmungsmittelpunkte der Einhüllenden der in Betracht gezogenen Systemkurven auf einem Kreis mit dem Mittelpunkt:

$$\mathfrak{f}_n - \tfrac{1}{2} \frac{d\mathfrak{g}_n}{d\vartheta}, \quad \mathfrak{g}_n + \tfrac{1}{2} \frac{d\mathfrak{f}_n}{d\vartheta}.$$

Die Tangenten der $(n + 1)$-ten Evoluten der betrachteten Einhüllenden gehen durch den Punkt

$$\mathfrak{f}_{n+1} = \frac{d\mathfrak{f}_n}{d\vartheta} + \mathfrak{g}_n, \quad \mathfrak{g}_{n+1} = \frac{d\mathfrak{g}_n}{d\vartheta} - \mathfrak{f}_n.$$

In bezug auf das Achsensystem, auf welches die Koordinaten der Tangenten der n-ten Evoluten bezogen sind, lauten die Koordinaten des genannten Punktes:

$$\mathfrak{f}_n - \frac{d\mathfrak{g}_n}{d\vartheta}, \quad \mathfrak{g}_n + \frac{d\mathfrak{f}_n}{d\vartheta}.$$

Unser Kreis ist demnach über der Verbindungslinie des $(n - 1)$-ten und n-ten Rückkehrpoles als Durchmesser beschrieben. Der Kreis fällt also, wie es sein muß, mit dem n-ten Rückkehrkreis zusammen. Unter solchen Umständen ergibt sich der Lehrsatz:

Ist n eine der Zahlen $1, 2, \ldots m$, so liegen die Punkte der n-ten Evoluten, welche in jedem Augenblick zu solchen Berührungspunkten der Einhüllenden mit den entsprechenden Systemkurven gehören, die im Berührungspunkt eine

$(m+2)$-punktig berührende Tangente besitzen, alle auf einem Kreis, dem n-ten Rückkehrkreis. Die Tangenten und Normalen, die in den genannten Punkten an die n-ten Evoluten gelegt werden können, gehen alle durch je einen Punkt, den $(n-1)$-ten bzw. n-ten Rückkehrpol.

Dabei fällt der nullte Rückkehrpol mit dem Pol zusammen.

Bedenken wir, daß bei der umgekehrten Bewegung Systemkurve und ihre Einhüllende ihre Rollen vertauschen, so läßt sich der angeführte Satz leicht auf die Wendekreise und Wendepole übertragen.

§ 24.

Untersuchung der zweiten Schnittpunkte der Rückkehr- und Wendekreise.

Der n-te und $n+1$-te Rückkehrkreis schneiden sich außer im n-ten Rückkehrpol noch in einem zweiten Punkte. Um seine Koordinaten im x, y-System zu bestimmen, wählen wir für die beiden Kreise die Gleichungsformen:

$$(1)\quad \begin{aligned}&(x-f_{n+1})^2+(y-\varphi_{n+1})^2-\varphi_n'(x-f_{n+1})+f_n'(y-\varphi_{n+1})=0 \text{ und}\\ &(x-f_{n+1})^2+(y-\varphi_{n+1})^2+\varphi_{n+1}'(x-f_{n+1})-f_{n+1}'(y-\varphi_{n+1})=0.\end{aligned}$$

Hieraus ergeben sich für die Koordinaten des zweiten Schnittpunktes die Werte:

$$(2)\quad \begin{aligned}x&=f_{n+1}+D_1(f_n'+f_{n+1}'),\\ y&=\varphi_{n+1}+D_1(\varphi_n'+\varphi_{n+1}'),\end{aligned}$$

wobei gesetzt ist:

$$D_1=\frac{\varphi_n' f_{n+1}'-f_n'\varphi_{n+1}'}{(f_n'+f_{n+1}')^2+(\varphi_n'+\varphi_{n+1}')^2}.$$

Diese Formeln drücken die Koordinaten des zweiten Schnittpunktes des n-ten und $n+1$-ten Rückkehrkreises durch die Koordinaten des $n-1$-ten und n-ten Rückkehrpoles und deren Ableitung nach ϑ aus.

Mit Hilfe der früher erwähnten Beziehungen:

$$f_n=f_{n-1}-\varphi_{n-1}',\quad \varphi_n=\varphi_{n-1}+f_{n-1}'$$

können wir sie auch schreiben:

$$(3)\quad \begin{aligned}x&=f_n-\varphi_n'-D_2(2f_n'-\varphi_n''),\\ y&=\varphi_n+f_n'-D_2(2\varphi_n'+f_n''),\end{aligned}$$

wobei gesetzt ist:

$$D_2=\frac{\varphi_n'\varphi_n''+f_n'f_n''}{(2f_n'-\varphi_n'')^2+(2\varphi_n'+f_n'')^2}.$$

Hiermit sind sie durch die Koordinaten des $n-1$-ten Rückkehrpoles und deren beide ersten Ableitungen nach ϑ ausgedrückt.

Ebenso einfach ergibt sich aus der ersten Darstellung eine dritte in der Form:

$$(4)\quad \begin{aligned}x&=f_{n+1}+DD_3(\varphi_{n+2}-\varphi_n),\\ y&=\varphi_{n+1}-DD_3(f_{n+2}-f_n),\end{aligned}$$

wobei gesetzt ist:

$$D = \begin{vmatrix} f_{n+2} & \varphi_{n+2} & 1 \\ f_{n+1} & \varphi_{n+1} & 1 \\ f_n & \varphi_n & 1 \end{vmatrix},$$

$$D_3 = \frac{1}{(f_n - f_{n+2})^2 + (\varphi_n - \varphi_{n+2})^2}.$$

Die Größe D stellt den doppelten Flächeninhalt des Dreiecks dar, dessen Eckpunkte der $n + 1$-te, n-te und $n - 1$-te Rückkehrpol sind.

Auch hier sind die Koordinaten im x, y-System dargestellt. In den beiden anderen Systemen können sie hieraus mit Hilfe der mehrfach angegebenen Transformationsformeln unmittelbar abgeleitet werden. Im allgemeinen Falle soll das nicht geschehen, da die Formeln sich nicht einfacher gestalten, wohl aber im Falle $n = 1$, um hier ein besonderes Resultat abzuleiten. Die Gleichungen des ersten und zweiten Rückkehrkreises im x_2, y_2-System ergaben sich in der Form:

$$x^2 + y^2 + Ny = 0$$

$$(x - q)^2 + (y + p)^2 + q(x - q) - (p - N)(y + p) = 0.$$

Ihr zweiter Schnittpunkt hat die Koordinaten:

$$x = \frac{pqN}{p^2 + q^2}, \quad y = -\frac{p^2 N}{p^2 + q^2}.$$

Wie aus dem Früheren folgt, sind das die Koordinaten des Ballschen Punktes der umgekehrten Bewegung. Wir finden unter solchen Umständen den Lehrsatz:

Der erste und zweite Rückkehrkreis schneiden sich im ersten Rückkehrpol und im Ballschen Punkte der umgekehrten Bewegung.

Im allgemeinen Falle heben wir noch die weiteren Resultate hervor, wobei wir wieder von dem x, y-System Gebrauch machen. Die gemeinsame Sehne des n-ten und $n + 1$-ten Rückkehrkreises hat die Länge:

$$\sqrt{(x - f_{n+1})^2 + (y - \varphi_{n+1})^2},$$

wobei für x und y die Ausdrücke aus den Gleichungen (4) einzusetzen sind. Es ergibt sich dann der Wert:

$$D\sqrt{D_3}.$$

$\sqrt{D_3}$ ist aber gleich der reziproken Entfernung des $n - 1$-ten vom $n + 1$-ten Rückkehrpol. Erwägen wir die geometrische Deutung der Größe D, so folgt, daß die gemeinsame Sehne die Länge des vom n-ten Rückkehrpol auf die Verbindungslinie des $n - 1$-ten und $n + 1$-ten Rückkehrpoles gefällten Lotes besitzt.

Ferner folgt aus den Formeln (4)

$$\frac{y - \varphi_{n+1}}{x - f_{n+1}} = -\frac{f_{n+2} - f_n}{\varphi_{n+2} - \varphi_n},$$

d. h. die gemeinsame Sehne der beiden Kreise steht senkrecht auf der Verbindungslinie des $n - 1$-ten und $n + 1$-ten Rückkehrpoles. Fassen wir die beiden letzten Resultate zusammen, so erhalten wir den Lehrsatz:

Der zweite Schnittpunkt des n-ten und $n + 1$-ten Rückkehrkreises ist der Fußpunkt des vom n-ten Rückkehrpol auf die Verbindungslinie des $n-1$-ten und $n+1$-ten Rückkehrpoles gefällten Lotes.

Die Wendepole sind die Rückkehrpole der umgekehrten Bewegung. Im ξ, η-System werden demgemäß die Ausdrücke für die Koordinaten des zweiten Schnittpunktes des n-ten und $n+1$-ten Wendekreises, wie wir sie gefunden haben, ungeändert bleiben, wenn an Stelle von a, b, ϑ resp. gesetzt wird $\alpha, \beta, -\vartheta$. Die beiden entwickelten Sätze bleiben daher mit den entsprechenden Modifikationen bestehen.

Von Bedeutung ist es, die Koordinaten des zweiten Schnittpunktes des n-ten und $n+1$-ten Wendekreises im x, y-System zu kennen. Wir begnügen uns damit, ihre Werte anzugeben, wenn die Koordinaten des $n-1$-ten, n-ten, $n+1$-ten Wendepols im x, y-System bekannt sind.

Bedeuten $F_n(\vartheta), \Phi_n(\vartheta)$ oder schlechthin F_n, Φ_n wie früher die Koordinaten des $n-1$-ten Wendepoles im x, y-System, so lautet die Gleichung der Verbindungslinie des $n-1$-ten und $n+1$-ten Wendepoles:

$$(\Phi_n - \Phi_{n+2})(x - F_n) - (F_n - F_{n+2})(y - \Phi_n) = 0,$$

ferner die Gleichung der auf dieser Linie im n-ten Wendepol errichteten Senkrechten:

$$(F_n - F_{n+2})(x - F_{n+1}) + (\Phi_n - \Phi_{n+2})(y - \Phi_{n+1}) = 0.$$

Der Schnittpunkt dieser beiden Geraden ist dann der gesuchte zweite Schnittpunkt der beiden betrachteten Kreise. Seine Koordinaten nehmen die Form an:

$$\begin{aligned} x &= F_{n+1} + \varDelta\varDelta_3(\Phi_{n+2} - \Phi_n), \\ y &= \Phi_{n+1} - \varDelta\varDelta_3(F_{n+2} - F_n), \end{aligned} \tag{5}$$

wobei gesetzt ist:

$$\varDelta = \begin{vmatrix} F_{n+2} & \Phi_{n+2} & 1 \\ F_{n+1} & \Phi_{n+1} & 1 \\ F_n & \Phi_n & 1 \end{vmatrix},$$

$$\varDelta_3 = \frac{1}{(F_n - F_{n+2})^2 + (\Phi_n - \Phi_{n+2})^2}.$$

§ 25.

Untersuchung der Rückkehrpolbahnen und damit zusammenhängender Kurven.

Die momentanen Pole der einzelnen Systemlagen erfüllen bei der Bewegung eines ebenen starren Systems im festen und im beweglichen System, wie wir gesehen haben, je eine Kurve, die wir u. a. Polbahn und Polkurve genannt haben. Ebenso wie die Pole erfüllen nun auch die Rückkehr- und Wendepole in beiden Systemen Kurven, die wir analog Rückkehrpolbahnen und Rückkehrpolkurven, Wendepolbahnen und Wendepolkurven nennen wollen.

Die Gleichungen der $n-1$-ten Rückkehrpolbahn können wir im x, y-System schreiben:

$$x = f_n(\vartheta), \quad y = \varphi_n(\vartheta), \tag{1}$$

die Gleichungen der entsprechenden Rückkehrpolkurve im ξ, η-System lauten:

$$(2)\qquad \begin{aligned} \xi &= -a\cos\vartheta - b\sin\vartheta + f_n\cos\vartheta + \varphi_n\sin\vartheta,\\ \eta &= a\sin\vartheta - b\cos\vartheta - f_n\sin\vartheta + \varphi_n\cos\vartheta. \end{aligned}$$

Die Gleichungen der $n-1$-ten Wendepolbahn im festen System haben die Form:

$$(3)\qquad x = F_n(\vartheta),\ y = \Phi_n(\vartheta),$$

der Wendepolkurve im beweglichen:

$$(4)\qquad \begin{aligned} \xi &= -a\cos\vartheta - b\sin\vartheta + F_n\cos\vartheta + \Phi_n\sin\vartheta,\\ \eta &= a\sin\vartheta - b\cos\vartheta - F_n\sin\vartheta + \Phi_n\cos\vartheta. \end{aligned}$$

Bei der Umkehrung der Bewegung vertauschen Rückkehrpolbahn und Wendepolkurve einerseits und die Wendepolbahnen und Rückkehrpolkurven andererseits ihre Rollen.

Aus unseren Untersuchungen geht hervor, daß wir den Pol sowohl als nullten Rückkehr- als auch als nullten Wendepol ansehen können. Die feste Polkurve ist also zu gleicher Zeit die nullte Rückkehr- und Wendepolbahn und die bewegliche Polkurve die nullte Rückkehr- und Wendepolkurve.

Für die allgemeinen Kurven gelten nun ähnliche Sätze wie für die Polkurven selbst. Wir greifen aus ihnen die folgenden über Rückkehrpolbahnen heraus, indem wir es überlassen, für die anderen Kurven analoge Sätze abzuleiten. Als Gleichung des n-ten Rückkehrkreises hatten wir die folgende gefunden:

$$(u - f_n)^2 + (v - \varphi_n)^2 + \varphi_n'(u - f_n) - f_n'(v - \varphi_n) = 0.$$

Die Tangente im Punkte f_n, φ_n an diesen Kreis hat demnach den Richtungskoeffizienten:

$$\frac{\varphi_n'}{f_n'}.$$

Durch diesen Punkt geht aber auch die $n-1$-te Rückkehrpolbahn hindurch, und ihre Tangente hat in ihm denselben Richtungskoeffizienten. Unter solchen Umständen erhalten wir den Lehrsatz:

In jedem Augenblick berührt der n-te Rückkehrkreis die $n-1$-te Rückkehrpolbahn.

Ferner folgt, daß der n-te Rückkehrpol auf der gemeinsamen Normalen der beiden Kurven gelegen ist. Der Krümmungsradius der $n-1$-ten Rückkehrpolbahn hat den Wert, vom Zeichen abgesehen:

$$\frac{(f_n'^2 + \varphi_n'^2)^{\frac{3}{2}}}{f_n'\varphi_n'' - f_n''\varphi_n'}.$$

Erwägen wir die wiederholt gebrauchten Beziehungen:

$$f_n' = \varphi_{n+1} - \varphi_n,\ \varphi_n' = -f_{n+1} + f_n$$

und die analogen für die 2-ten Differentialquotienten, so ergibt sich für den Nenner der Wert:

$$d_n^2 - (f_{n+1} - f_n)(f_{n+2} - f_{n+1}) - (\varphi_{n+1} - \varphi_n)(\varphi_{n+2} - \varphi_{n+1})$$

oder auch:

$$2d_n^2 - (f_{n+1} - f_n)(f_{n+2} - f_n) - (\varphi_{n+1} - \varphi_n)(\varphi_{n+2} - \varphi_n),$$

wobei d_n den Durchmesser des n-ten Rückkehrkreises bedeutet.

Wir wollen nun den Koordinatenanfangspunkt in den $n-1$-ten Rückkehrpol verlegen, die y-Achse in die Verbindungslinie des n-ten und $n-1$-ten Rückkehrpoles, und zwar in der Richtung vom n-ten zum $n-1$-ten, die x-Achse demgemäß in die gemeinsame Tangente an den n-ten Rückkehrkreis und die $n-1$-te Rückkehrpolbahn. Der Krümmungsmittelpunkt liegt dann auf der neugewählten y-Achse, der Krümmungsradius ist, vom Zeichen abgesehen, gleich:

$$\frac{d_n^2}{2d_n + y_{n+1}},$$

wenn y_{n+1} die Ordinate des $n+1$-ten Rückkehrpoles in bezug auf das neugewählte Koordinatensystem bedeutet. Setzen wir $n = 1$, so erhalten wir den Ausdruck für den Krümmungsradius der festen Polkurve, wie wir ihn früher aufgestellt haben. Die Ordinate des Krümmungsmittelpunktes bestimmt sich genau so wie im einfachsten Falle. Hieraus folgt, daß der Krümmungsmittelpunkt der $n-1$-ten Rückkehrpolbahn ohne jede Schwierigkeit konstruiert werden kann, wenn der $n-1$-te, n-te und $n+1$-te Rückkehrpol gegeben ist, der Krümmungsmittelpunkt der festen Polkurve im Pol also, wenn außer dem Pole der erste und zweite Rückkehrpol gegeben ist.

Liegt der $n+1$-te Rückkehrpol auf der neugewählten x-Achse, so wird der Krümmungsradius gleich:

$$\frac{d_n}{2},$$

liegt er auf der Senkrechten, die in dem n-ten Rückkehrpol zur neu gewählten y-Achse gelegt werden kann, so folgt

$$y_{n+1} = -d_n,$$

oder also es wird der Krümmungsradius gleich d_n. Hieraus folgt mit wenigen Schlüssen der Lehrsatz:

Steht die Verbindungslinie des $n-1$-ten und n-ten Rückkehrpoles auf der Verbindungslinie des $n-1$-ten und $n+1$-ten senkrecht, so ist der n-te Rückkehrkreis der Krümmungskreis der $n-1$-ten Rückkehrpolbahn. Steht dagegen die Verbindungslinie des $n-1$-ten und n-ten Rückkehrpoles senkrecht auf derjenigen des n-ten und $n+1$-ten, so ist der n-te Rückkehrpol der Krümmungsmittelpunkt der $n-1$-ten Rückkehrpolbahn.

§ 26.

Bestimmung der Rückkehr- und Wendepole, wenn die beiden Polkurven Kreise sind.

Wir wollen nun eine spezielle Bewegung, auf die schon früher hingewiesen worden ist, nach den angegebenen Richtungen hin untersuchen.

In der festen Ebene liegt ein Kreis mit dem Mittelpunkte O und der Gleichung:

(1) $$x^2 + y^2 = r^2,$$

in der beweglichen ein Kreis mit dem Mittelpunkte Ω und der Gleichung:

(2) $$\xi^2 + \eta^2 = r_1^2.$$

Der Kreis 2 rollt auf dem Kreise 1. Im Anfangspunkte der Bewegung möge die positive x-Achse durch den Mittelpunkt des beweglichen Kreises hindurchgehen und in der Richtung mit der ξ-Achse übereinstimmen. Die y- und die η-Achse sind gleichsinnig parallel, ϑ wie früher der Winkel, den die positive Richtung der ξ-Achse in irgend einem Bewegungsmoment mit der positiven Richtung der x-Achse einschließt, dann lauten die Bewegungsgleichungen:

(3) $$\begin{aligned} x &= (r + r_1) \cos \varkappa\vartheta + \xi \cos \vartheta - \eta \sin \vartheta, \\ y &= (r + r_1) \sin \varkappa\vartheta + \xi \sin \vartheta + \eta \cos \vartheta, \end{aligned}$$

wobei $\varkappa$ gesetzt ist gleich:

$$\varkappa = \frac{r_1}{r + r_1}.$$

r ist positiv anzunehmen, r_1 auch, wenn die Kreise 1 und 2 sich von außen berühren, dagegen negativ, wenn der Kreis 2 im Kreise 1 rollt oder wenn 2 einschließend auf dem Kreise 1 rollt.

Die Koordinaten des Poles lauten:

$$\begin{aligned} x_p &= r \cos \varkappa\vartheta \\ y_p &= r \sin \varkappa\vartheta. \end{aligned}$$

Die Koordinaten des n — 1-ten Rückkehrpoles hatten wir in der Form dargestellt:

(4) $$\begin{aligned} f_n(\vartheta) &= x_p - (n-1)\, y_p' - (n-1)_2\, x_p'' \ldots, \\ \varphi_n(\vartheta) &= y_p + (n-1) x_p' - (n-1)_2\, y_p'' \ldots. \end{aligned}$$

Setzen wir hierin für ein gerades m:

$$\begin{aligned} x_p^{(m)} &= (-1)^{\frac{m}{2}} r\, \varkappa^m \cos \varkappa\vartheta, \\ y_p^{(m)} &= (-1)^{\frac{m}{2}} r\, \varkappa^m \sin \varkappa\vartheta, \end{aligned}$$

für ein ungerades m:

$$\begin{aligned} x_p^{(m)} &= (-1)^{\frac{m+1}{2}} r\, \varkappa^m \sin \varkappa\vartheta, \\ y_p^{(m)} &= (-1)^{\frac{m-1}{2}} r\, \varkappa^m \cos \varkappa\vartheta, \end{aligned}$$

so ergeben sich nach einigen Rechnungen die Werte:

(5) $$\begin{aligned} f_n(\vartheta) &= r \left(\frac{r\varkappa}{r_1}\right)^{n-1} \cos \varkappa\vartheta, \\ \varphi_n(\vartheta) &= r \left(\frac{r\varkappa}{r_1}\right)^{n-1} \sin \varkappa\vartheta. \end{aligned}$$

Die Koordinaten des n — 1-ten Wendepoles im x, y-System fanden wir resp. gleich:

$$\begin{aligned} F_n(\vartheta) &= x_p + y_p' - x_p'' - y_p''' \ldots, \\ \Phi_n(\vartheta) &= y_p - x_p' - y_p'' + x_p''' \ldots. \end{aligned}$$

Hieraus folgen die Darstellungen:

(6) $$\begin{aligned} F_n(\vartheta) &= (r + r_1)(1 - \varkappa^n) \cos \varkappa\vartheta, \\ \Phi_n(\vartheta) &= (r + r_1)(1 - \varkappa^n) \sin \varkappa\vartheta. \end{aligned}$$

Hiermit sind die sämtlichen Rückkehr- und Wendepole analytisch bestimmt und ergibt sich zu gleicher Zeit der Lehrsatz:

Die sämtlichen Rückkehr- und Wendepolbahnen sind konzentrische Kreise mit dem festen Koordinatenanfangspunkt als gemeinsamem Nullpunkt. Das Analoge gilt für die Rückkehr- und Wendepolkurven, nur ist der gemeinsame Mittelpunkt der Mittelpunkt des beweglichen Kreises.

Aus den aufgestellten Formeln folgt, daß in jedem Augenblick die sämtlichen Rückkehr- und Wendepole auf der Polbahnnormale liegen. Auf eben dieser Linie liegen die Mittelpunkte aller Rückkehr- und Wendekreise. Je zwei aufeinanderfolgende Rückkehr- resp. Wendekreise berühren einander.

Bezeichnen wir die $n-1$-ten Rückkehr- resp. Wendepole durch Ψ_{n-1} resp. W_{n-1}, so folgt:

(7)
$$O\Psi_{n-1} = r\left(\frac{r\varkappa}{r_1}\right)^{n-1},$$
$$OW_{n-1} = (r + r_1)\,(1 - \varkappa^n).$$

Bis hierher gelten die Betrachtungen allgemein. Wir wollen jetzt annehmen, daß r_1 positiv sei, d. h. eine epizykloidische Bewegung vorliege, dann sind die beiden Größen $\varkappa$ und $\frac{r\varkappa}{r_1}$ beide kleiner als 1 und hieraus folgt, daß unter allen Rückkehrpolen der nullte, d. h. der Pol, die größte Entfernung, unter allen Wendepolen der nullte, d. h. wieder der Pol, die kleinste Entfernung von O besitzt. Für $n = \infty$ fällt der entsprechende Rückkehrpol in den Punkt O, der betreffende Wendepol in den Punkt Ω. Wir finden demnach den folgenden Lehrsatz:

Bei der epizykloidischen Bewegung liegen die sämtlichen Rückkehr- und Wendepole auf der jeweiligen Polbahnnormalen, und zwar zwischen dem Pole und dem Mittelpunkte des festen resp. dem Pol und dem Mittelpunkte des beweglichen Kreises. Je höher die Ordnung eines Rückkehr- resp. Wendepoles ist, je mehr nähert er sich dem Mittelpunkt des festen resp. beweglichen Kreises.

Wir können über die Art der Annäherung noch eine Aussage machen. In der Tat, es ist:

$$\frac{O\Psi_n - O\Psi_{n+1}}{O\Psi_{n+1} - O\Psi_{n+2}} = \frac{O\Psi_n}{O\Psi_{n+1}} = \frac{r_1}{\varkappa r},$$
$$\frac{OW_n - OW_{n+1}}{OW_{n+1} - OW_{n+2}} = \frac{1}{\varkappa}.$$

Es ist also der Quotient der Entfernungen, die ein Rückkehr- resp. Wendepol von dem unmittelbar vorangehenden und dem unmittelbar folgenden Punkte derselben Art besitzt, eine konstante Größe, die in beiden Fällen größer als 1 ist. —

Wir nehmen nunmehr an, daß r_1 negativ sei, d. h. daß eine hypozykloidische Bewegung vorliege. Wie wir am Anfang des Paragraphen bemerkten, sind dann zwei Fälle zu unterscheiden, je nachdem der Kreis (2) im Kreise (1) rollt oder (2) einschließend auf (1) rollt. Der zweite

Fall, bei welchem die Bahnkurven wohl auch Perizykloiden genannt werden, kann auf den ersten zurückgeführt werden, da bei der Umkehrung der Bewegung die beiden Kreise (1) und (2) einerseits, die Rückkehr- und Wendepole andererseits ihre Rollen vertauschen.

Wir bleiben demnach beim ersten Falle stehen und wollen bei seiner Betrachtung uns an Stelle von r_1: $-r_1$ gesetzt denken. Es ist dann r_1 gleich der Länge des Radius des beweglichen Kreises.

Die Größe:

$$-x = \frac{r_1}{r - r_1},$$

ist positiv und es wird

$$-x \gtreqless 1,$$

je nachdem besteht:

$$r \lesseqgtr 2r_1.$$

Die Größe

$$\frac{rx}{r_1}$$

ist positiv und größer als 1. Hieraus ergeben sich die folgenden Resultate:

Bei der betrachteten hypozykloidischen Bewegung liegen in jedem Augenblick sämtliche Rückkehrpole auf der Polbahnnormalen, und zwar außerhalb der beiden Polkreise. Sie liegen alle auf derselben Seite des Mittelpunktes des festen Kreises wie der Pol und entfernen sich mit wachsender Ordnungszahl immer mehr von dem letzteren. Die Wendepole liegen auf derselben Linie wie die Rückkehrpole. Ist der Durchmesser des beweglichen Kreises größer als der Radius des festen, so entfernen sich die Wendepole mit wachsender Ordnungszahl immer mehr vom Pol. Sämtliche gerade und sämtliche ungerade Wendepole liegen auf je einer Seite des Poles, und zwar liegen die geraden Wendepole auf derselben Seite wie die Rückkehrpole, die ungeraden auf der entgegengesetzten. Innerhalb des beweglichen Kreises liegen keine Wendepole. Ist der Durchmesser des beweglichen Kreises kleiner als der Radius des festen, so liegen alle Wendepole innerhalb des beweglichen Kreises. Alle ungeraden Wendepole liegen zwischen den Mittelpunkten der Polkreise und alle geraden Wendepole liegen zwischen dem Pol und dem Mittelpunkt des beweglichen Kreises. Sie nähern sich mit wachsender Ordnungszahl unbegrenzt dem Mittelpunkte des letzteren.

Wenn der Durchmesser des beweglichen Kreises gleich dem Radius des festen Kreises ist, also die elliptische Bewegung vorliegt, so fallen in jedem Augenblick sämtliche geraden Wendepole mit dem Pol und alle ungeraden Wendepole mit dem Mittelpunkte des festen Kreises zusammen.

Zum Schlusse soll eine Konstruktion der Rückkehr- und Wendepole gegeben werden.

Für die epizykloidische Bewegung knüpfen wir hierbei an die Formeln an:

$$O\Psi_n = \frac{r}{r_1}\varkappa \cdot O\Psi_{n-1},$$
$$OW_n = (r + r_1)(1 - \varkappa^n),$$

für die betrachtete hypozykloidische an die entsprechenden, in denen an Stelle von r_1: $-r_1$ gesetzt wird. Im ersten Falle tragen wir vom Mittelpunkte O des festen Kreises auf einer beliebigen, durch ihn hindurchgehenden Geraden die Strecke $O\mathfrak{A} = r$ sowie die Strecke $OB = r + r_1$ ab, verbinden B mit dem Pol P geradlinig und ziehen durch $\mathfrak{A}$ zu PB die Parallele, bis sie OP in Ψ_1 schneidet, verbinden ferner Ψ_1 mit B geradlinig und ziehen durch $\mathfrak{A}$ zu $\Psi_1 B$ die Parallele $\mathfrak{A}\Psi_2$ usw. Auf diese Weise ergeben sich alle Rückkehrpole.

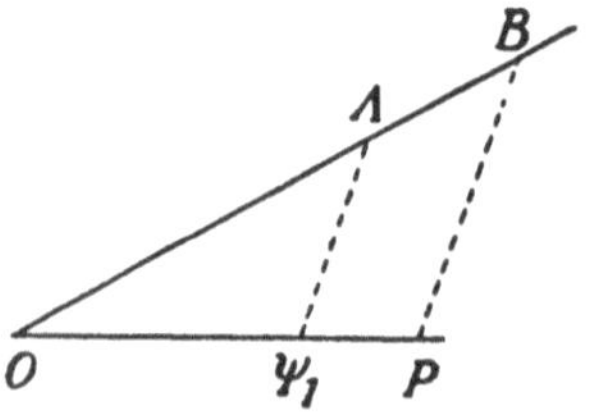

Fig. 28.

Dann tragen wir vom Mittelpunkte des beweglichen Kreises Ω aus auf einer beliebigen, durch ihn hindurchgehenden Geraden die Strecken $\Omega\mathfrak{A}' = r_1$, $\Omega B' = r + r_1$ ab, ziehen $B'P$ und hierzu durch $\mathfrak{A}'$ die Parallele $\mathfrak{A}'W_1$, ferner $B'W_1$ und hierzu durch $\mathfrak{A}'$ die Parallele $\mathfrak{A}'W_2$ usw. Durch Fortsetzung dieses Verfahrens erhalten wir sämtliche Wendepole.

Bei der hypozykloidischen Bewegung ist die Konstruktion der höheren Pole ganz ähnlich. Es ist nur zu bedenken, daß die Wendepole in dem betrachteten Falle auf beiden Seiten des Mittelpunktes des beweglichen Kreises gelegen sind.

Geht die Polbahn in eine gerade Linie über, so modifizieren sich die Resultate. Die entsprechenden Bewegungsgleichungen haben die Form:

$$(8) \qquad \begin{aligned} x &= r_1\vartheta_1 + \xi\cos\vartheta - \eta\sin\vartheta, \\ y &= r_1 + \xi\sin\vartheta + \eta\cos\vartheta. \end{aligned}$$

ϑ_1 ist der Winkel $M\Omega P$, ϑ der Winkel, den die positive ξ-Achse mit der positiven x-Achse einschließt, demnach gleich $2\pi - \vartheta_1$.

Hieraus folgt dann, daß sämtliche Rückkehrpole auf der Polbahnnormalen, und zwar dem negativ gerichteten Teile von ihr, gelegen sind, wobei je zwei aufeinander folgende dieselbe Entfernung r_1 voneinander besitzen. Die Wendepole fallen alle mit dem ersten in den Mittelpunkt des beweglichen Kreises.

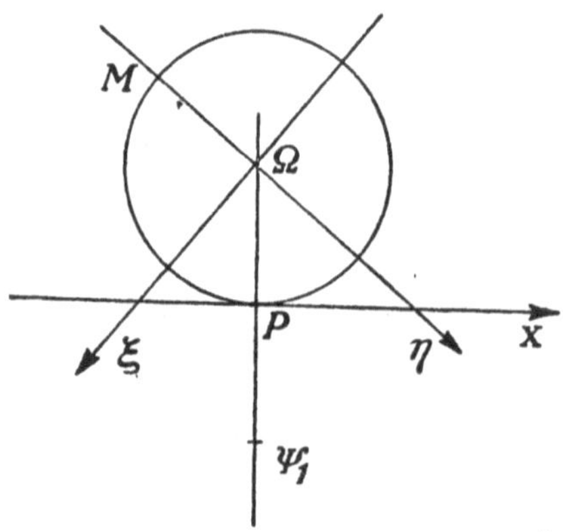

Fig. 29.

§ 27.

Untersuchung der Bewegungen für spezielle Lagen der höheren Pole.

Im vorigen Paragraphen haben wir gesehen, daß die sämtlichen Rückkehr- und Wendepole beständig auf einer und derselben durch den Pol gehenden Geraden gelegen sind, wenn die Polkurven Kreise sind.

Wir wollen jetzt umgekehrt alle Bewegungen untersuchen, bei welchen die genannte Eigenschaft stattfindet. Wir fragen dazu zunächst nach allen Bewegungen, bei denen die sämtlichen Wendepole beständig auf der definierten Geraden gelegen sind. Offenbar sind hierfür die hinreichenden und notwendigen Bedingungen, daß die Gleichungen bestehen:

$$\frac{\Phi_2 - \Phi_1}{F_2 - F_1} = \frac{\Phi_3 - \Phi_2}{F_3 - F_2} = \dots \frac{\Phi_n - \Phi_{n-1}}{F_n - F_{n-1}} \dots \tag{1}$$

Hierbei gelten die Gleichungen:

$$F_n = x_p + y_p' - x_p'' - y_p''' \dots,$$
$$\Phi_n = y_p - x_p' - y_p'' + x_p''' \dots.$$

Setzen wir die hieraus sich ergebenden Werte von F_n und Φ_n in das Gleichungssystem (1) ein, so folgen die Beziehungen:

$$\frac{x_p'}{y_p'} = -\frac{y_p''}{x_p''} = \frac{x_p'''}{y_p'''} = \dots. \tag{2}$$

Damit nun zunächst der erste und der zweite Wendepol beständig auf einer durch den Pol hindurchgehenden Geraden gelegen ist, muß für alle Werte von ϑ die Gleichung bestehen:

$$\frac{x_p'}{y_p'} + \frac{y_p''}{x_p''} = 0 \quad \text{oder auch:} \quad x_p' x_p'' + y_p' y_p'' = 0.$$

Durch Integration ergibt sich hieraus die Beziehung:

$$x_p'^2 + y_p'^2 = c.$$

d. h. der Radius des Wendekreises muß eine konstante Größe sein.

Soll nun auch der dritte Wendepol auf derselben Geraden gelegen sein, so muß die weitere Gleichung bestehen:

$$x_p' y_p''' - x_p''' y_p' = 0.$$

Hieraus ergibt sich, daß der Ausdruck $x_p' y_p'' - x_p'' y_p'$ eine konstante Größe sein muß. Nun hat aber der Krümmungsradius der Polbahn den Wert:

$$\frac{(x_p'^2 + y_p'^2)^{\frac{3}{2}}}{x_p' y_p'' - x_p'' y_p'},$$

er muß also auch bei allen Bewegungen der betrachteten Art unabhängig von ϑ sein. Aus der Beziehung, die zwischen dem Radius des Wendekreises, dem Radius der Polbahn und der Polkurve besteht, folgt dann, daß auch der Radius der Polkurve konstant sein muß. Wir kommen also zu den Bewegungen zurück, die im vorigen Paragraphen untersucht worden sind, wobei auch der Fall eintreten kann, daß einer der beiden Kreise in eine gerade Linie übergeht.

Spezielle Fälle, in denen etwa für einen der betrachteten Werte von n zu gleicher Zeit die Gleichungen bestehen:

$$x_p^{(n)} = 0, \; y_p^{(n)} = 0$$

führen zu keinen weiteren in Betracht zu ziehenden Bewegungen.

Da wir bei den letzten Schlüssen lediglich die drei ersten Wendepole in Betracht gezogen haben, so ergibt sich unter Berücksichtigung der Resultate im vorigen Paragraphen der Lehrsatz:

Liegen in jedem Augenblick die drei ersten Wendepole auf einer durch den Pol gehenden Geraden, so findet dasselbe für alle Wendepole statt. Die beiden entsprechenden Polkurven sind Kreise, deren einer in eine gerade Linie übergehen kann. Die Rückkehrpole liegen sämtlich auf derselben Geraden.

In bezug auf weitere Fragestellungen ähnlicher Art werde auf die zitierte Arbeit von Carl verwiesen.

Fünfter Abschnitt.

Die Burmesterschen Punkte.

§ 28.

Definition und wichtigste Eigenschaften der Burmesterschen Punkte.

Als geometrischen Ort der Punkte, in denen die Bahnkurven mit den entsprechenden Krümmungskreisen vier Punkte gemeinsam haben, ergab sich die Kreispunktkurve. Es fragt sich nun: Gibt es auf der C_3 auch Punkte, in denen eine fünfpunktige Berührung stattfindet? Alle diese Punkte werden im Verlaufe der Bewegung auf der Hüllkurve der C_3 gelegen sein müssen und umgekehrt. Als hinreichende und notwendige Bedingung für eine Berührung der genannten Art ergibt sich also das Zusammenbestehen der Gleichung der C_3 und der Gleichung, die aus der letzteren durch Differentiation nach ϑ entstanden ist.

Die Gleichung der Kreispunktkurve hatten wir in der Form erhalten:

$$e^2w' - 3ee'w = 0, \tag{1}$$

durch Differentiation nach ϑ erhalten wir die weitere Gleichung:

$$e^2w'' - ee'w' - 3w\,(e'^2 + ee'') = 0. \tag{2}$$

Die Größen e^2 und w hatten im x_1, y_1-System den resp. Wert:

$$e^2 = x_1^2 + y_1^2, \quad w = x_1^2 + y_1^2 - a_2x_1 - b_2y_1.$$

Für die Differentiation nach ϑ erinnern wir an die Formeln:

$$\frac{dx_1}{d\vartheta} = -y_1 + b_2, \quad \frac{dy_1}{d\vartheta} = x_1 - a_2.$$

Nach einigen einfachen Rechnungen nimmt Gleichung (2) im x_1, y_1-System die Form an:

$$(a_4x_1 + b_4y_1)(x_1^2 + y_1^2) + (x_1^2 + y_1^2 - a_2x_1 - b_2y_1)\,((4b_3 - 6a_2)\,x_1 - (4a_3 + 6b_2)\,y_1 + 3N^2) = 0. \tag{3}$$

Es empfiehlt sich, auch hier das x_2, y_2-System einzuführen. Es ergibt sich dann die Gleichung:

$$(p_2x + q_2y)(x^2 + y^2) + (x^2 + y^2 - Ny)\,(4qx - (4p - 6N)y + 3N^2) = 0, \tag{4}$$

wobei wie früher gesetzt ist:

$$\begin{aligned} Np_2 &= a_4b_2 - a_2b_4, \\ Nq_2 &= a_4a_2 + b_4b_2. \end{aligned} \tag{5}$$

Der Einfachheit halber ist von dem Index 2 abgesehen worden. Es soll das bis auf weiteres auch in der Folge geschehen. Wir kommen zu derselben Beziehung, wenn wir von der Gleichung der C_3 im x_2, y_2-System ausgehen. Wir hatten sie in der Form gefunden:

$$(6) \qquad (px + qy)(x^2 + y^2) - 3N^2xy = 0.$$

Beim Differenzieren der linken Seite dieser Gleichung haben wir die Formeln zu benutzen:

$$(7) \qquad \begin{aligned} \frac{dx}{d\vartheta} &= -\frac{(p-N)}{N} y + N, \\ \frac{dy}{d\vartheta} &= \frac{p-N}{N} x \end{aligned}$$

und ferner zu erwägen, daß die Beziehungen bestehen:

$$(8) \qquad \begin{aligned} p' &= p_2 - \frac{pq}{N} + 5q, \\ q' &= q_2 + \frac{p_1^2}{N} + p_1. \end{aligned}$$

Wir erhalten dann von neuem die Gleichung (4).

Fassen wir die Resultate zusammen, so ergibt sich der folgende Lehrsatz:

Als hinreichende und notwendige Bedingung für eine fünfpunktige Berührung der genannten Art ergibt sich das Zusammenbestehen der Gleichungen (4) und (6).

Die C_3 wie die durch die Gleichung (4) dargestellte Kurve haben die imaginären Kreispunkte und im Pol drei Punkte gemeinsam. Beides sind Kurven dritter Ordnung. Sie können also nur noch vier weitere Punkte gemeinsam haben. Diese vier Punkte nennt man Burmestersche Punkte.

Es ist nicht schwer, im allgemeinen Falle die Gleichung eines Kegelschnittes anzugeben, auf welchem sie gelegen sind. In der Tat, schreibt man die Gleichung der C_3 in der Form:

$$(p_1x + qy)(x^2 + y^2) = -3Nx(x^2 + y^2 - Ny),$$

so folgt mit Rücksicht auf Gleichung (4) als Gleichung des gesuchten Kegelschnittes, den wir durch K bezeichnen wollen:

$$(9) \quad 3xN(p_2x + q_2y) = (p_1x + qy)(4qx - (4p - 6N)y + 3N^2).$$

Damit ist die aufgestellte Behauptung bewiesen. Der gefundene Kegelschnitt geht durch den Pol, ferner schneidet er die y-Achse in dem Punkte:

$$(10) \qquad y = \frac{3N^2}{2(p + p_1)}.$$

Durch diesen Punkt gehen alle Geraden hindurch, die eine Gleichung von der Form besitzen:

$$\lambda x + (p + p_1)y - \frac{3N^2}{2} = 0,$$

wobei λ einen willkürlichen Parameter bedeutet. Unter diesen Geraden gibt es eine solche, die durch das Fokalzentrum der ursprünglichen Bewegung hindurchgeht, dessen Koordinaten die Werte besitzen:

$$\frac{3N^2q}{2(p^2 + q^2)}, \quad \frac{3N^2p}{2(p^2 + q^2)}.$$

Ihre Gleichung lautet:

$$(q^2 - pp_1)\,x + (p + p_1)\,qy - \frac{3N^2}{2}\,q = 0.$$

Wie man sich überzeugt, bleibt diese Gleichung ungeändert, wenn p und p_1 vertauscht werden. Hieraus folgt das Resultat: Der Schnittpunkt der Polbahnnormalen mit der Verbindungslinie der beiden Fokalzentren liegt auf dem Kegelschnitt K.

Ferner lautet die Gleichung der Tangente, die im Pole an den Kegelschnitt gelegt werden kann:

(11) $$p_1 x + qy = 0.$$

Das war aber die Gleichung der geraden Linie, die durch den Nullpunkt und den Schnittpunkt der Kreispunktkurve mit dem Wendekreis hindurchgeht, d. h. durch den Ballschen Punkt. Mit anderen Worten, wir finden das weitere Resultat: Der Kegelschnitt K hat im Pole die Verbindungslinie des Poles mit dem Ballschen Punkt als Tangente. —

Die x-Achse schneidet er im Punkte (12) mit der Abszisse:

$$3N^2 p_1 : 3Np_2 - 4p_1 q,$$

ferner geht er durch den Schnittpunkt der beiden geraden Linien:

(13) $$p_2 x + q_2 y = 0, \quad 4qx - (4p - 6N)\,y + 3N^2 = 0.$$

Für die umgekehrte Bewegung gelten ähnliche Beziehungen. Die Gleichung der Mittelpunktkurve hatte im x_2, y_2-System unter Wiederaufnahme des Index 2 die Form:

(14) $$(p_1 x_2 + qy_2)\,(x_2^2 + y_2^2) - 3N^2 x_2 y_2 = 0.$$

Auch hier werden wir durch Differentiation nach ϑ die weitere Bedingungsgleichung für die fünfpunktige Berührung des Krümmungskreises mit der Bahnkurve erhalten. Dabei ist aber zu berücksichtigen, daß die Koordinaten des Punktes (x_2, y_2) im x, y-System konstant sind, die Differentialquotienten von x_2 und y_2 nach ϑ also andere werden, wie vorhin, und zwar sind sie gleich den früheren $+y$ resp. $-x$.

Erwägen wir noch die Beziehung:

$$p_1' = p_2 - \frac{pq}{N} + 2q,$$

so ergibt sich die gesuchte Gleichung unter Fortlassung des Index 2 in der Form:

(15) $$(x^2 + y^2)\,(p_2 x + q_2 y - 3N^2) = Ny\,(4qx - (4p - 6N)\,y + 3N^2).$$

Auch diese Gleichung stellt eine zirkuläre Kurve dritter Ordnung dar, die die Mittelpunktskurve, abgesehen vom Anfangspunkte und den imaginären Kreispunkten, in vier Punkten, den Burmesterschen Punkten der umgekehrten Bewegung schneidet.

Auch hier kann ein Kegelschnitt K_1 angegeben werden, auf welchem diese Punkte zusammen mit dem Nullpunkte gelegen sind. Seine Gleichung lautet:

(16) $$3Nx\,(p_2 x + q_2 y - 3N^2) = (p_1 x + qy)\,(4qx - (4p - 6N)\,y + 3N^2).$$

Die quadratischen Glieder dieser Gleichung stimmen mit denen der

Gleichung des Kegelschnittes K überein. Auf dem Kegelschnitte K_1 liegt der Schnittpunkt der Polbahnnormalen mit der Verbindungslinie der beiden Fokalzentren, überdies geht seine Tangente im Nullpunkt durch den Ballschen Punkt der umgekehrten Bewegung.

Die x-Achse schneidet er im Punkte (17) mit der Abszisse:

$$3N^2 p : 3Np_2 - 4p_1 q,$$

überdies liegt auf ihm der Schnittpunkt der beiden geraden Linien:

$$(18) \qquad p_2 x + q_2 y - 3N^2 = 0, \quad 4qx - (4p - 6N)\,y + 3N^2 = 0.$$

Kennen wir also außer dem Pol die drei ersten Wende- oder Rückkehrpole, so sind von jedem der beiden Kegelschnitte außer dem Pole und der Tangente in ihm je drei weitere Punkte bestimmt, die Kegelschnitte können also konstruiert werden. Dasselbe gilt von der Kreis- und der Mittelpunktskurve. Die Burmesterschen Punkte sind dann als Schnittpunkte der beiden Kegelschnitte mit der Kreis- resp. Mittelpunktskurve bestimmt. Auf eine nähere Ausführung der Konstruktion kann verzichtet werden.

Wir können die zu der Gleichung der C_3 hinzutretende Bedingung für die fünfpunktige Berührung des Krümmungskreises mit Hilfe von Polarkoordinaten noch in einer anderen Form darstellen.

Die Gleichung der Kreispunktkurve in Polarkoordinaten lautete:

$$(19) \qquad \frac{1}{r} = \frac{1}{R \sin\varphi} + \frac{1}{S \cos\varphi}.$$

Nun bestehen die Beziehungen:

$$r^2 = x^2 + y^2, \quad \operatorname{tg}\varphi = \frac{y}{x},$$

also folgt:

$$r\frac{dr}{d\vartheta} = x\frac{dx}{d\vartheta} + y\frac{dy}{d\vartheta}, \quad \frac{1}{\cos^2\varphi}\frac{d\varphi}{d\vartheta} = \frac{xy' - yx'}{x^2}.$$

Die Differentialquotienten von x und y nach ϑ stellen sich in der Form dar:

$$x' = -\frac{p-N}{N}\,y + N,$$

$$y' = \frac{p-N}{N}\,x,$$

infolgedessen ergeben sich die Beziehungen:

$$\frac{dr}{d\vartheta} = N\cos\varphi, \quad \frac{d\varphi}{d\vartheta} = N\left(\left(\frac{1}{R} + \frac{1}{R_1}\right) - \frac{\operatorname{tg}\varphi}{S}\right).$$

Die gewünschte Bedingungsgleichung für die fünfpunktige Berührung des Krümmungskreises erhalten wir durch Differentiation aus der Gleichung (19), und zwar ergibt sie sich nach den soeben angegebenen Beziehungen in der Form (20):

$$\operatorname{tg}^4\varphi - S\left(\frac{1}{R} + \frac{1}{R_1}\right)\operatorname{tg}^3\varphi + \left(\frac{S'}{N} - 1\right)\operatorname{tg}^2\varphi + \left(\frac{S^2}{R^2}\frac{R'}{N} - \frac{3S}{R}\right)\operatorname{tg}\varphi + \frac{S^2}{RR_1} = 0.$$

Die Koeffizienten in dieser Gleichung drücken sich durch die Größen R, S, N und deren Differentialquotienten aus. Wir wollen an Stelle der

Größen R und S die Größen p und q einführen, die nach den früheren Betrachtungen mit ihnen durch die Gleichungen verbunden sind:

$$\frac{p}{3N^2} = \frac{1}{R}, \quad \frac{p_1}{3N^2} = \frac{1}{R_1}, \quad \frac{q}{3N^2} = \frac{1}{S}.$$

Hieraus ergeben sich die Beziehungen:

$$p^2R' = 6Npq - 3N^2p', \quad q^2S' = 6Nq^2 - 3N^2q'$$

und nimmt die Gleichung mit der Unbekannten $\operatorname{tg}\varphi$ die Form an·

$$\begin{aligned}(21)\quad & q^2\operatorname{tg}^4\varphi - q\,(p + p_1)\operatorname{tg}^3\varphi + (5q^2 - 3Nq_2 - 3p_1\,(p_1 + N))\operatorname{tg}^2\varphi \\ & + 3(2pq - Np_2 - 5Nq)\operatorname{tg}\varphi + pp_1 = 0.\end{aligned}$$

An diese allgemeinen Betrachtungen knüpfen wir die einiger speziellen Fälle. Wir fragen erstens, wie die biquadratische Gleichung sich gestaltet, wenn der Kegelschnitt K ein Kreis ist.

Wie aus seiner Gleichung sich unmittelbar ergibt, lauten die hinreichenden und notwendigen Bedingungen:

$$\begin{aligned}3Np_2 - 4p_1q &= q\,(4p - 6N),\\ 3Nq_2 - 4q^2 &= -\,p_1\,(4p - 6N).\end{aligned}$$

Setzen wir die hieraus sich ergebenden Werte von p_2 und q_2 in die biquadratische Gleichung ein, so zerfällt die linke Seite in zwei Faktoren, in den Faktor:

$$1 + \operatorname{tg}^2\varphi$$

und den weiteren:

$$q^2\operatorname{tg}^2\varphi - q\,(p + p_1)\operatorname{tg}\varphi + pp_1.$$

Es fallen also zwei der Burmesterschen Punkte mit den imaginären Kreispunkten zusammen.

Für die beiden anderen ergeben sich aus der quadratischen Gleichung die zugehörenden Werte von $\operatorname{tg}\varphi$ resp. in der Form: $p : q$ und $p_1 : q$.

Ein dritter Burmesterscher Punkt ist also das Fokalzentrum der C_3, der letzte der Schnittpunkt der Verbindungslinie des Poles mit dem Fokalzentrum der umgekehrten Bewegung mit der C_3.

Wir untersuchen zweitens den Fall, daß der Kegelschnitt K in zwei gerade Linien zerfällt. Die hinreichende und notwendige Bedingung für das Zerfallen eines Kegelschnittes mit der Gleichung:

$$a_{11}x^2 + 2a_{12}xy + a_{22}y^2 + 2a_{13}x + 2a_{23}y + a_{33} = 0$$

in zwei gerade Linien besteht in dem Verschwinden der Determinante:

$$\begin{vmatrix} a_{11} & a_{12} & a_{13} \\ a_{21} & a_{22} & a_{23} \\ a_{31} & a_{32} & a_{33} \end{vmatrix}.$$

In unserem Falle ergibt sie sich in der Form:

$$p_2q - q_2p_1 = 0$$

oder auch:

$$a_3b_4 - b_3a_4 = 0,$$

d. h. der Ballsche Punkt ist einer der Burmesterschen Punkte.

Der Kegelschnitt zerfällt in die beiden geraden Linien mit den Gleichungen:

$$\begin{aligned}p_1x + qy &= 0,\\ (3Np_2 - 4p_1q)\,x + p_1\,(4p - 6N)\,y - 3N^2p_1 &= 0.\end{aligned}$$

Die erste schneidet die C_3 außer im Ballschen Punkt nur noch im Nullpunkt, die fehlenden drei Burmesterschen Punkte liegen also auf der zweiten geraden Linie, die die Achsen in dem früher für den allgemeinen Fall angegebenen Punkten schneidet.

Zum Ballschen Punkt gehört die Wurzel der biquadratischen Gleichung (21):

$$\operatorname{tg}\varphi = -\frac{p_1}{q},$$

den drei anderen Burmesterschen Punkten entspricht die kubische Gleichung:

$$q \operatorname{tg}^3\varphi - 3(p_1 + N)\operatorname{tg}^2\varphi + \left(5q - \frac{3Np_2}{p_1}\right)\operatorname{tg}\varphi + p = 0.$$

Schließlich möge auf den Fall des unendlich fernen Poles eingegangen werden, wobei wir uns enge an die Betrachtungen und Bezeichnungen von § 9 und 20 anschließen.

Für die Richtungskoeffizienten der Verbindungslinien des Poles mit den Burmesterschen Punkten hatten wir die Gleichung gefunden:

$$\operatorname{tg}^4\varphi - \frac{p + p_1}{q}\operatorname{tg}^3\varphi + \frac{5q^2 - 3Nq_2 - 3p_1(p - 2N)}{q^2}\operatorname{tg}^2\varphi + \frac{3(2pq - Np_2 - 5Nq)}{q^2}\operatorname{tg}\varphi + \frac{pp_1}{q^2} = 0.$$

Erwägen wir die Beziehungen:

$$p_2 = p' + \frac{pq}{N} - 5q,$$

$$q_2 = q' - \frac{p_1^2}{N} - p_1,$$

so kann sie in die Form gebracht werden:

$$\operatorname{tg}^4\varphi - \frac{p + p_1}{q}\operatorname{tg}^3\varphi + \frac{5q^2 - 3Nq'}{q^2}\operatorname{tg}^2\varphi + \frac{3(pq - Np')}{q^2}\operatorname{tg}\varphi + \frac{pp_1}{q^2} = 0.$$

Im Falle des unendlich fernen Poles wird $\operatorname{tg}\varphi$ der Null gleich, doch so, daß

$$\lim (x + x_p)\operatorname{tg}\varphi = \lim x_p \operatorname{tg}\varphi = y$$

wird. Wir haben demgemäß in der biquadratischen Gleichung an Stelle von $\operatorname{tg}\varphi$: $\frac{y}{x_p}$ zu setzen und zur Grenze überzugehen. Als Resultat ergibt sich eine biquadratische Gleichung mit der Unbekannten y.

Wir wollen die Grenzbetrachtung nur für den früher betrachteten Fall etwas weiter führen, in welchem a und b sich in der Form darstellen lassen:

$$a = \alpha_0 \vartheta^{\frac{3}{2}} + \alpha_1 \vartheta^{\frac{5}{2}} + \ldots,$$

$$b = \beta_0 \vartheta^{\frac{1}{2}} + \beta_1 \vartheta^{\frac{3}{2}} + \ldots.$$

Das konstante Glied hat die Form:

$$\lim \frac{pp_1}{q^2} x_p^4.$$

Nun war gesetzt worden:

$$\lim \frac{p x_p^3}{3N^2} = l, \ \lim \frac{p_1 x_p^3}{3N^2} = l'.$$

Es ergibt sich dann mit Rücksicht auf die früher aufgestellten Beziehungen für das konstante Glied der Wert ll'.

Der Faktor von y^2 ist gleich:

$$\lim \frac{5q^2 - 3Nq'}{q^2} x_p^2.$$

Scheinbar wird die Ordnungszahl der zu untersuchenden Größe gleich — 1, der Koeffizient von ϑ^{-1} wird aber der Null gleich. In der Tat, in der Entwicklung von q lautet das niedrigste Glied:

$$\mp \tfrac{3}{8}\beta_0 \, \vartheta^{-\frac{5}{2}},$$

von q':

$$\pm \tfrac{15}{16}\beta_0 \, \vartheta^{-\frac{7}{2}},$$

von N:

$$\pm \tfrac{1}{4}\beta_0 \, \vartheta^{-\frac{3}{2}}.$$

Hieraus folgt die Richtigkeit der Behauptung. Der Koeffizient von y^2 ist ein endlicher Wert, und zwar ergibt er sich gleich $2\beta_0\beta_1$.

Die Koeffizienten von y^3 und y werden Null, so daß die biquadratische Gleichung die Form annimmt:

$$y^4 + 2\beta_0\beta_1 y^2 + ll' = 0.$$

Mit ihrer Hilfe ist die Lage der Burmesterschen Punkte in dem betrachteten Falle bestimmt.

§ 29.

Über das augenblickliche Zerfallen der Kreispunktkurve.

Im vorigen Abschnitt ist die Kreispunktkurve näher untersucht worden. In gewissen Fällen kann sie zerfallen. Es wird das erst in diesem Abschnitt etwas näher untersucht, um die Burmesterschen Punkte mit in Betracht ziehen zu können. Wir heben die folgenden Fälle hervor.

Die Kreispunktkurve zerfällt erstens, wenn:

(1) $$p = 0 \text{ oder } R = \infty, \ q \gtrless 0, \ N \gtrless 0$$

ist, der zweite Rückkehrpol also auf der Polbahntangente gelegen ist. In diesem Falle zerfällt die C_3 in die gerade Linie mit der Gleichung:

(2) $$y = 0,$$

d. h. die Polbahntangente und den Kreis mit der Gleichung:

(3) $$q\,(x^2 + y^2) - 3N^2 x = 0.$$

Letzterer berührt die Polbahnnormale, sein Durchmesser ist gleich:

$$\frac{3N^2}{q} = S.$$

Wir hatten nun seinerzeit ganz allgemein die Beziehungen gefunden:

$$M = -Np + 2N^2, \quad M = -Np + N^2.$$

Für $p = 0$ ergibt sich demnach:

(4) $$M = 2M$$

und hieraus folgt, daß im betrachteten Falle der Krümmungsradius der festen Polkurve halb so groß ist wie der Krümmungsradius der beweglichen Polkurve und zu gleicher Zeit gleich dem Radius des Wendekreises. Die Gleichung der Mittelpunktskurve nimmt die Form an:

$$3Nx\,(x^2 + y^2 + Ny) - qy\,(x^2 + y^2) = 0.$$

Sie zerfällt nicht. Der Rückkehrkreis ist der Krümmungskreis der Mittelpunktskurve im Pol. Um die Burmesterschen Punkte zu finden, muß die Gleichung des Kegelschnittes K hinzugenommen werden. Dann folgt, daß ein Burmesterscher Punkt auf der x-Achse gelegen ist und die Abszisse besitzt:

(5) $$x = \frac{-3N^2}{p_2 + 4q}.$$

Der Nenner ist die Abszisse des dritten Rückkehrpoles. Nimmt man sie als bekannt an, so ist hiernach der eine Burmestersche Punkt in einfacher Weise zu konstruieren.

Die Richtungskoeffizienten, die den Verbindungslinien des Poles mit den drei anderen Burmesterschen Punkten entsprechen, leisten der kubischen Gleichung Genüge:

(6) $$q^2 \operatorname{tg}^3\varphi + 3Nq \operatorname{tg}^2\varphi + (5q^2 - 3Nq_2 - 18N^2) \operatorname{tg}\varphi - 3\,(Np_2 + 5Nq) = 0.$$

Die C_3 zerfällt zweitens, wenn

(7) $$q = 0 \text{ oder } S = \infty, \quad p \gtrless 0, \quad N \gtrless 0$$

ist. Der zweite Wende- und Rückkehrpol liegen in diesem Falle auf der Polbahnnormalen. Als Teilkurven ergeben sich die Linien:

(8) $$x = 0 \text{ und } p\,(x^2 + y^2) - 3N^2 y = 0,$$

d. h. die Polbahnnormale und ein Kreis mit dem Durchmesser:

$$\frac{3N^2}{p} = R,$$

der die Polbahntangente im Pole berührt.

Die Mittelpunktskurve zerfällt in diesem Falle auch, und zwar in die Linien:

(9) $$x = 0, \; p_1\,(x^2 + y^2) - 3N^2 y = 0,$$

d. h. wiederum in die Polbahnnormale und daneben in einen Kreis mit dem Durchmesser:

$$\frac{3N^2}{p_1} = R_1,$$

der die Polbahntangente auch im Pole berührt.

Die Burmesterschen Punkte auf der y-Achse erhalten wir, wenn wir in der Gleichung (4) des vorigen Paragraphen:

$$q = 0, \; x = 0$$

setzen. Ihre Ordinaten leisten der Gleichung Genüge:

(10) $$(q_2 - 4p + 6N)\,y^2 + N\,(4p - 3N)\,y - 3N^3 = 0,$$

so daß also auf der Polbahnnormalen zwei Burmestersche Punkte gelegen sind, die konstruiert werden können, wenn es mit den Größen N, p, q_2 der Fall ist.

Die beiden anderen Burmesterschen Punkte liegen auf dem Kreise:

(11) $$p\,(x^2 + y^2) - 3N^2\,y = 0.$$

Die Richtungskoeffizienten, die zu ihren Verbindungslinien mit dem Pol gehören, leisten der quadratischen Gleichung Genüge:

(12) $$3\,(Nq_2 + p_1\,(p_1 + N))\,\mathrm{tg}^2\varphi + 3Np_2\,\mathrm{tg}\varphi - pp_1 = 0.$$

Von Interesse ist es zu untersuchen, wann eine der Wurzeln dieser Gleichung unendlich groß wird, d. h. noch ein dritter Burmesterscher Punkt auf der y-Achse gelegen ist. Die hinreichende und notwendige Bedingung hierfür lautet:

$$Nq_2 + p_1\,(p_1 + N) = 0,$$

während der Koeffizient von $\mathrm{tg}\varphi$ von Null verschieden ist. Es nimmt dann die entsprechende Ordinate den Wert an:

$$\frac{3N^2}{p} = R,$$

der Punkt fällt also in den zweiten Schnittpunkt des Kreises mit der Polbahnnormale.

Andererseits hatten wir für die Ordinate der beiden ursprünglich auf der Polbahnnormale gelegenen B u r m e s t e r s c h e n Punkte die quadratische Gleichung (10) gefunden. Unter Berücksichtigung der soeben gefundenen Beziehung kann diese Gleichung geschrieben werden:

$$p\,(p - N)\,y^2 - (4p - 3N)\,N^2y + 3N^4 = 0.$$

Eine ihrer Wurzeln ist gleich:

$$\frac{3N^2}{p}.$$

Es fallen also in den Schnittpunkt des Kreises:

$$p\,(x^2 + y^2) - 3N^2y = 0$$

mit der Polbahnnormalen zwei B u r m e s t e r s c h e Punkte.

Auf der Polbahnnormalen liegt dann noch ein dritter B-Punkt mit der Ordinate:

$$\frac{N^2}{p - N}$$

und das ist der Krümmungsmittelpunkt der beweglichen Polkurve.

Drittens zerfällt die C_3, wenn $N = 0$ und p und q von Null verschieden sind, und zwar in die beiden Kurven mit den Gleichungen:

(13) $$x^2 + y^2 = 0, \quad px + qy = 0.$$

Es bietet dieser Fall wenig Interesse und möge darum nicht weitergeführt werden. Ebenso sollen die Fälle nicht weiter untersucht werden, in denen zwei der Größen p, q, N zu gleicher Zeit der Null gleich werden. Weitere Fälle sind nicht möglich, wenn p, q und N als endliche Größen angenommen werden.

In der Tat, für den Fall, daß C_3 zerfällt, muß die identische Gleichung bestehen:

$$(px + qy)(x^2 + y^2) - 3N^2xy = (b_1x + b_2y)(a_{11}x^2 + 2a_{12}xy + a_{22}y^2 + 2a_{13}x + 2a_{23}y),$$

so daß die Beziehungen folgen:

$$a_{11}b_1 = p,\ a_{22}b_2 = q,\ 2a_{13}b_1 = 0,\ 2a_{23}b_2 = 0,\ a_{11}b_2 + 2a_{12}b_1 = q,$$
$$a_{22}b_1 + 2a_{12}b_2 = p,\quad 2a_{13}b_2 + 2a_{23}b_1 = -3N^2.$$

Ist weder p noch q gleich Null, so folgt, daß b_1 und b_2 von Null verschieden und infolgedessen a_{13} und a_{23} der Null gleich sein müssen. Das ist aber nur möglich, wenn N gleich Null ist.

Die Mittelpunktskurve kann in ähnlicher Weise behandelt werden. Wir beschränken uns auf die Betrachtung des Falles, daß $p_1 = 0$ ist, der zweite Wendepol also auf der Polkurventangente gelegen ist. Die Gleichung der Mittelpunktskurve nimmt die Form an:

$$y\,(q\,(x^2 + y^2) - 3N^2x) = 0, \tag{14}$$

die Kurve zerfällt also in die Polbahntangente und den Kreis:

$$q\,(x^2 + y^2) - 3N^2x = 0,$$

der die Polbahnnormale berührt und den Durchmesser $\frac{3N^2}{q} = S$ hat. Die Größen M und $\mathfrak{M}$ nehmen die Gestalt $-N^2$ resp. $-2N^2$ an. Infolgedessen ist der Krümmungsradius der festen Polkurve doppelt so groß wie derjenige der beweglichen Polkurve und ist zu gleicher Zeit gleich dem Durchmesser des Rückkehrkreises.

Die Gleichung der C_3 nimmt die Form an:

$$3Nx\,(x^2 + y^2 - Ny) + qy\,(x^2 + y^2) = 0.$$

Die Kurve zerfällt nicht und hat im Nullpunkt den Wendekreis zum Krümmungskreis.

Ein B-Punkt der umgekehrten Bewegung liegt, wie man leicht erkennt, auf der Polkurventangente und hat die Abszisse:

$$x = \frac{3N^2}{p_2}$$

Im Nenner steht die negative Abszisse des dritten Wendepoles. Der eine Burmestersche Punkt ist somit leicht zu konstruieren, wenn außer dem ersten der dritte Wendepol bekannt ist.

Die Richtungskoeffizienten der Verbindungslinien des Poles mit den drei übrigen B-Punkten leisten einer kubischen Gleichung Genüge, die ohne Schwierigkeiten aufgestellt werden kann.

§ 30.

Über das beständige Zerfallen der Kreispunktkurve.

Wir haben im vorigen Paragraphen die wichtigsten Fälle untersucht, in denen bei einer beliebigen Bewegung in einem Augenblick die C_3 zerfallen kann. Wir fragen jetzt: Wann ist dieses Zerfallen ein dauerndes? Es ist das nur bei bestimmten Bewegungen der Fall, von denen die folgenden charakterisiert werden sollen.

Wir nehmen erstens an, es sei beständig $p = 0$, dann ergibt sich die Differentialgleichung:

(1) $$b_2 a_2' - a_2 b_2' + 2N^2 = 0.$$

Aus ihr folgt:

$$a_2 = b_2 \operatorname{tg} 2 (\vartheta_0 - \vartheta).$$

wobei ϑ_0 eine willkürliche Konstante bedeutet. Setzen wir für a_2 und b_2 ihre Werte ein, so kann diese Gleichung geschrieben werden:

(2) $$a'' + a' \operatorname{tg} 2 (\vartheta_0 - \vartheta) = b'' \operatorname{tg} 2 (\vartheta_0 - \vartheta) - b' = f(\vartheta) \sqrt{\operatorname{tg} 2 (\vartheta_0 - \vartheta)},$$

wobei unter $f(\vartheta)$ eine willkürliche Funktion von ϑ zu verstehen ist. Unter solchen Umständen ergeben sich durch Integration die Beziehungen:

(3) $$\begin{aligned} a' &= \frac{1}{\sqrt{\cos 2 (\vartheta_0 - \vartheta)}} \int f(\vartheta) \sqrt{\sin 2 (\vartheta_0 - \vartheta)}\, d\vartheta + c_1, \\ b' &= \frac{1}{\sqrt{\sin 2 (\vartheta_0 - \vartheta)}} \int f(\vartheta) \sqrt{\cos 2 (\vartheta_0 - \vartheta)}\, d\vartheta + c_2. \end{aligned}$$

Durch nochmalige Integration erhalten wir hieraus sämtliche möglichen Werte von a und b und damit alle möglichen Bewegungen, bei denen beständig $p = 0$ ist, die Kreispunktkurve also dauernd in die Kurven zerfällt:

$$y = 0, \quad q (x^2 + y^2) - 3N^2 x = 0.$$

In den fertigen Formeln kommt eine willkürliche Funktion $f(\vartheta)$ vor. Setzen wir z. B.

(4) $$f(\vartheta) = c \sqrt{\sin 2 (\vartheta_0 - \vartheta) \cos 2 (\vartheta_0 - \vartheta)}$$

und sehen von den Integrationskonstanten ab, so ergeben sich als mögliche Werte:

$$a' = \frac{c}{3} \cos 2 (\vartheta - \vartheta_0),$$

$$b' = \frac{c}{3} \sin 2 (\vartheta - \vartheta_0)$$

und hieraus unter der nämlichen Annahme:

(5) $$\begin{aligned} a &= \frac{c}{6} \sin 2 (\vartheta - \vartheta_0), \\ b &= -\frac{c}{6} \cos 2 (\vartheta - \vartheta_0). \end{aligned}$$

Setzen wir an Stelle von $\frac{c}{6}$: c und nehmen den speziellen Wert:

$$2\vartheta_0 = -\frac{\pi}{2},$$

so erhalten wir die Bewegungsgleichungen:

(6) $$\begin{aligned} x &= c \cos 2 \vartheta + \xi \cos \vartheta - \eta \sin \vartheta, \\ y &= c \sin 2 \vartheta + \xi \sin \vartheta + \eta \cos \vartheta. \end{aligned}$$

Sie stellen bei entsprechender Deutung von c einen speziellen Fall der zyklischen Bewegung dar, bei welchem der Radius des festen Kreises halbmal so groß ist wie der Radius des beweglichen und letzterer den kleineren Kreis beständig einschließt. Es war das nach der allgemeinen Theorie der zyklischen Bewegung vorauszusehen. Zu gleicher Zeit folgt, daß dieses der einzige Fall der zyklischen Bewegung ist, bei welchem die genannte Eigenschaft stattfindet. Zu gleicher Zeit wird in diesem besonderen Fall auch q der Null gleich. Die Kreispunktkurve zerfällt in die beiden geraden Linien:

$$x = 0 \text{ und } y = 0.$$

Die Bedingungsgleichung für die B-Punkte nimmt die Form an:

$$q_2 y (x^2 + y^2) + 3 (2Ny + N^2)(x^2 + y^2 - Ny) = 0$$

oder, da die Beziehung besteht:

$$q_2 = -\frac{p_1^2}{N} - p_1 = -6N,$$

(7) $$x^2 - y^2 - Ny = 0.$$

Es kommt lediglich ein B-Punkt wirklich in Betracht, der Punkt:

$$x = 0, \quad y = -N,$$

d. h. der Rückkehrpol, der zweite Schnittpunkt des festen Kreises mit der Polbahnnormalen, ein Resultat, das vorauszusehen war.

Auch im allgemeinen Falle vereinfacht sich das Problem, die B-Punkte zu finden. In der Tat, es wird:

$$p' = 0, \quad p_2 = -5q.$$

Infolgedessen wird die Abszisse des B-Punktes auf der x-Achse:

$$x = \frac{3N^2}{q} = S.$$

Es ist das der zweite Schnittpunkt des Kreises:

$$q(x^2 + y^2) - 3N^2 x = 0$$

mit der x-Achse. Ferner wird eine Wurzel der kubischen Gleichung mit der Unbekannten $\operatorname{tg}\varphi$ der Null gleich. Der entsprechende Punkt liegt auf der x-Achse und fällt mit dem soeben betrachteten zusammen.

Die beiden anderen B-Punkte liegen auf dem Kreise:

$$q(x^2 + y^2) - 3N^2 x = 0,$$

die Richtungskoeffizienten ihrer Verbindungslinie mit dem Pole leisten der quadratischen Gleichung Genüge:

$$q^2 \operatorname{tg}^2\varphi + 3Nq \operatorname{tg}\varphi + (5q^2 - 3Nq_2 - 18N^2) = 0.$$

Wir nehmen zweitens an, daß q beständig der Null gleich sei. Da die Gleichung besteht:

$$q = \frac{dN}{d\vartheta},$$

so folgt, daß N konstant ist und ebenso würde sich das Umgekehrte ergeben, so daß wir den Lehrsatz erhalten:

F ü r a l l e B e w e g u n g e n , b e i w e l c h e n q b e s t ä n d i g d e r N u l l g l e i c h i s t , h a t d e r R a d i u s d e s W e n d e k r e i s e s e i n e n k o n s t a n t e n W e r t u n d u m g e k e h r t .

Nennen wir diesen konstanten Wert R, so folgt:

$$x_p'^2 + y_p'^2 = R^2.$$

Hieraus ergeben sich die Beziehungen:

(8) $$x_p' = R\cos\varphi, \quad y_p' = R\sin\varphi,$$

wobei φ ein beliebiger Parameter ist. Für eine jede Bewegung muß zwischen φ und ϑ eine Funktionalbeziehung bestehen. Setzen wir etwa:

$$\vartheta = f(\varphi), \tag{9}$$

wobei $f(\varphi)$ eine Funktion von φ bedeutet, so ergeben sich die Gleichungen der festen Polkurve einer jeden Bewegung der betrachteten Art in der Form:

$$\begin{aligned} x_p &= r \int \cos \varphi\, f'(\varphi)\, d\varphi + c_1, \\ y_p &= r \int \sin \varphi\, f'(\varphi)\, d\varphi + c_2. \end{aligned} \tag{10}$$

Setzen wir z. B. ϑ gleich einem vielfachen von φ, so kommen wir zu zyklischen Bewegungen, ein Resultat, das nach den früheren Betrachtungen vorauszusehen war.

Die zuletzt entwickelten Gleichungen stellen die Koordinaten der Punkte der festen Polkurve als Funktionen des Parameters φ dar. Da zwischen ϑ und φ die Gleichung (9) besteht, so können wir die Koordinaten auch als Funktionen von ϑ darstellen, und zwar in der Form:

$$x_p = f_1(\vartheta), \quad y_p = f_2(\vartheta). \tag{11}$$

Wir können aber auch von der Beziehung zwischen φ und ϑ ganz absehen. In der Tat, eine der beiden Funktionen f_1 und f_2 kann völlig willkürlich angenommen werden, dann ist die zweite durch die Gleichung bestimmt:

$$f_2(\vartheta) = \int \sqrt{R^2 - (f_1'(\vartheta))^2}\, d\vartheta + C. \tag{12}$$

Um die Größen a und b zu bestimmen, erinnern wir an die Gleichungen:

$$\begin{aligned} x_p &= a - b', \quad y_p = b + a', \\ x_p' &= a' - b'', \quad y_p' = b' + a'', \end{aligned}$$

aus denen die weiteren folgen:

$$\begin{aligned} a'' + a &= x_p + y_p', \\ b'' + b &= y_p - x_p'. \end{aligned} \tag{13}$$

Die Größen a und b sind also als Integrale je einer linearen Differentialgleichung zweiter Ordnung bestimmt und damit die Gesamtheit der in Betracht kommenden Bewegungen analytisch beschrieben.

Die Kreispunktkurve zerfällt in die beiden Linien:

$$x = 0, \; p(x^2 + y^2) - 3N^2 y = 0.$$

Zwei der B-Punkte liegen jedenfalls auf der y-Achse. Ihre Ordinaten leisten der Gleichung Genüge:

$$p(p - N)\, y^2 - N^2(4p - 3N)\, y + 3N^4 = 0,$$

besitzen demgemäß resp. die Werte:

$$\frac{3N^2}{p} \text{ und } \frac{N^2}{p - N},$$

die schon früher geometrisch gedeutet wurden.

In der quadratischen Gleichung für $\operatorname{tg}\varphi$ wird der Koeffizient von $\operatorname{tg}^2\varphi$ der Null gleich. Es tritt der Fall ein, den wir früher untersucht haben. Auch der dritte B-Punkt liegt auf der y-Achse und fällt mit dem ersten der vorhin untersuchten Punkte zusammen.

Es möge schließlich mit kurzen Worten auf den Fall $p_1 = 0$ eingegangen werden, in welchem die Mittelpunktskurve beständig zerfällt. Es ergibt sich die Beziehung:

$$(14) \qquad b_2 a'_2 - a_2 b'_2 = a_2^2 + b_2^2$$

oder also durch Integration:

$$(15) \qquad \frac{b_2}{a_2} = \operatorname{ctg}(\vartheta - \vartheta_0).$$

Die Verbindungslinie des Wendepoles mit dem Pol bildet also mit der festen x-Achse einen Winkel, der sich von dem Winkel ϑ nur um eine Konstante unterscheidet.

Aus der Gleichung (14) können wir die beiden Differentialgleichungen folgern:

$$(16) \qquad a'' + a' \operatorname{tg}(\vartheta - \vartheta_0) = b'' \operatorname{tg}(\vartheta - \vartheta_0) - b' = F(\vartheta),$$

wobei $F(\vartheta)$ eine beliebige Funktion von ϑ bedeutet.

Hieraus ergeben sich durch Integration die Beziehungen:

$$(17) \qquad \begin{aligned} a' &= \cos(\vartheta - \vartheta_0)\left[\int \frac{F(\vartheta)}{\cos(\vartheta - \vartheta_0)} d\vartheta + c_1\right], \\ b' &= \sin(\vartheta - \vartheta_0)\left[\int \frac{F(\vartheta)}{\sin(\vartheta - \vartheta_0)} \operatorname{ctg}(\vartheta - \vartheta_0)\, d\vartheta + c_2\right]. \end{aligned}$$

Durch nochmalige Integration sind hieraus a und b vollständig bestimmt und damit auch die sämtlichen Bewegungen, bei denen p_1 beständig der Null gleich ist.

Setzen wir $F(\vartheta) = 0$, so kommen wir zu der allein möglichen zyklischen Bewegung, bei welcher beständig $p_1 = 0$ ist, zu der Bewegung nämlich, bei welcher ein Kreis im Innern eines zweiten Kreises rollt, dessen Radius doppelt so groß wie der des ersten ist.

Im übrigen gelten ähnliche Betrachtungen wie im Falle $p = 0$.

Sechster Abschnitt*).

Die zweiten Krümmungsmittelpunkte der Bahnkurven, die höheren Evoluten der Polkurven und Hüllbahnkurven.

§ 31.

Die geometrische Verwandtschaft zwischen den Kurvenpunkten und den entsprechenden zweiten Krümmungsmittelpunkten. Zuordnung entsprechender Punkte bei gegebenen Kurvenpunkten.

Die Koordinaten u, v des Krümmungsmittelpunktes eines Punktes x, y einer Bahnkurve hatten sich in der Form ergeben:

$$(1)\qquad \begin{aligned} u &= x - \frac{e^2}{w}\frac{dy}{d\vartheta}, \\ v &= y + \frac{e^2}{w}\frac{dx}{d\vartheta}. \end{aligned}$$

Wir wenden uns jetzt zu der Untersuchung des zweiten Krümmungsmittelpunktes, dessen Koordinaten wir durch $u^{(1)}$, $v^{(1)}$ bezeichnen wollen. Sie nehmen die Werte an;

$$(2)\qquad \begin{aligned} u^{(1)} &= u - \left(\left(\frac{du}{d\vartheta}\right)^2 + \left(\frac{dv}{d\vartheta}\right)^2\right)\frac{dv}{d\vartheta} : \frac{du}{d\vartheta}\frac{d^2v}{d\vartheta^2} - \frac{dv}{d\vartheta}\frac{d^2u}{d\vartheta^2}, \\ v^{(1)} &= v + \left(\left(\frac{du}{d\vartheta}\right)^2 + \left(\frac{dv}{d\vartheta}\right)^2\right)\frac{du}{d\vartheta} : \frac{du}{d\vartheta}\frac{d^2v}{d\vartheta^2} - \frac{dv}{d\vartheta}\frac{d^2u}{d\vartheta^2}. \end{aligned}$$

Nach einigen kleineren Rechnungen ergeben sich aus den Formeln (1) die Beziehungen:

$$\begin{aligned} \frac{du}{d\vartheta} &= -\frac{C_3}{w^2}x_1, \\ \frac{dv}{d\vartheta} &= -\frac{C_3}{w^2}y_1 \end{aligned}$$

und weiterhin:

$$\begin{aligned} \frac{d^2u}{d\vartheta^2} &= -x_1\frac{d}{d\vartheta}\frac{C_3}{w^2} - \frac{C_3}{w^2}(b_2 - y_1), \\ \frac{d^2v}{d\vartheta^2} &= -y_1\frac{d}{d\vartheta}\frac{C_3}{w^2} + \frac{C_3}{w^2}(a_2 - x_1), \end{aligned}$$

*) In bezug auf diesen Abschnitt werde vor allem verwiesen auf die Arbeit von R. Müller, Über die Krümmung der Bahnevoluten im 36. Bande der Zeitschrift für Mathematik und Physik.

wobei unter C_3 die linke Seite der Kreispunktgleichung zu verstehen ist. Unter solchen Umständen ergeben sich für $u^{(1)}$, $v^{(1)}$ die Werte:

$$(3)\qquad \begin{aligned} u^{(1)} &= u + \frac{C_3 e^2}{w^3} y_1, \\ v^{(1)} &= v - \frac{C_3 e^2}{w^3} x_1. \end{aligned}$$

Wir wollen auch hier das x, y-System einführen, aber wie schon mehrfach vorher von dem Gebrauche der Indizes einstweilen absehen, dann können die Formeln in diesem Koordinatensystem geschrieben werden:

$$(4)\qquad \begin{aligned} w^3 u^{(2)} &= -y\,(N w^2 x - C_3 e^2), \\ w^3 v^{(2)} &= -(N w^2 y^2 + C_3 e^2 x). \end{aligned}$$

Sie stellen eine geometrische Verwandtschaft zwischen den Punkten x, y und den Punkten $u^{(2)}$, $v^{(2)}$ dar, die etwas näher untersucht werden soll.

Im allgemeinen wird einem jeden Punkte x, y ein und nur ein Punkt $u^{(2)}$, $v^{(2)}$ zugeordnet sein. Eine Ausnahme bilden die Punkte, für welche w und zu gleicher Zeit eine oder beide rechten Seiten der letzten Formeln der Null gleich werden. Es geschieht das erstens für den Punkt $x = 0$, $y = N$ und zweitens für die Schnittpunkte des Wendekreises und der Kreispunktkurve. Die letzteren sind der Nullpunkt, der Ballsche Punkt und die imaginären Kreispunkte. Von den letzteren sehen wir zunächst ab, die übrigen Punkte sollen jetzt etwas näher in Betracht gezogen werden. N nehmen wir dabei von Null verschieden an.

Wenn erstens $x = 0$, $y = N$ wird so wird $u^{(2)}$ jedenfalls unendlich groß, es sei denn, daß C_3 und damit auch q der Null gleich wird. Dann gehört der Punkt auch zu den Punkten der zweiten Kategorie, und zwar ist er der Ballsche Punkt und soll daher jetzt außer Betracht gelassen werden.

$v^{(2)}$ dagegen kann unendlich viele Werte annehmen. Es dürfte vielleicht nicht ohne Interesse sein, Wege kennenzulernen, auf welchen diese Werte erreicht werden. Wir beschränken uns hierbei, wie auch später auf den Fall, daß die Annäherungen auf algebraischen Kurven erfolgen, ferner lassen wir bei $u^{(2)}$ und $v^{(2)}$ in der Folge einstweilen den Index (2) fort.

Wir schreiben v in der Form:

$$v = -\frac{N y^2}{w} - \frac{C_3 e^2 x}{w^3}.$$

Der erste Teil wird unendlich, soll dann v einen endlichen Wert annehmen, so muß:

$$\frac{C_3 e^2 x}{w^3}$$

unendlich groß werden. Es geschieht das jedenfalls, wenn wir setzen:

$$x = h_1 (y - N)^2,$$

wobei h_1 sich einem festen von Null verschiedenen Grenzwert h nähert, wenn y sich dem Werte N nähert. Ferner muß der Ausdruck:

$$N w^2 y^2 + C_3 e^2 x$$

in bezug auf $y - N$ mindestens von der Ordnungszahl 3 werden, damit sich ein endlicher Grenzwert von v ergibt. Das ist der Fall, wenn wir setzen:

$$x = -\frac{1}{q}(y-N)^2 + k_1 (y-N)^3, \tag{5}$$

wobei k_1 sich einem endlichen Grenzwert k nähert. Entwickeln wir den Ausdruck:

$$Nw^2y^2 + C_3e^2x$$

nach Potenzen von $y - N$, so wird der Faktor von $(y-N)^3$ eine lineare Funktion von k. Wir können daher k so bestimmen, daß v einen beliebig vorgeschriebenen endlichen Wert annimmt.

Wir setzen jetzt $q = 0$, dann wird:

$$C_3 = px(x^2+y^2) - 3N^2xy,$$

und es nehmen die Zähler von u und v die Form an:

$$-xy(Nw^2 - (x^2+y^2)(p(x^2+y^2) - 3N^2y)),$$
$$-(Nw^2y^2 + x^2(x^2+y^2)(p(x^2+y^2) - 3N^2y)).$$

Um den Punkt $x = 0$, $y = N$ herum ergeben sich die Entwicklungen:

$$w = N(y-N) + x^2 + (y-N)^2,$$
$$e^2 = N^2 + 2N(y-N) + x^2 + (y-N)^2,$$
$$y^2 = N^2 + 2N(y-N) + (y-N)^2.$$

Da wir $p - 3N$ von Null verschieden annehmen können, so erhält der Ausdruck:

$$(x^2+y^2)(p(x^2+y^2) - 3N^2y)$$

im Punkte $x = 0$, $y = N$ einen von Null verschiedenen Wert. Daraus folgt, daß es bei der Betrachtung von u lediglich auf den Grenzwert von:

$$xy(x^2+y^2)(p(x^2+y^2) - 3N^2y) : w^3$$

und damit von:

$$\frac{x}{w^3}$$

ankommt. Je nach den Wegen wird u unendlich groß oder einen beliebig vorgeschriebenen endlichen Grenzwert annehmen können. Letzteres ist der Fall, wenn man sich dem Punkte $x = 0$, $y = N$ auf einem Wege nähert, dessen Gleichung die Form hat:

$$x = h_1(y-N)^3,$$

vorausgesetzt, daß h_1 sich einem endlichen Grenzwerte nähert, wenn y sich dem Werte N nähert. Im ersten Falle wird v im allgemeinen, im zweiten jedenfalls unendlich groß.

Wir nehmen zweitens den Ballschen Punkt, wobei wir annehmen können, daß er weder mit dem Punkte $x = 0$, $y = N$, noch auch mit dem Punkte $x = 0$, $y = 0$ zusammenfällt.

Die zu betrachtenden Gleichungen lauten:

$$w^3u = -y(Nw^2x - C_3e^2),$$
$$w^3v = -(Nw^2y^2 + C_3e^2x).$$

Aus ihnen folgt die weitere Gleichung;

$$ux + vy = -\frac{Ny(x^2+y^2)}{w}.$$

Nähert man sich also in irgendwelcher Weise dem Ballschen Punkte, so liegen die entsprechenden Krümmungsmittelpunkte auf einer geraden Linie, die parallel der Geraden:

$$ux + vy = 0$$

in die Unendlichkeit rückt.

Zweitens aber gilt die Beziehung:

$$uy - vx = \frac{C_3 e^4}{w^3}.$$

Wie nicht näher ausgeführt werden soll, nähert der Ausdruck auf der rechten Seite sich einem beliebigen Grenzwert, wenn man sich dem Ballschen Punkt in bestimmter Weise nähert.

Also liegt der gesuchte Krümmungsmittelpunkt zweitens auf einer geraden Linie, die der Geraden;

$$uy - vx = 0.$$

parallel ist, im übrigen aber jede Lage annehmen kann.

Wir wollen das kurz so ausdrücken: Dem Ballschen Punkte entspricht ein jeder Punkt der unendlich fernen Geraden. Drittens nehmen wir den Nullpunkt.

Die in Betracht kommenden Formeln schreiben wir in der Form:

$$u = -\frac{Nxy}{w} + \frac{C_3 e^2 y}{w^3},$$

$$v = -\frac{Ny^2}{w} - \frac{C_3 e^2 x}{w^3}.$$

Nähern wir uns dem Nullpunkt auf einem Wege:

$$y = h_1 x^r,$$

wobei h_1 sich einem festen, von Null verschiedenen Grenzwerte h nähert und $r > 0$ ist, so werden die ersten Glieder auf der rechten Seite sich der Null nähern, es sei denn, r wäre gleich 2 und die Entwicklung habe die Form:

$$y = \frac{1}{N} x^2 + \varepsilon x^2,$$

$$\lim \varepsilon = 0.$$

Diesen Fall schließen wir zunächst aus.

Es bleiben dann die Ausdrücke zu untersuchen übrig:

$$y\,(x^2 + y^2)\,((x^2 + y^2)\,(px + qy) - 3N^2xy) : w^3 \text{ und:}$$

$$-\,x\,(x^2 + y^2)\,((x^2 + y^2)\,(px + qy) - 3N^2xy) : w^3.$$

Der erste Ausdruck hat stets den Grenzwert Null. Beim zweiten ergeben sich andere Resultate. Wird r kleiner als 2, so hat v den Grenzwert Null, wird r größer als 2, so ergibt sich der Grenzwert $-p$, wird $r = 2$, so folgt:

$$\lim v = -\frac{p - 3N^2 h}{(1 - Nh)^3}. \tag{6}$$

Fassen wir die Resultate zusammen, so folgt, daß v einen jeden endlichen Wert annehmen kann, und zwar einen jeden für drei und nur drei Werte von h, wobei die Grenzfälle nicht hervorgehoben zu werden brauchen.

Es bleibt der Fall zu betrachten übrig, daß die Annäherung auf Kurven von der Form vor sich geht:

(7) $$y = \frac{1}{N} x^2 + \varepsilon x^2.$$

Der Zähler von u lautet:

$$- y (N w^2 x - C_3 e^2).$$

Schließen wir zunächst den Fall $p = 3N$ aus, so wird er in bezug auf x von der siebenten Ordnung unendlich klein. Der Nenner wird von einer Ordnung unendlich klein, die größer als 6 ist. Dann folgt, daß ε so bestimmt werden kann, daß u einen beliebig vorgeschriebenen Grenzwert annimmt.

Der Zähler von v lautet:

$$- (N w^2 y^2 + C_3 e^2 x).$$

Er wird, wenn $p - 3N$ von Null verschieden ist, von der Ordnungszahl 6 unendlich klein, also v unendlich groß.

Der Fall $p = 3N$, in welchem der Ballsche Punkt in den Nullpunkt fällt, ist ähnlich zu behandeln.

Wir fragen jetzt, ob es Punkte gibt, die sich selbst entsprechen.

Setzen wir in den Verwandtschaftsgleichungen:

$$x = u, \quad y = v,$$

so nehmen sie die Form an:

$$(w^2 x - C_3 y)(x^2 + y^2) = 0,$$
$$(w^2 y + C_3 x)(x^2 + y^2) = 0.$$

Diese beiden Gleichungen bestehen erstens für die Koordinaten der Schnittpunkte des Wendekreises und der C_3 zusammen. Diese Punkte sind betrachtet worden und sind hier außer Betracht zu lassen. Es bleiben daher als selbstentsprechende Punkte lediglich die übrig, deren Koordinaten der Gleichung Genüge leisten:

$$x^2 + y^2 = 0$$

Wir finden demgemäß den Lehrsatz:

Jeder Punkt der beiden Geraden, die den Pol mit den imaginären Kreispunkten verbinden, entspricht sich selbst.

Wir wollen ferner noch einige besondere Zuordnungen in Betracht ziehen. Setzen wir in den Verwandtschaftsgleichungen $y = 0$, so ergeben sich, wie immer auch x gewählt sein möge, für u und v die resp. Werte:

$$u = 0, \quad v = -p.$$

Der Nullpunkt soll an dieser Stelle nicht noch einmal in Betracht gezogen werden, dann können wir den Lehrsatz aussprechen:

Allen Punkten der Polbahntangente im x, y-System entspricht im u, v-System ein und derselbe Punkt auf der Polbahnnormalen mit der Ordinate $-p$.

Liegt ein Punkt x, y auf dem Wendekreis, so entspricht ihm im u, v-System der unendlich ferne Punkt auf der Normalen zur Verbindungslinie des Poles mit dem Punkte x, y. Auch hier soll auf die Ausnahmepunkte nicht noch einmal eingegangen werden.

Endlich wollen wir noch die unendlich fernen Punkte in der x, y-Ebene in Betracht ziehen. Setzen wir:

$$y = mx,$$

so ergeben sich für w, e^2, C_3 die resp. Werte:

$$(8)\quad \begin{aligned} w &= x\left((1+m^2)\,x - mN\right),\\ e^2 &= (1+m^2)\,x^2,\\ C_3 &= (1+m^2)\,(p+mq)\,x^3 - 3mN^2x^2. \end{aligned}$$

Setzen wir diese Ausdrücke in die ursprünglichen Verwandtschaftsgleichungen ein, so ergeben sich für $x = \infty$ die entsprechenden Werte von u und v resp. gleich:

$$(9)\quad \begin{aligned} u &= -\frac{m\,(N-(p+mq))}{1+m^2},\\ v &= -\frac{(Nm^2+p+mq)}{1+m^2}. \end{aligned}$$

Schließen wir den Fall:

$$m^2 + 1 = 0$$

aus, so sind sie stets endlich. Die Elimination von m ergibt als geometrischen Ort der entsprechenden Punkte den Kreis

$$u^2 + v^2 - qu + (p+N)\,v + Np = 0,$$

d. h. den zweiten Rückkehrkreis. Unter solchen Umständen erhalten wir den Lehrsatz:

Den unendlich fernen Punkten im x, y-System entsprechen im u, v-System die Punkte des zweiten Rückkehrkreises.

Hierbei ist von den imaginären Kreispunkten abgesehen.

§ 32.

Fortsetzung. Zuordnung entsprechender Kurven bei gegebenen Kurven in der x, y-Ebene.

Nachdem wir im vorigen Paragraphen die Zuordnung einiger besonderer Punkte untersucht haben, wollen wir jetzt die Zuordnung einiger Kurven in Betracht ziehen.

Hierbei wollen wir an Stelle der ursprünglichen Transformationsgleichungen zwei andere wählen, die sich aus ihnen in einfacher Weise ergeben und im wesentlichen als gleichwertig mit ihnen anzusehen sind:

$$(1)\quad \begin{aligned} & w\,(ux+vy) = -Ny\,(x^2+y^2),\\ & f\,(ux+vy) + N\,(uy-vx)\,(x^2+y^2) - N^2u\,(2w+Ny) = Nf_1, \end{aligned}$$

wobei gesetzt ist;

$$f = q\,(x^2+y^2) - N\,(2N-p)\,x, \quad f_1 = px\,(x^2+y^2) + N^2xy.$$

Wir fragen zuerst nach dem Bilde der geraden Linie:

$$(2)\qquad y = mx$$

in der u, v-Ebene. Unter Berücksichtigung der Gleichungen (8) des vorigen Paragraphen nimmt die erste der Gleichungen (1) nach Fortlassung des Faktors x^3 auf beiden Seiten die Form an:

$$(u + mv)\,((1 + m^2)\,x - mN) + mN\,(1 + m^2)\,x = 0.$$

Eine leichte Rechnung ergibt dann als Gleichung der Bildkurve:

$$(3) \qquad m^3N^3\,(v - mu) = (u + mv)^2\,((u + mv)\,(p_1 + mq) - 3mN^2).$$

Unter solchen Umständen ergibt sich der Lehrsatz:

Einer durch den Nullpunkt hindurchgehenden Geraden in der x, y-Ebene entspricht in der u, v-Ebene eine kubische Parabel, die durch den Nullpunkt hindurchgeht und die Gerade:

$$v - mu = 0$$

in ihm berührt.

Setzen wir insbesondere $m = 0$, so folgt als Bildkurve der Polkurventangente die dreifach zu zählende Polkurvennormale in der u, v-Ebene. Erwägen wir, daß jedem Punkte der Polkurventangente mit Ausnahme des Nullpunktes als einziger zugeordneter Punkt der Punkt $u = 0, v = -p$ entspricht, so folgt, daß bei der zuletzt gewählten Anschauungsweise dem Nullpunkte die dreifach zu zählende Polkurvennormale zugeordnet werden kann. Jedenfalls zerfällt in dem betrachteten Fall die Parabel. Ebendasselbe findet statt, wenn:

$$m = -\frac{p_1}{q}$$

gesetzt wird, die Gerade also durch den Ballschen Punkt hindurchgeht. Die Kurve zerfällt dann in einen endlichen und einen unendlichen Teil. Der erstere ist eine gewöhnliche Parabel.

Endlich möge noch der Fall betrachtet werden, daß m einen der beiden Werte $\pm i$ annimmt. Wir beschränken uns auf den Fall $+ i$. Die Gleichung der Kurve dritter Ordnung zerfällt dann in die Gleichung der geraden Linie;

$$u + iv = 0$$

und die Gleichung des Geradenpaares:

$$(u + iv)\,[(u + iv)\,(p + iq) - 3N\,(u + i\,(v + N))] + N^3 = 0.$$

Die im Endlichen gelegenen Punkte der geraden Linie:

$$u + iv = 0$$

entsprechen, wie bewiesen, denselben Punkten in der x, y-Ebene, daher wird das Geradenpaar als Bildkurve des einen imaginären Kreispunktes anzusehen sein. Für $m = -i$ gilt das Analoge. Unter solchen Umständen erhalten wir den Lehrsatz:

Jedem der imaginären Kreispunkte in der x, y-Ebene entsprechen in der u, v-Ebene je zwei durch ihn hindurchgehende imaginäre Gerade.

Mit diesem Lehrsatz ist eine Ergänzung der Betrachtungen des vorigen Paragraphen gegeben.

Im Falle die gerade Linie $y = mx + n$ nicht durch den Nullpunkt hindurchgeht, ergibt sich als ihr Bild im allgemeinen eine Kurve sechster Ordnung. Wie aus dem Früheren folgt, geht sie durch den Punkt $u = v$, $v = -p$ hindurch, ferner liegen auf ihr die beiden Punkte mit den resp. Koordinaten u, v, die aus den Gleichungen bestimmt sind:

$$(n - N)\, v + Nn = 0,$$
$$N\,(n - N)^2 u + q n^2 v = 0 \quad \text{und}$$
$$u + m\,(v + N) = 0,$$
$$qu - N\,(v + p) + m\,(qv + Nu) = 0.$$

Ferner hat sie die unendlich ferne Gerade zweimal zur stationären Tangente, weil den beiden Schnittpunkten der vorgelegten Geraden mit dem Wendekreis unendlich ferne Punkte zugeordnet sind. —

Besonders einfach gestaltet sich die Untersuchung eines Kreises, der im Nullpunkt die x-Achse berührt, dessen Gleichung also die Form hat:

$$x^2 + y^2 - \varkappa y = 0.$$

Aus ihr und der ersten Verwandtschaftsgleichung (1) ergeben sich die Beziehungen:

$$Dx = -\varkappa\,((\varkappa - N)\, v + \varkappa N)\,(\varkappa - N)\, u,$$
$$Dy = \varkappa\,(\varkappa - N)^2 u^2,$$

wobei gesetzt ist:

$$D = (\varkappa - N)^2 u^2 + ((\varkappa - N)\, v + \varkappa N)^2.$$

Setzt man die hieraus folgenden Werte von x und y in die zweite Verwandtschaftsgleichung ein, so ergibt sich als Gleichung der Bildkurve: (4)

$$(\varkappa - N)^4\,(u^2 + v^2) - (\varkappa - N)\, q \varkappa^3 u + \varkappa\,(\varkappa - N)\,((\varkappa - N)^2 N + p\varkappa^2 - 3\varkappa N^2)\, v$$
$$= \varkappa^3 N\,(3N^2 - \varkappa p).$$

Unter solchen Umständen ergibt sich der Lehrsatz:

Einem Kreise in der x, y-Ebene, der im Nullpunkt die x-Achse berührt, entspricht in der u, v-Ebene wieder ein Kreis.

Im allgemeinen wird der letztere nicht durch den Nullpunkt hindurchgehen, es wird das vielmehr lediglich dann der Fall sein, wenn $\varkappa$ den Wert:

$$\frac{3N^2}{p}$$

besitzt oder also gleich dem Durchmesser des einen Krümmungskreises der C_3 im Pole ist. —

Die Verwandtschaftsgleichungen lehren auf Grund der Eliminationstheorie, daß einer Kurve von der Ordnungszahl n in der x, y-Ebene im allgemeinen eine Kurve von der Ordnungszahl $6n$ entspricht. Da dem Nullpunkt die dreifach zählende y-Achse entspricht, so folgt, daß beim Durchgang einer Kurve durch den Nullpunkt die Ordnungszahl der entsprechenden Kurve um drei fällt. Da ferner dem Schnittpunkt des Wendekreises und der Kreispunktkurve, der vom Nullpunkte verschieden ist, die unendlich ferne Gerade entspricht, so fällt beim Durchgang der ursprünglichen Kurve durch diesen Punkt die Ordnungszahl der Bildkurve um eins und endlich folgt aus der Form der Verwandtschaftsgleichungen, daß beim Durchgang einer Kurve in der x, y-Ebene durch einen imaginären Kreispunkt die Ordnungszahl der entsprechenden Kurve in der u, v-Ebene um zwei fällt.

§ 33.

Fortsetzung. Zuordnung entsprechender Punkte bei gegebenen zweiten Krümmungsmittelpunkten.

Wir haben bisher Gebilde in der x, y-Ebene uns vorgelegt gedacht und die entsprechenden in der u, v-Ebene untersucht. Die Umkehrung möge nur kurz in Betracht gezogen werden.

Zunächst betrachten wir die Zuordnung entsprechender Punkte.

Die Kurven, die den beiden Verwandtschaftsgleichungen entsprechen, sind bei gegebenem u, v-Kurven dritter Ordnung, die beide durch die imaginären Kreispunkte hindurchgehen. Der Nullpunkt ist bei der ersten Kurve ein Doppelpunkt, dessen beide Tangenten durch die Gleichung dargestellt werden:

$$y\,(ux + vy) = 0. \tag{1}$$

Die zweite Kurve geht auch durch den Nullpunkt und berührt in ihm die x-Achse. Hieraus folgt, daß die beiden Kurven sich nur noch in vier weiteren Punkten schneiden können, wir also den Lehrsatz erhalten:

Einem jeden Punkte der u, v-Ebene entsprechen im allgemeinen vier Punkte der x, y-Ebene.

Die genauere Zuordnung ist mit größeren Schwierigkeiten verknüpft. Wir begnügen uns mit den folgenden Bemerkungen.

Die Kurve dritter Ordnung, welche durch die zweite Verwandtschaftsgleichung dargestellt wird, hat im Nullpunkte im allgemeinen keinen Doppelpunkt, wohl aber ist es der Fall, wenn $u = 0$ gesetzt wird. Die Tangenten im Nullpunkte haben dann bei allgemeinem v die Gleichung:

$$xy = 0. \tag{2}$$

Hieraus folgt, daß die beiden Kurven dritter Ordnung in diesem Falle sich nur noch in einem Punkte schneiden können. Es ist nicht schwer, die Koordinaten dieses Punktes zu bestimmen. In der Tat, die Kurve dritter Ordnung, die durch die erste Verwandtschaftsgleichung dargestellt wird, zerfällt in diesem Falle in die x-Achse und den Kreis mit der Gleichung:

$$(N + v)\,(x^2 + y^2) - Nvy = 0, \tag{3}$$

die wir kurz schreiben wollen:

$$x^2 + y^2 - ly = 0. \tag{4}$$

Die x-Achse schneidet die zweite Kurve nur im Nullpunkt, der Kreis im Nullpunkt und in einem Punkte, der auf der geraden Linie mit der Gleichung:

$$-N\,((2N - p + l)\,v + lp + N^2)\,x + lqvy = 0 \tag{5}$$

gelegen ist. Seine Koordinaten sind aus der angegebenen Gleichungen unmittelbar zu bestimmen.

Es möge noch die Frage aufgeworfen werden, ob Verwandtschaften der angegebenen Art existieren, bei denen die beiden Kurven dritter Ordnung bei allgemein gehaltenen u, v sich außer in den angegebenen Punkten in weniger als vier Punkten schneiden. In einem solchen Falle würden einem jeden Punkte der u, v-Ebene weniger als vier Punkte der x, y-Ebene entsprechen. Es ist das der Fall, wenn die beiden Kurven dritter Ordnung im Nullpunkt mehr Punkte als im allgemeinen Fall gemeinsam haben. Einen solchen Fall haben wir soeben hervorgehoben, freilich war hierbei u nicht allgemein, sondern gleich Null gesetzt worden. Von diesem Falle sehen wir ab. Dann kann die zweite Kurve dritter Ordnung im Nullpunkt keinen Doppelpunkt besitzen, und es fragt sich nur noch, ob die beiden Kurven dritter Ordnung eine Berührung eingehen können, die höher als von der ersten Ordnung ist, bei welchen die entsprechenden Krümmungskreise also zusammenfallen.

Die Gleichung der ersten Kurve lautet:

$$\varphi = w\,(ux + vy) + Ny\,(x^2 + y^2) = 0.$$

In Betracht kommt der Kurvenzweig, der die x-Achse berührt, für den also:

$$\frac{dy}{dx} = 0$$

ist. Um den zweiten Differentialquotienten zu bilden, haben wir dreimal zu differenzieren und erhalten die Gleichung:

$$\frac{\partial^3\varphi}{\partial x^3} + 3\,\frac{\partial^2\varphi}{\partial x\partial y}\,\frac{d^2y}{dx^2} = 0.$$

Nun ist aber:

$$\frac{\partial^3\varphi}{\partial x^3} = 6u, \quad \frac{\partial^2\varphi}{\partial x\partial y} = -Nu,$$

also folgt:

$$\frac{d^2y}{dx^2} = \frac{2}{N}.$$

Der Krümmungsradius im Nullpunkt ist also gleich $\frac{N}{2}$.

Die zweite Kurve hat die Gleichung:

$$\psi = f\,(ux + vy) + N\,(uy - vx)\,(x^2 + y^2) - N^2u\,(2w + Ny) - Nf_1 = 0.$$

Da auch in diesem Falle der erste Differentialquotient von y nach x der Null gleich wird, so folgt der zweite aus der Gleichung:

$$\frac{\partial^2\psi}{\partial x^2} + \frac{\partial\psi}{\partial y}\,\frac{d^2y}{dx^2} = 0.$$

Im Nullpunkt ergeben sich die Werte:

$$\frac{\partial\psi}{\partial y} = -N^3u,$$

$$\frac{\partial^2\psi}{\partial x^2} = -2u\,(4N^2 - Np).$$

Unter solchen Umständen folgt:

(6) $$\frac{d^2y}{dx^2} = \frac{8N - 2p}{N^2}.$$

Soll daher die Berührung der beiden Kurven von der Ordnungszahl 2 sein, so muß die Gleichung:

$$p = 3N$$

bestehen, und wir erhalten den Lehrsatz:

Einem jeden Punkte der u, v-Ebene entsprechen im allgemeinen drei und nur drei Punkte der x, y-Ebene, wenn $p = 3N$ und demgemäß der Krümmungsradius der festen Polkurve doppelt so groß ist wie der der beweglichen.

§ 34.

Fortsetzung. Untersuchung der Kurven in der x, y-Ebene, welche den geraden Linien in der u, v-Ebene entsprechen.

Die Untersuchung von Kurven in der x, y-Ebene, welche vorgelegten Kurven in der u, v-Ebene entsprechen, ist keine einfache. Wir beschränken uns auf den Fall der geraden Linie:

(1) $$v = mu + n.$$

Die Verwandtschaftsgleichungen schreiben wir in der Form:

$$w^3 u = -y\,(Nw^2 x - C_3 e^2),$$
$$w^3 v = -(Nw^2 y^2 + C_3 e^2 x).$$

Die Gleichung der entsprechenden Kurve nimmt dann die Form an:

(2) $$w^2\,(Ny\,(y - mx) + nw) + C_3 e^2\,(x + my) = 0.$$

Sie ist von der Ordnungszahl 6 und bizirkular, der Nullpunkt ist im allgemeinen ein zweifacher Punkt mit der dreifach zählenden Polkurventangente als Tangente. Falls $n = 0$ ist, wird die Singularität eine höhere Ferner geht die Kurve durch den Ballschen Punkt, für welchen zu gleicher Zeit w und C_3 der Null gleich wird und hat in ihm dieselbe Tangente wie die Kreispunktkurve.

Die beiden imaginären Kreispunkte sind Doppelpunkte der bizirkularen Kurve. Die Asymptoten in dem einen erhalten wir, wenn wir:

$$y = ix + \mu$$

in die Kurvengleichung einsetzen und den Koeffizienten der höchsten Potenz von x der Null gleich machen. Dann ergibt sich die quadratische Gleichung:

(3) $$4\,(N - p - qi)\,\mu^2 + 2N^2\mu + N^3 = 0,$$

deren Wurzeln durch μ_1 und μ_2 bezeichnet werden mögen.

Im anderen Kreispunkt haben die Asymptoten die Gleichungen:

(4) $$y = -ix + \nu,$$

wobei ν der quadratischen Gleichung genügt:

(5) $$4\,(N - p + qi)\,\nu^2 + 2N^2\nu + N^3 = 0,$$

deren Wurzeln ν_1 und ν_2 sein mögen. ν_1 möge konjugiert komplex zu μ_1 sein. Unter solchen Umständen finden wir den Lehrsatz:

Alle Kurven sechster Ordnung in der x, y-Ebene, die geraden Linien in der u, v-Ebene entsprechen, haben in den imaginären Kreispunkten dieselben Asymptoten.

Sie besitzen demnach zwei reelle Doppelbrennpunkte. Nennen wir deren Koordinaten x_1. y_1 resp. x_2, y_2, so gelten die Gleichungen:

$$y_1 - ix_1 = \mu_1, \quad y_1 + ix_1 = \nu_1,$$
$$y_2 - ix_2 = \mu_2, \quad y_2 + ix_2 = \nu_2.$$

Die wirkliche Berechnung bietet keinerlei Schwierigkeiten dar.

Definieren wir zwei Größen A und B durch die Gleichungen:

$$2A = N(4p - 3N) + N\sqrt{(4p - 3N)^2 + 16q^2},$$
$$2B = -N(4p - 3N) + N\sqrt{(4p - 3N)^2 + 16q^2},$$

so ergeben sich für x_1 und y_1 die Werte:

$$\begin{aligned} x_1 &= -N(q(N + A) + B(N - p)) : (N - p)^2 + q^2, \\ y_1 &= -N(Bq + (N + A)(p - N)) : (N - p)^2 + q^2. \end{aligned} \tag{6}$$

Die Werte von x_2 und y_2 ergeben sich hieraus, indem an Stelle von A und B resp. $-A$ und $-B$ gesetzt wird.

§ 35.

Die Evoluten der Polkurven.

Es sollen in diesem Paragraphen Beziehungen zwischen den Rückkehr- und Wendepolen und der Krümmung der Polkurven und ihrer Evoluten entwickelt werden.

Die Gleichungen der beiden Polkurven im festen und beweglichen System mögen in polaren Linienkoordinaten bzw. lauten:

$$d = \chi(\varepsilon), \quad \delta = \chi_1(\omega).$$

Dabei kann gesetzt werden:

$$\varepsilon = \vartheta + \omega. \tag{1}$$

ε soll der Winkel der positiven Richtung der y_2-Achse gegen diejenige der x-Achse sein, ϑ die frühere Bedeutung haben. Dann fällt die positive Richtung der x_2-Achse mit der negativen Richtung der Tangente beider Polkurven im Sinne des § 7 zusammen.

Die Krümmungsradien der beiden Polkurven haben die Werte:

$$d + d'', \quad \delta + \delta'', \tag{2a}$$

diejenigen ihrer n-ten Evoluten:

$$d^{(n)} + d^{(n+2)}, \quad \delta^{(n)} + \delta^{(n+2)}, \tag{2 b}$$

wobei die Striche bzw. die in Klammern gesetzten Größen Differentiationen nach dem Argument bedeuten. Die Vorzeichen der Krümmungsradien geben an, ob dieselben auf einer gerichteten Geraden mit dem Richtungswinkel $\varepsilon + (n + 2)\frac{\pi}{2}$ gegen die positive x-Achse positiv oder negativ gerichtet sind, wobei der n-te Krümmungsradius einer Kurve nach dem n-ten Krümmungsmittelpunkt gerichtet sein soll.

Sind ϱ_p, $\varrho_{p,n}$ die Krümmungsradien der Polbahn bzw. ihrer n-ten Evolute, die zum momentanen Pol gehören, und rechnen wir dieselben positiv oder negativ, je nachdem sie mit der x_2- bzw. y_2-Achse gleichgerichtet sind oder nicht, so erkennt man mit Rücksicht auf die Gleichungen (2 a) und (2 b) und die Vorzeichenfestsetzung die Richtigkeit der Beziehungen:

$$\varrho_{p,1} = -\frac{d\varrho_p}{d\varepsilon}, \quad \varrho_{p,n+1} = (-1)^{n+1}\frac{d\varrho_{p,n}}{d\varepsilon}. \tag{3}$$

Für die Polkurve gelten bei analoger Bezeichnungsweise die Gleichungen:

$$\varrho_{\pi,1} = -\frac{d\varrho_\pi}{d\omega}, \quad \varrho_{\pi,n+1} = (-1)^{n+1}\frac{d\varrho_{\pi,n}}{d\omega}.$$

Ist s_p die Bogenlänge der Polkurven und soll $\frac{ds_p}{d\vartheta} \gtrless 0$ sein, je nachdem in dem betrachteten Augenblick die Bogenlänge nach der positiven oder negativen Seite der x_2-Achse zunimmt, so gelten auch mit Rücksicht auf die Zeichen die Gleichungen:

$$\frac{ds_p}{d\vartheta} = \varrho_p \frac{d\varepsilon}{d\vartheta} = \varrho_\pi \frac{d\omega}{d\vartheta}.$$

Wir erhalten demnach die Formeln:

$$\frac{d\varrho_p}{ds_p} = -\frac{\varrho_{p,1}}{\varrho_p}, \quad \frac{d\varrho_{p,n}}{ds_p} = (-1)^{n+1}\frac{\varrho_{p,n+1}}{\varrho_p} \tag{4}$$

bzw.

$$\frac{d\varrho_\pi}{ds_p} = -\frac{\varrho_{\pi,1}}{\varrho_\pi}, \quad \frac{d\varrho_{\pi,n}}{ds_p} = (-1)^{n+1}\frac{\varrho_{\pi,n+1}}{\varrho_\pi}. \tag{5}$$

Die Koordinaten des $(n-1)$-ten Rückkehrpoles in bezug auf das x, y-System waren f_n, φ_n. Seine Koordinaten in bezug auf das jeweilige x_2, y_2-System sind demnach:

$$\begin{aligned} f_{n,2} N &= -\frac{dx_p}{d\vartheta}(f_n - x_p) - \frac{dy_p}{d\vartheta}(\varphi_n - y_p), \\ \varphi_{n,2} N &= \frac{dy_p}{d\vartheta}(f_n - x_p) - \frac{dx_p}{d\vartheta}(\varphi_n - y_p), \end{aligned} \tag{6}$$

wobei gesetzt ist:

$$N = +\sqrt{\left(\frac{dx_p}{d\vartheta}\right)^2 + \left(\frac{dy_p}{d\vartheta}\right)^2}. \tag{7}$$

$\frac{df_{n,2}}{d\vartheta}$ kann als Summe der beiden Ausdrücke dargestellt werden:

$$-\frac{dx_p}{d\vartheta}\left(\frac{df_n}{d\vartheta} - \frac{dx_p}{d\vartheta}\right) - \frac{dy_p}{d\vartheta}\left(\frac{d\varphi_n}{d\vartheta} - \frac{dy_p}{d\vartheta}\right) : N$$

und:

$$N\left(-\frac{d^2x_p}{d\vartheta^2}(f_n - x_p) - \frac{d^2y_p}{d\vartheta^2}(\varphi_n - y_p)\right) + \frac{dN}{d\vartheta}\left(\frac{dx_p}{d\vartheta}(f_n - x_p) + \frac{dy_p}{d\vartheta}(\varphi_n - y_p)\right) : N^2.$$

Mit Rücksicht auf die Gleichungen (6) und die Beziehungen:

$$f_{n+1} = f_n - \frac{d\varphi_n}{d\vartheta}, \quad \varphi_{n+1} = \varphi_n + \frac{df_n}{d\vartheta} \tag{8}$$

läßt sich der erste Summand schreiben:

$$\varphi_{n+1,2} - \varphi_{n,2} + N.$$

Der zweite Summand kann infolge der Gleichungen (6) und (7) in die Form gebracht werden:

$$\frac{\varphi_{n,2}}{N^2}\left(\frac{dx_p}{d\vartheta}\frac{d^2y_p}{d\vartheta^2}-\frac{dy_p}{d\vartheta}\frac{d^2x_p}{d\vartheta^2}\right).$$

Bedenkt man, daß $f_1 = x_p$, $\varphi_1 = y_p$ ist, so kann man den zweiten Summanden infolge der Formeln (6) und (8) auch schreiben:

$$\varphi_{n,2}+\frac{\varphi_{3,2}-\varphi_{2,2}}{N}\varphi_{n,2}.$$

Nun war in § 21 $\varphi_{2,2} = -N$ gefunden worden, so daß wir erhalten:

$$\frac{df_{n,2}}{d\vartheta}=\varphi_{n+1,2}-\varphi_{2,2}-\frac{\varphi_{3,2}-\varphi_{2,2}}{\varphi_{2,2}}\varphi_{n,2}. \tag{9}$$

Ähnlich beweist man die Richtigkeit der Gleichung:

$$\frac{d\varphi_{n,2}}{d\vartheta}=-f_{n+1,2}+\frac{\varphi_{3,2}-\varphi_{2,2}}{\varphi_{2,2}}f_{n,2}. \tag{10}$$

Sind $x_{p,2}$, $y_{p,2}$ die Koordinaten des momentanen Poles im x_2, y_2-System der beliebigen Phase ϑ_0, so ist für $\vartheta = \vartheta_0$:

$$x_{p,2}=0,\quad y_{p,2}=0,\quad \frac{dy_{p,2}}{d\vartheta}=0.$$

Ferner gilt, und zwar mit Rücksicht auf unsere Festsetzungen auch hinsichtlich des Zeichens, für $\vartheta = \vartheta_0$:

$$\frac{ds_p}{d\vartheta}=\frac{dx_{p,2}}{d\vartheta}.$$

Sind $x_p^{(0)}$, $y_p^{(0)}$ die Koordinaten des Poles der Phase ϑ_0 in bezug auf das x, y-System, so ist:

$$x_{p,2}=-\left(\frac{dx_p}{d\vartheta}\right)_0(x_p-x_p^{(0)})-\left(\frac{dy_p}{d\vartheta}\right)_0(y_p-y_p^{(0)}):N_0,$$

wobei der Index 0 andeuten soll, daß die Differentialquotienten für $\vartheta = \vartheta_0$ gebildet worden sind. Durch Differentiation erhalten wir:

$$\frac{dx_{p,2}}{d\vartheta}=-\left(\frac{dx_p}{d\vartheta}\right)_0\frac{dx_p}{d\vartheta}-\left(\frac{dy_p}{d\vartheta}\right)_0\frac{dy_p}{d\vartheta}:N_0.$$

Für $\vartheta = \vartheta_0$ ergibt sich:

$$\left(\frac{ds_p}{d\vartheta}\right)_0=\left(\frac{dx_{p,2}}{d\vartheta}\right)_0=-N_0.$$

Da es sich um eine ganz beliebige Phase handelt, so besteht die Beziehung:

$$\frac{ds_p}{d\vartheta}=-N. \tag{11}$$

Wir erinnern an die in §§ 13, 21 gefundenen Gleichungen:

$$\varphi_{3,2}=-p,\quad p=b_2a_3-a_2b_3+3N^2:N,$$

$$\frac{1}{PY_p}=\frac{1}{\varrho_n}=\frac{N^2-M}{N^3},\quad M=(a'-b'')(b''+a''')-(b'+a'')(a''-b'''),$$

aus denen die weitere folgt:

$$\frac{\varphi_{3,2}}{\varphi_{2,2}}-1=\frac{N}{\varrho_\pi}. \tag{12}$$

Infolge der Gleichungen (11) und (12) und der in § 13 erwähnten Beziehung:

$$\frac{1}{\varrho_\pi} - \frac{1}{\varrho_p} = \frac{1}{N}$$

gehen die Formeln (9) und (10) über in:

$$(13) \qquad \begin{aligned} (\varrho_p - \varrho_\pi)\, f_{n+1,2} &= \varrho_p\, f_{n,2} + \varrho_p\, \varrho_\pi \frac{d\varphi_{n,2}}{ds_p}, \\ (\varrho_p - \varrho_\pi)\, \varphi_{n+1,2} &= \varrho_p\, \varphi_{n,2} - \varrho_p\, \varrho_\pi \frac{df_{n,2}}{ds_p} - \varrho_p\, \varrho_\pi. \end{aligned}$$

Infolge dieser und der Formeln (4) und (5) können die Koordinaten der Rückkehrpole im x_2, y_2-System durch die Krümmungsradien der Polkurven und ihrer Evoluten ausgedrückt werden, und zwar erhält man in den einfachsten Fällen:

$$(14\,a) \qquad f_{2,2} = 0, \quad \varphi_{2,2} = \varrho_p\, \varrho_\pi : \varrho_\pi - \varrho_p,$$

$$(14\,b) \qquad \begin{aligned} f_{3,2} &= \varrho_p^3\, \varrho_{\pi,1} - \varrho_\pi^3\, \varrho_{p,1} : (\varrho_p - \varrho_\pi)^3, \\ \varphi_{3,2} &= \varrho_p\, \varrho_\pi\, (\varrho_\pi - 2\varrho_p) : (\varrho_p - \varrho_\pi)^2. \end{aligned}$$

Für die Koordinaten der höheren Rückkehrpole ergeben sich kompliziertere Ausdrücke.

Aus den Formeln (14 a) und (14 b) folgt umgekehrt:

$$(15) \qquad \varrho_p = \varphi_{2,2}^2 : 2\varphi_{2,2} - \varphi_{3,2}, \quad \varrho_\pi = \varphi_{2,2}^2 : \varphi_{2,2} - \varphi_{3,2}.$$

Die Gleichungen (4) und (5), (9), (10), (11), (15) setzen uns in den Stand, die Krümmungsradien sämtlicher Evoluten der beiden Polkurven durch die Koordinaten der Rückkehrpole auszudrücken.

Verstehen wir für den Augenblick unter $f_{n,2}$, $\varphi_{n,2}$ die Koordinaten des $(n-1)$-ten Wendepoles in bezug auf das ξ_2, η_2-System, so bleiben die Formeln (9) und (10) bestehen, wenn ϑ durch $\vartheta_1 = -\vartheta$ ersetzt wird. Nennen wir die Koordinaten des $(n-1)$-ten Wendepoles in bezug auf das x_2, y_2-System $F_{n,2}$, $\Phi_{n,2}$, so erhalten wir, da $x_2 = -\xi_2$, $y_2 = -\eta_2$, $\vartheta = -\vartheta_1$ ist, die Beziehungen:

$$(16) \qquad \begin{aligned} \frac{dF_{n,2}}{d\vartheta} &= -\Phi_{n+1,2} + \Phi_{2,2} + \frac{\Phi_{3,2} - \Phi_{2,2}}{\Phi_{2,2}} \Phi_{n,2}, \\ \frac{d\Phi_{n,2}}{d\vartheta} &= F_{n+1,2} - \frac{\Phi_{3,2} - \Phi_{2,2}}{\Phi_{2,2}} F_{n,2}. \end{aligned}$$

Nun waren in §§ 13, 22 die Gleichungen gefunden worden:

$$\Phi_{2,2} = N, \; \Phi_{3,2} = -p + 3N,$$

$$\frac{1}{PV_p} = \frac{1}{\varrho_p} = -\frac{M}{N^3}, \; M = (a' - b'')\,(b'' + a''') - (b' + a'')\,(a'' - b'''),$$

aus denen die weitere folgt:

$$(17) \qquad \frac{\Phi_{3,2}}{\Phi_{2,2}} - 1 = -\frac{N}{\varrho_p}.$$

Infolge der Gleichungen (11) und (17) und der Beziehung:

$$\frac{1}{\varrho_\pi} - \frac{1}{\varrho_p} = \frac{1}{N}$$

können die Formeln (16) geschrieben werden:

$$(18)\qquad \begin{aligned} (\varrho_\pi - \varrho_p)\, F_{n+1,2} &= \varrho_\pi\, F_{n,2} + \varrho_\pi\, \varrho_p \frac{d\Phi_{n,2}}{ds_p}, \\ (\varrho_\pi - \varrho_p)\, \Phi_{n+1,2} &= \varrho_\pi\, \Phi_{n,2} - \varrho_\pi\, \varrho_p \frac{dF_{n,2}}{ds_p} - \varrho_\pi\, \varrho_p. \end{aligned}$$

Es können demnach die Koordinaten der Wendepole durch die Krümmungsradien der Polkurven und ihrer Evoluten ausgedrückt werden und umgekehrt, wie nach den vorangegangenen Betrachtungen ohne weiteres ersichtlich ist.

Die in diesem Paragraphen entwickelten Formeln finden sich, anders abgeleitet, im wesentlichen bei R. Müller, Beiträge zur Theorie des ebenen Gelenkviereckes, Braunschweig 1897 (Festschrift), abgedruckt im 42. Bande der Zeitschr. f. Math. u. Physik.

Es sollen an dieser Stelle noch einige Darstellungen der Größe S gegeben werden. Dieselbe war eingeführt worden durch die Gleichung:

$$\frac{1}{S} = \frac{q}{3N^2}.$$

Wir erinnern an die in §§ 21, 22 gefundenen Beziehungen:

$$F_{3,2} = f_{3,2} = q, \quad -\Phi_{2,2} = \varphi_{2,2} = -N,$$

aus denen folgt:

$$(19)\qquad \frac{1}{S} = \frac{1}{3}\frac{f_{3,2}}{\varphi^2_{2,2}} = \frac{1}{3}\frac{F_{3,2}}{\Phi^2_{2,2}},$$

wonach S sofort konstruiert werden kann, wenn $f_{3,2}$, $\varphi_{2,2}$ oder $F_{3,2}$, $\Phi_{2,2}$ bekannt sind.

Infolge der Gleichungen (14a) und (14b) und der Beziehung:

$$\frac{1}{\varrho_\pi} - \frac{1}{\varrho_p} = \frac{1}{N}$$

kann $\frac{1}{S}$ geschrieben werden:

$$(20)\qquad \frac{1}{S} = \frac{N}{3}\left(\frac{\varrho_{\pi,1}}{\varrho_\pi^3} - \frac{\varrho_{p,1}}{\varrho_p^3}\right),$$

eine Formel, die auf anderem Wege von Grübler (Zeitschrift für Math. und Physik, Band 37) abgeleitet worden ist. Schließlich kann $\frac{1}{S}$ auch in die Form gebracht werden:

$$(21)\qquad \frac{1}{S} = \frac{1}{3\,(\varrho_p - \varrho_\pi)}\left(\frac{\varrho_p\,\varrho_{\pi,1}}{\varrho_\pi^2} - \frac{\varrho_\pi\,\varrho_{p,1}}{\varrho_p^2}\right).$$

Auch die Formeln (20) und (21) gestatten elementare Konstruktionen der Größe S.

§ 36.

Die Evoluten einer beliebigen Hüllbahnkurve.

Im folgenden sollen Beziehungen zwischen der Krümmung einer Hüllbahnkurve und ihrer Evoluten und den Rückkehr- und Wendepolen angegeben werden.

Bedeuten ϱ, ϱ_e die Abstände der Krümmungsmittelpunkte einer Systemkurve und der zugehörigen Einhüllenden vom Pol, φ' den Winkel, den der Normalstrahl, auf welchem sich die genannten beiden Kurven berühren, mit der positiven Richtung der x_2-Achse bildet, so gilt nach § 14 die Beziehung:

$$\frac{1}{N} = \left(\frac{1}{\varrho} - \frac{1}{\varrho_e}\right) \cos \varphi, \tag{1}$$

wenn $\varphi = \frac{\pi}{2} - \varphi'$ gesetzt wird. Dabei ist auf dem Normalstrahl φ, wie üblich, die Richtung PW_φ als positiv angenommen worden, wobei W_φ den Schnittpunkt des betrachteten Normalstrahles mit dem Wendekreis bedeutet. Sind $f_{n,2}$, $\varphi_{n,2}$ die Koordinaten des $(n-1)$-ten Rückkehrpoles in bezug auf das x_2, y_2-System, so ergibt sich aus der Gleichung (1) ohne weiteres die folgende:

$$\varrho_e = \varphi_{2,2}\,\varrho \cos \varphi : \varrho + \varphi_{2,2} \cos \varphi. \tag{2}$$

Es mögen nun die Gleichungen der Polbahn, der betrachteten System- und Hüllkurve in den entsprechenden Systemen in polaren Linienkoordinaten bzw. lauten:

$$d = \chi(\varepsilon), \quad \lambda = f(\omega), \quad l = F(\psi),$$

wobei gesetzt werden kann:

$$\psi = \vartheta + \omega,$$

ε, ψ sollen die Winkel der positiven Richtungen der y_2-Achse und des Normalstrahles φ gegen diejenige der x-Achse sein. In § 35 hatten wir bei gleicher Bedeutung des Winkels ε die Beziehungen gefunden:

$$\frac{ds_p}{d\vartheta} = \varrho_p \frac{d\varepsilon}{d\vartheta}, \quad \frac{ds_p}{d\vartheta} = -N,$$

woraus folgt:

$$N = -\varrho_p \frac{d\varepsilon}{d\vartheta} = (d + d'') \frac{d\varepsilon}{d\vartheta}. \tag{3}$$

Dabei hat ϱ_p das Vorzeichen der Ordinate des Krümmungsmittelpunktes der Polbahn im x_2, y_2-System.

Es seien nun ϱ_o, $\varrho_{e,o}$ bzw. ϱ_n, $\varrho_{e,n}$ die Krümmungsradien der Systemkurve und ihrer Einhüllenden bzw. deren n-ten Evoluten. Die Vorzeichen sollen so gewählt werden, daß die Krümmungsradien $\gtreqless 0$ sind, je nachdem sie mit der positiven Richtung des Normalstrahls φ bzw. einer um $3\frac{\pi}{2}$ gedrehten gerichteten Geraden gleich gerichtet sind oder nicht, wobei über die Richtung der Krümmungsradien dasselbe gelten soll wie im § 35. Dann gelten die Gleichungen:

$$\varrho_{e,o} = -(l + l''), \quad \varrho_o = -(\lambda + \lambda''); \tag{4 a}$$

$$\varrho_{e,n} = (-1)^n \frac{d\varrho_{e,n-1}}{d\psi}, \quad \varrho_n = (-1)^n \frac{d\varrho_{n-1}}{d\omega}, \tag{4 b}$$

wobei wir wegen der Vorzeichen auf die Ausführungen der §§ 7, 35 verweisen.

Ist B der momentane Berührungspunkt der Systemkurve mit ihrer Einhüllenden, so bestehen die Beziehungen:

$$\varrho_e = PB + \varrho_{e,o}, \quad \varrho = PB + \varrho_o$$

oder:

$$\varrho_e = l - (x_p \cos \psi + y_p \sin \psi) - (l + l''),$$
$$\varrho = l - (x_p \cos \psi + y_p \sin \psi) - (\lambda + \lambda'').$$

Nun gelten die Gleichungen:

$$x_p = d \cos \varepsilon - d' \sin \varepsilon, \quad y_p = d \sin \varepsilon + d' \cos \varepsilon$$

und somit die weitere:

$$x_p \cos \psi + y_p \sin \psi = d \cos \varphi - d' \sin \varphi,$$

wenn man bedenkt, daß:

$$\varepsilon = \psi + \varphi$$

ist. Die Größen ϱ_e und ϱ lassen sich daher auch folgendermaßen darstellen:

(5 a) $$\varrho_e = d' \sin \varphi - d \cos \varphi - l'',$$

(5 b) $$\varrho = d' \sin \varphi - d \cos \varphi + l - (\lambda + \lambda'').$$

Infolge der Gleichungen:

$$\psi = \vartheta + \omega, \ \varepsilon = \psi + \varphi$$

bestehen die weiteren:

(6) $$\frac{d\psi}{d\vartheta} = 1 + \frac{d\omega}{d\vartheta}, \ \frac{d\varepsilon}{d\vartheta} = \frac{d\psi}{d\vartheta} + \frac{d\varphi}{d\vartheta}.$$

Durch Differentiation der Gleichung (5 a) nach ϑ erhalten wir bei Beachtung von (6):

$$\frac{d\varrho_e}{d\vartheta} = (d + d'') \sin \varphi \frac{d\varepsilon}{d\vartheta} - (d' \cos \varphi + d \sin \varphi + l''') \frac{d\psi}{d\vartheta}.$$

Da die Koordinaten des Normalstrahles φ ohne Rücksicht auf dessen Richtungssinn im x, y-System lauten:

$$l', \quad \psi + \frac{\pi}{2},$$

so gilt die Gleichung:

$$-x_p \sin \psi + y_p \cos \psi - l' = 0$$

oder:

(7) $$d \sin \varphi + d' \cos \varphi - l' = 0,$$

so daß wir finden:

$$\frac{d\varrho_e}{d\vartheta} = (d + d'') \sin \varphi \frac{d\varepsilon}{d\vartheta} - (l' + l''') \frac{d\psi}{d\vartheta}.$$

Da $\varrho_{e,1} = l' + l'''$ ist, erhalten wir mit Rücksicht auf die Gleichung (3) die weitere:

(8) $$\varrho_{e,1} = N \sin \varphi - \frac{d\varrho_e}{d\vartheta} : \frac{d\psi}{d\vartheta}.$$

Die Differentiation der Gleichung (7), die in jedem Augenblick gilt, nach ϑ liefert bei Beachtung von (6):

$$(d + d'') \cos \varphi \frac{d\varepsilon}{d\vartheta} + (d' \sin \varphi - d \cos \varphi - l'') \frac{d\psi}{d\vartheta} = 0,$$

woraus sich in Verbindung mit (5 a) und (3) ergibt:

(9) $$\frac{d\psi}{d\vartheta} = -\frac{1}{\varrho_e}(d + d'')\cos\varphi\frac{d\varepsilon}{d\vartheta} = -\frac{N\cos\varphi}{\varrho_e},$$

so daß wir die Beziehung erhalten:

(10) $$\varrho_{e,1} = \frac{\varrho_e}{N\cos\varphi}\left(\frac{d\varrho_e}{d\vartheta} - N\sin\varphi\right)$$

oder mit Rücksicht auf die Gleichung (1):

(10 a) $$\varrho_{e,1} = \frac{\varrho}{N\cos\varphi - \varrho}\left(\frac{d\varrho_e}{d\vartheta} - N\sin\varphi\right).$$

Aus der ersten der Gleichungen (4 b) folgt dann:

(11) $$\varrho_{e,n} = (-1)^{n-1}\frac{\varrho_e}{N\cos\varphi}\frac{d\varrho_{e,n-1}}{d\vartheta}$$

oder auch:

(11 a) $$\varrho_{e,n} = (-1)^{n-1}\frac{\varrho}{N\cos\varphi - \varrho}\frac{d\varrho_{e,n-1}}{d\vartheta}.$$

Durch Differentiation der Gleichung (5 b) folgt in Verbindung mit den Gleichungen (1), (3), (6), (7) und (9):

(12) $$\frac{d\varrho}{d\vartheta} = N\left(\frac{\varrho_1}{\varrho}\cos\varphi + \sin\varphi\right).$$

Aus der zweiten der Gleichungen (4 b) folgt dann in Verbindung mit den Gleichungen (6) und (9):

(13) $$\frac{d\varrho_n}{d\vartheta} = (-1)^n\left(1 + \frac{N\cos\varphi}{\varrho_e}\right)\varrho_{n+1}$$

oder

(13 a) $$\frac{d\varrho_n}{d\vartheta} = (-1)^n\frac{N\cos\varphi}{\varrho}\varrho_{n+1}.$$

Aus den Gleichungen (3), (6), (9) ergibt sich:

(14) $$\frac{d\varphi}{d\vartheta} = N\left(\frac{\cos\varphi}{\varrho_e} - \frac{1}{\varrho_p}\right) = \frac{N}{\varrho}\cos\varphi - \frac{N}{\varrho_p} - 1.$$

Infolge der Gleichung (12) des § 35 und der Beziehung:

$$\frac{1}{\varrho_\pi} - \frac{1}{\varrho_p} = \frac{1}{N}$$

besteht die weitere:

$$\frac{N}{\varrho_p} + 1 = \frac{\varphi_{3,2}}{\varphi_{2,2}} - 1,$$

so daß wir erhalten:

(14 a) $$\frac{d\varphi}{d\vartheta} = 1 - \frac{\varphi_{3,2}}{\varphi_{2,2}} - \frac{\varphi_{2,2}}{\varrho}\cos\varphi.$$

Ersetzen wir noch in den Gleichungen (2), (10 a), (11 a), (12), (13 a), (14 a), soweit das noch nicht geschehen, N durch $\varphi_{2,2}$ vermöge der Gleichung $\varphi_{2,2} = -N$, so finden wir das Formelsystem:

$$(15)\quad\begin{cases}\varrho_c = \varphi_{2,2}\,\varrho\cos\varphi : \varrho + \varphi_{2,2}\cos\varphi,\\ \varrho_{e,1} = -\varrho\left(\dfrac{d\varrho_e}{d\vartheta} + \varphi_{2,2}\sin\varphi\right) : \varrho + \varphi_{2,2}\cos\varphi,\\ \varrho_{e,n} = (-1)^n\varrho\,\dfrac{d\varrho_{e,n-1}}{d\vartheta} : \varrho + \varphi_{2,2}\cos\varphi,\ n = 2, 3, \ldots\\ \dfrac{d\varrho}{d\vartheta} = -\varphi_{2,2}\left(\dfrac{\varrho_1}{\varrho}\cos\varphi + \sin\varphi\right),\\ \dfrac{d\varrho_n}{d\vartheta} = (-1)^{n+1}\varphi_{2,2}\cos\varphi\,\dfrac{\varrho_{n+1}}{\varrho},\quad n = 1, 2, \ldots\\ \dfrac{d\varphi}{d\vartheta} = 1 - \dfrac{\varphi_{3,2}}{\varphi_{2,2}} - \dfrac{\varphi_{2,2}}{\varrho}\cos\varphi.\end{cases}$$

Berücksichtigt man die Formeln (9) und (10) des § 35, so kann man die Krümmungsradien $\varrho_{e,1}, \varrho_{e,2}, \ldots$ der Evoluten der Hüllbahnkurve durch die Größe ϱ, die Krümmungsradien der Evoluten der gegebenen Systemkurve, den Winkel φ und die Koordinaten der Rückkehrpole ausdrücken.

In dem angegebenen Formelsystem können die Koordinaten der Rückkehrpole durch diejenigen der Wendepole ersetzt werden. Wir haben nur zu bedenken, daß nach § 21, 22 die Gleichungen gelten:

$$\Phi_{2,2} = -\varphi_{2,2} = N,\quad \frac{\Phi_{3,2}}{\Phi_{2,2}} - 1 = 2 - \frac{\varphi_{3,2}}{\varphi_{2,2}} = -\frac{N}{\varrho_p}.$$

Wir können dann ϱ_e und die Krümmungsradien $\varrho_{e,1}, \varrho_{e,2} \ldots$ der Hüllbahnkurve durch die Größe ϱ, die Krümmungsradien der Evoluten der gegebenen Systemkurve, den Winkel φ und die Koordinaten der Wendepole ausdrücken, wenn wir die Gleichungen (16) des vorigen Paragraphen erwägen.

Sind uns zwei Systemkurven nebst ihren Einhüllenden gegeben, so sind wir mit Hilfe unserer Formeln imstande, die Koordinaten der Rückkehr- und Wendepole zu berechnen.

Die Gleichungen (15) können noch etwas anders geschrieben werden, wenn man bedenkt, daß die Gleichungen gelten:

$$f_{3,2} = q = a_2 a_3 + b_2 b_3 : N = \frac{dN}{d\vartheta} = -\frac{d\varphi_{2,2}}{d\vartheta}.$$

Man erhält dann:

$$(16)\quad\begin{cases}\varrho_e = \varphi_{2,2}\,\varrho\cos\varphi : \varrho + \varphi_{2,2}\cos\varphi,\\ \varrho_{e,1} = \varrho\left(f_{3,2}\dfrac{d\varrho_e}{d\varphi_{2,2}} - \varphi_{2,2}\sin\varphi\right) : \varrho + \varphi_{2,2}\cos\varphi,\\ \varrho_{e,n} = (-1)^{n-1} f_{3,2}\,\varrho\,\dfrac{d\varrho_{e,n-1}}{d\varphi_{2,2}} : \varrho + \varphi_{2,2}\cos\varphi,\ n = 2, 3, \ldots\\ \dfrac{d\varrho}{d\varphi_{2,2}} = \dfrac{\varphi_{2,2}}{f_{3,2}}\left(\dfrac{\varrho_1}{\varrho}\cos\varphi + \sin\varphi\right),\\ \dfrac{d\varrho_n}{d\varphi_{2,2}} = (-1)^n\dfrac{\varphi_{2,2}}{f_{3,2}}\dfrac{\varrho_{n+1}}{\varrho}\cos\varphi,\quad n = 1, 2, \ldots\\ \dfrac{d\varphi}{d\varphi_{2,2}} = \dfrac{1}{f_{3,2}}\left(\dfrac{\varphi_{2,2}}{\varrho}\cos\varphi + \dfrac{\varphi_{3,2}}{\varphi_{2,2}} - 1\right).\end{cases}$$

Die Formeln (9) und (10) des § 35 können geschrieben werden:

$$
(17)\qquad
\begin{aligned}
\frac{df_{n,2}}{d\varphi_{2,2}} &= \frac{1}{f_{3,2}}\left(\varphi_{2,2} - \varphi_{n+1,2} + \frac{\varphi_{3,2} - \varphi_{2,2}}{\varphi_{2,2}}\varphi_{n,2}\right),\\
\frac{d\varphi_{n,2}}{d\varphi_{2,2}} &= \frac{1}{f_{3,2}}\left(f_{n+1,2} - \frac{\varphi_{3,2} - \varphi_{2,2}}{\varphi_{2,2}} f_{n,2}\right).
\end{aligned}
$$

Die Gleichungen (16) und (17) können in ähnlicher Weise verwendet werden, wie die Gleichungen (15) in Verbindung mit den Formeln (9) und (10) des vorigen Paragraphen.

Den Formeln (16) analoge lassen sich angeben, wenn in den Formeln (15) die Koordinaten der Wendepole eingeführt werden. Ebenso können die Gleichungen (16) des vorigen Paragraphen in eine Form gebracht werden, die derjenigen der Formeln (17) analog ist.

Die Formeln (15), (16) lassen sich leicht für die Evoluten der Bahnkurve eines beliebigen Systempunktes umformen, wenn man nur bedenkt, daß dann $\varrho_0 = \varrho_1 = \varrho_2 = \cdots = 0$ ist, wobei vorausgesetzt ist, daß der Systempunkt nicht mit dem Pol zusammenfällt. In diesem ausgeschlossenen Falle sind besondere Untersuchungen notwendig. Das gilt auch für die Evoluten der Hüllbahnkurven derjenigen Systemkurven, für die $\varrho = 0$ ist.

Die in diesem Paragraphen aufgestellten Formeln, insbesondere diejenigen (16) und (17), finden sich in etwas anderer Fassung in der im vorigen Paragraphen zitierten Arbeit von R. Müller.

Siebenter Abschnitt.

Die wichtigsten Bestimmungsarten der Bewegung ähnlich veränderlicher Systeme.

§ 37.

Aufstellung der Bewegungsgleichungen eines ebenen ähnlich veränderlichen Systems.

Es ist eine ruhende Ebene S gegeben, in welche wir uns ein rechtwinkliges Koordinatensystem mit dem Anfangspunkt 0 und den Achsen x, y eingetragen denken. Ein zweites starres System Σ, das ein zweites Koordinatensystem mit dem Anfangspunkt Ω und den Achsen ξ, η in sich enthält, bewegt sich gegen die ruhende Ebene und wird zu gleicher Zeit durch Streckung vom Punkte Ω aus in ein ihm ähnliches Σ_1 übergeführt. Der Ähnlichkeitsfaktor λ ist als Funktion des Winkels ϑ gegeben, den die ξ-Achse mit der x-Achse einschließt. Greifen wir für einen gegebenen Wert von ϑ einen Punkt ξ, η des Systems Σ heraus, so entspricht ihm ein Punkt des Systems Σ_1, dessen Koordinaten in bezug auf das ξ, η-System $\lambda\xi$, $\lambda\eta$ sind. Nennen wir die Koordinaten desselben Punktes in bezug auf das x, y-System x, y, so finden die Beziehungen statt:

$$(1)\qquad \begin{aligned} x &= a + \lambda\,(\xi \cos\vartheta - \eta \sin\vartheta),\\ y &= b + \lambda\,(\xi \sin\vartheta + \eta \cos\vartheta), \end{aligned}$$

wobei a und b die Koordinaten des Punktes Ω in bezug auf das x, y-System und damit Funktionen von ϑ sind. Bei veränderlichem ϑ sind diese Gleichungen das analytische Äquivalent einer ebenen Kurve die wir kurz die Bahnkurve des Punktes ξ, η nennen wollen. Die Gleichungen selbst nennen wir die Bewegungsgleichungen des definierten, ähnlich veränderlichen ebenen Systemes und legen sie einer analytischen Theorie desselben zugrunde.

Zu einer jeden Bewegung eines ähnlich veränderlichen Systems gehört eine umgekehrte Bewegung, bei welcher S und Σ_1 die Rollen vertauschen. Die Rechnung wird aber übersichtlicher, wenn wir zunächst die Ebenen S und Σ vertauschen und erst am Schlusse die Transformation von Σ in Σ_1 vornehmen. Die Gleichungen der Bewegung, die aus der direkten durch Vertauschung von S und Σ entsteht, erhalten wir, wenn wir die Gleichungen (1) nach ξ und η auflösen. Es ergeben sich die Beziehungen:

$$(2)\qquad \begin{aligned}\xi &= \alpha + \lambda_1 (x \cos \vartheta_1 - y \sin \vartheta_1),\\ \eta &= \beta + \lambda_1 (x \sin \vartheta_1 + y \cos \vartheta_1),\end{aligned}$$

wobei gesetzt ist:

$$(3)\qquad \begin{aligned}\alpha &= \lambda_1 (- a \cos \vartheta_1 + b \sin \vartheta_1),\\ \beta &= \lambda_1 (- a \sin \vartheta_1 - b \cos \vartheta_1), \quad \vartheta_1 = - \vartheta, \quad \lambda\lambda_1 = 1.\end{aligned}$$

Wie wir uns überzeugen, haben die Gleichungen dieselbe Form wie die ursprünglichen, es ist nur an Stelle von:

$$a, b, \vartheta, \lambda \text{ resp. gesetzt:}$$
$$\alpha, \beta, \vartheta_1, \lambda_1$$

und x, y mit ξ, η vertauscht.

§ 38.

Einfachste Bestimmungsarten der Bewegung eines ähnlich veränderlichen Systems.

In den Bewegungsgleichungen sind drei willkürliche Funktionen von ϑ vorhanden, die Größen a, b, λ. Daraus folgt, daß die Bewegung im allgemeinen bestimmt ist, wenn drei Bedingungen gegeben sind, denen sie zu unterliegen hat. In der Wahl von ihnen herrscht eine ziemliche Mannigfaltigkeit. Wir wollen die zunächstliegenden und einfachsten kurz andeuten.

Erstens ist die Bewegung bestimmt, wenn die Bahnkurven von drei Punkten $\xi_\varepsilon, \eta_\varepsilon$ (ε: 1, 2, 3) der ξ, η-Ebene gegeben sind. In der Tat, nehmen wir an, daß die Kurven durch ihre Gleichungen in den Koordinaten x, y gegeben sind und ersetzen x, y durch die Ausdrücke:

$$\begin{aligned}x_\varepsilon &= a + \lambda (\xi_\varepsilon \cos \vartheta - \eta_\varepsilon \sin \vartheta),\\ y_\varepsilon &= b + \lambda (\xi_\varepsilon \sin \vartheta + \eta_\varepsilon \cos \vartheta),\end{aligned}$$

so erhalten wir drei Gleichungen, aus denen die Größen a, b, λ im allgemeinen als Funktionen von ϑ bestimmt sind. Ähnlich würde sich das Resultat gestalten, wenn die Bahnkurven in anderer Weise analytisch dargestellt würden. Als Beispiel nehmen wir den Fall, daß zwei Punkte 1 und 2 sich auf den geraden Linien mit den Gleichungen:

$$(1)\qquad \begin{aligned}x \cos \alpha_1 + y \sin \alpha_1 - \delta_1 = 0,\\ x \cos \alpha_2 + y \sin \alpha_2 - \delta_2 = 0,\end{aligned}$$

ein dritter sich auf dem Kreise mit den Gleichungen:

$$(2)\qquad \begin{aligned}x &= r \cos \varphi + m_1,\\ y &= r \sin \varphi + n_1\end{aligned}$$

bewegen soll.

Nehmen wir die Bewegungsgleichungen für die Punkte 1 und 2 hinzu, so ergeben sich die Beziehungen

$$a \cos \alpha_\varepsilon + b \sin \alpha_\varepsilon - \delta_\varepsilon = - \lambda N_\varepsilon,$$
$$N_\varepsilon = (\xi_\varepsilon \cos \vartheta - \eta_\varepsilon \sin \vartheta) \cos \alpha_\varepsilon + (\xi_\varepsilon \sin \vartheta + \eta_\varepsilon \cos \vartheta) \sin \alpha_\varepsilon,$$
$$\varepsilon : 1,2.$$

Aus ihnen folgen für a und b die Werte:

$$a = c + \lambda\,(d \cos \vartheta - e \sin \vartheta),$$
$$b = c_1 + \lambda\,(d_1 \cos \vartheta + e_1 \sin \vartheta).$$

c und c_1 sind die Koordinaten des Schnittpunktes der beiden gegebenen geraden Linien; d, e d_1, e_1 Konstanten, die sich aus den gegebenen in einfacher Weise zusammensetzen.

Setzen wir diese Werte von a und b in die Bewegungsgleichnngen ein und verlegen den Anfangspunkt des x, y-Systems in den Punkt c, c_1, so ergibt sich zunächst das Resultat:

Die Bewegungsgleichungen aller ähnlich veränderlichen Systeme, bei welchen zwei Punkte je eine gegebene gerade Linie beschreiben, können in die Form gebracht werden:

$$x = \lambda\,((\xi + d) \cos \vartheta - (\eta + e) \sin \vartheta),$$
$$y = \lambda\,((\xi + e_1) \sin \vartheta + (\eta + d_1) \cos \vartheta).$$

Nehmen wir die Gleichungen des Kreises hinzu, auf welchem sich der Punkt ξ_3, η_3 bewegen soll, so ergeben sich die weiteren Beziehungen:

$$\lambda\,[(\xi_3 + d) \cos \vartheta - (\eta_3 + e) \sin \vartheta] = r \cos \varphi + m_1 - c,$$
$$\lambda\,[(\xi_3 + e_1) \sin \vartheta + (\eta_3 + d_1) \cos \vartheta] = r \sin \varphi + n_1 - c_1,$$

aus welchen sich die Größen $\lambda \cos \vartheta$, $\lambda \sin \vartheta$ linear durch $\cos \varphi$ und $\sin \varphi$ ausdrücken lassen.

Die Bewegungsgleichungen nehmen unter solchen Umständen die Form an:

$$x = l_1 + l_2 \xi - l_3 \eta,$$
$$y = l_4 + l_3 \xi + l_2 \eta, \tag{3}$$

wobei die Größen l lineare Funktionen von $\cos \varphi$ und $\sin \varphi$ bedeuten, deren Koeffizienten sich in einfacher Weise aus den gegebenen Konstanten zusammensetzen.

Wir werden auf diese Gleichungen später noch einmal zurückkommen. Hier möge nur bemerkt werden, daß die Bahnkurven im allgemeinen Kegelschnitte sind. In der ξ, η-Ebene gibt es einen Kreis, dessen Punkte sämtlich gerade Linien beschreiben.

Zweitens wird eine Bewegung bestimmt sein, wenn drei gegebene Kurven der ξ, η-Ebene während des ganzen Laufes der Bewegung durch je einen gegebenen Punkt x_ε, y_ε (ε: 1, 2, 3) der festen Ebene hindurchgehen. In der Tat, die Gleichungen der ξ, η-Kurven können einerseits geschrieben werden:

$$\xi = \alpha + \lambda_1\,(x_\varepsilon \cos \vartheta_1 - y_\varepsilon \sin \vartheta_1),$$
$$\eta = \beta + \lambda_1\,(x_\varepsilon \sin \vartheta_1 + y_\varepsilon \cos \vartheta_1),$$

andererseits sind sie gegeben, und zwar etwa durch die Gleichungen:

$$\varphi_\varepsilon\,(\xi, \eta) = 0.$$

Dann folgen die Beziehungen:

$$\varphi_\varepsilon\,(\alpha + \lambda_1\,(x_\varepsilon \cos \vartheta_1 - y_\varepsilon \sin \vartheta_1), \beta + \lambda_1\,(x_\varepsilon \sin \vartheta_1 + y_\varepsilon \cos \vartheta_1)) = 0.$$

Aus diesen drei Gleichungen sind α, β, λ_1 und damit a, b, λ als Funktionen von ϑ_1, also auch von ϑ bestimmt.

Als Beispiel nehmen wir den Fall, daß die drei geraden Linien:

(4) $$\eta = m_\varepsilon \xi + n_\varepsilon \quad (\varepsilon: 1, 2, 3)$$

durch die resp. Punkte x_ε, y_ε hindurchgehen.

Dann müssen die Gleichungen bestehen (5):

$$\beta - m_\varepsilon \alpha - n_\varepsilon = \lambda_1 \left((m_\varepsilon \cos \vartheta_1 - \sin \vartheta_1)\, x_\varepsilon - (m_\varepsilon \sin \vartheta_1 + \cos \vartheta_1)\, y_\varepsilon \right).$$

Setzen wir für den Augenblick:

$$\alpha = \lambda_1 \alpha_1,$$
$$\beta = \lambda_1 \beta_1,$$

dividieren die linken und rechten Seiten unserer drei Gleichungen durch λ_1 so erhalten wir ein lineares Gleichungssystem mit den drei Unbekannten:

$$\alpha_1, \beta_1, \lambda.$$

Die Koeffizienten dieser drei Größen sind von ϑ_1 unabhängig.

Ersetzen wir die Größen α_1, β_1 durch die Größen a, b und λ, so folgen Beziehungen von der Form:

(6) $$\begin{aligned} a \sin \vartheta - b \cos \vartheta &= c_1 \cos \vartheta + c_2 \sin \vartheta, \\ a \cos \vartheta + b \sin \vartheta &= c_3 \cos \vartheta + c_4 \sin \vartheta, \\ \lambda &= c_5 \cos \vartheta + c_6 \sin \vartheta, \end{aligned}$$

wobei die Größen c Konstanten sind, die sich durch die gegebenen Konstanten in bekannter Weise darstellen lassen.

Die Bewegungsgleichungen nehmen die Form an (7):

$$x = c_3 \cos^2 \vartheta + (c_1 + c_4) \sin \vartheta \cos \vartheta + c_2 \sin^2 \vartheta + \lambda (\xi \cos \vartheta - \eta \sin \vartheta),$$
$$y = - c_1 \cos^2 \vartheta + (- c_2 + c_3) \sin \vartheta \cos \vartheta + c_4 \sin^2 \vartheta + \lambda (\xi \sin \vartheta + \eta \cos \vartheta).$$

Die Bahnkurven sind sämtlich Kreise. In der Tat, setzen wir zunächst $\xi = 0$, $\eta = 0$, so erhalten wir die Gleichungen:

$$x = c_3 \cos^2 \vartheta + (c_1 + c_4) \sin \vartheta \cos \vartheta + c_2 \sin^2 \vartheta,$$
$$y = - c_1 \cos^2 \vartheta + (- c_2 + c_3) \sin \vartheta \cos \vartheta + c_4 \sin^2 \vartheta,$$

die wir auch schreiben können:

$$x - c_3 = (c_1 + c_4) \sin \vartheta \cos \vartheta + (c_2 - c_3) \sin^2 \vartheta,$$
$$y + c_1 = (- c_2 + c_3) \sin \vartheta \cos \vartheta + (c_1 + c_4) \sin^2 \vartheta.$$

Aus ihnen folgt das Verlangte.

Auf diesen speziellen Fall kann der allgemeine zurückgeführt werden, wir brauchen dazu nur an Stelle von

$$c_1, c_2, c_3, c_4$$

resp. zu setzen:

$$c_1 - c_5 \eta, \; c_2 - c_6 \eta, \; c_3 + c_5 \xi, \; c_4 + c_6 \xi.$$

Neben den betrachteten Bestimmungsarten werden sich weitere durch Kombination ergeben, indessen soll hierauf nicht näher eingegangen werden.

§ 39.

Definition der Polkurven. Ihre einfachsten Eigenschaften.

Wir fragen nun wieder ähnlich wie in der Theorie der starren Bewegung, ob es Punkte gibt, die momentan in Ruhe sind. Für diese Punkte müssen die Gleichungen bestehen:

$$\frac{dx}{d\vartheta} = o, \frac{dy}{d\vartheta} = 0. \tag{1}$$

Aus den Bewegungsgleichungen folgt:

$$\begin{aligned} \frac{dx}{d\vartheta} &= \frac{da}{d\vartheta} + \frac{\lambda'}{\lambda}(x-a) - (y-b), \\ \frac{dy}{d\vartheta} &= \frac{db}{d\vartheta} + \frac{\lambda'}{\lambda}(y-b) + (x-a). \end{aligned} \tag{2}$$

Hieraus folgt, daß im allgemeinen ein und nur ein im Endlichen gelegener Punkt existiert, der momentan in Ruhe ist. Die Koordinaten dieses Punktes im x, y-System lauten:

$$\begin{aligned} x_p &= a - \frac{\lambda}{\lambda^2 + \lambda'^2}\left(\lambda \frac{db}{d\vartheta} + \lambda' \frac{da}{d\vartheta}\right), \\ y_p &= b + \frac{\lambda}{\lambda^2 + \lambda'^2}\left(\lambda \frac{da}{d\vartheta} - \lambda' \frac{db}{d\vartheta}\right). \end{aligned} \tag{3}$$

Wir nennen diesen Punkt den Momentanpol oder auch Pol schlechthin.

Im ξ, η-System nehmen seine Koordinaten die Form an:

$$\begin{aligned} \xi_p &= \frac{1}{\lambda^2 + \lambda'^2}\left(\left(\lambda \frac{da}{d\vartheta} - \lambda' \frac{db}{d\vartheta}\right)\sin\vartheta - \left(\lambda \frac{db}{d\vartheta} + \lambda' \frac{da}{d\vartheta}\right)\cos\vartheta\right), \\ \eta_p &= \frac{1}{\lambda^2 + \lambda'^2}\left(\left(\lambda \frac{da}{d\vartheta} - \lambda' \frac{db}{d\vartheta}\right)\cos\vartheta + \left(\lambda \frac{db}{d\vartheta} + \lambda' \frac{da}{d\vartheta}\right)\sin\vartheta\right). \end{aligned} \tag{4}$$

Im System Σ_1 lauten sie

$$\lambda\, \xi_p, \; \lambda\, \eta_p.$$

In einzelnen Lagen kann der Pol sehr wohl in die Unendlichkeit rücken oder nicht eindeutig bestimmt sein. Wir sehen hiervon ab und verweisen in bezug hierauf auf zwei Arbeiten von Müller im 16. und 19. Bande des Jahresberichtes der Deutschen Mathematikervereinigung.

Wir wollen uns nun den Pol P bestimmt denken und greifen irgendeinen Punkt Λ der Ebene S heraus. In ihm werde die Normale an die entsprechende Bahnkurve gezogen. Die Linie $P\Lambda$ bilde mit der x-Achse den Winkel α, die Normale den Winkel β, verstehen wir dann unter ω den Winkel $\beta - \alpha$, d. h. den Winkel der Bahnnormalen und der Verbindungslinie des Punktes mit dem Pol, so folgt:

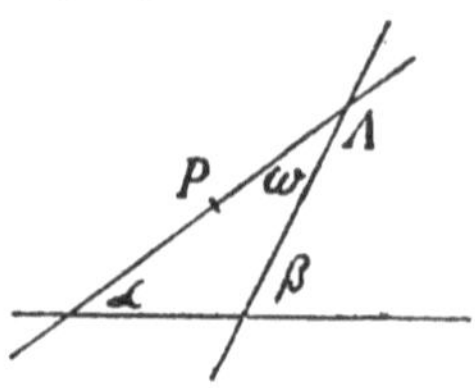

Fig. 80.

$$\operatorname{tg}\omega = \frac{\operatorname{tg}\beta - \operatorname{tg}\alpha}{1 + \operatorname{tg}\alpha \operatorname{tg}\beta}. \tag{5}$$

Nun ist:

$$\operatorname{tg}\alpha = \frac{y - y_p}{x - x_p}$$

$$\operatorname{tg}\beta = -\frac{\lambda \frac{da}{d\vartheta} + \lambda'(x-a) - \lambda(y-b)}{\lambda \frac{db}{d\vartheta} + \lambda'(y-b) + \lambda(x-a)}.$$

Setzen wir diese Ausdrücke in die Gleichung (5) ein, so folgt:

$$\operatorname{tg}\omega = -\frac{\lambda'}{\lambda}, \tag{6}$$

mit anderen Worten, wir erhalten den Lehrsatz:

Die Bahnnormalen aller Punkte bilden mit den dazu gehörenden Polstrahlen einen und denselben Winkel, dessen Tangente gleich dem negativen logarithmischen Differentialquotienten von λ ist.

Lassen wir ϑ alle Werte durchlaufen, so definieren die Gleichungen (3) eine bestimmte Kurve in der x, y-Ebene. Wir wollen sie durch C bezeichnen und die feste Polkurve, wohl auch Polbahn, Basis, Basiskurve nennen. Daneben gibt es noch zwei weitere Kurven, die in dieser Theorie von Bedeutung sind, der geometrische Ort der Punkte ξ_p, η_p, die wir durch Γ bezeichnen und die bewegliche Polkurve nennen wollen, sowie eine dritte, die aus der zweiten durch Streckung mit dem Faktor λ vom Nullpunkt aus entstanden ist. Die letztere möge durch Γ_1 bezeichnet und die veränderliche Polkurve genannt werden. Die beiden letzten Polkurven ändern ihre Lage in bezug auf die x, y-Ebene, die dritte auch ihre Gestalt.

Die Gleichungen der festen Polkurve können wir auch in der Form schreiben:

$$\begin{aligned} x_p &= a + \lambda\,(\xi_p \cos\vartheta - \eta_p \sin\vartheta), \\ y_p &= b + \lambda\,(\xi_p \sin\vartheta + \eta_p \cos\vartheta), \end{aligned} \tag{7}$$

wobei unter ξ_p und η_p die in den Gleichungen (4) angegebenen Größen zu verstehen sind.

Durch Differentiation nach ϑ ergeben sich die Resultate:

$$\frac{dx_p}{d\vartheta} = \lambda\left(\frac{d\,\xi_p}{d\vartheta}\cos\vartheta - \frac{d\,\eta_p}{d\vartheta}\sin\vartheta\right),$$

$$\frac{dy_p}{d\vartheta} = \lambda\left(\frac{d\,\xi_p}{d\vartheta}\sin\vartheta + \frac{d\,\eta_p}{d\vartheta}\cos\vartheta\right).$$

Die Gleichungen der veränderlichen Polkurve für die Phase ϑ lauten im festen Koordinatensysteme, wenn wir als veränderlichen Parameter die Größe δ einführen:

$$\begin{aligned} x &= a\,(\vartheta) + \lambda\,(\vartheta)\,(\xi_p\,(\delta)\cos\vartheta - \eta_p\,(\delta)\sin\vartheta), \\ y &= b\,(\vartheta) + \lambda\,(\vartheta)\,(\xi_p\,(\delta)\sin\vartheta + \eta_p(\delta)\cos\vartheta). \end{aligned} \tag{8}$$

Dabei soll durch die Symbole $a\,(\vartheta)$ usw. angedeutet werden, daß a usw. als Funktionen von ϑ aufzufassen seien. Bilden wir die Differentialquotienten von x und y nach δ und setzen $\delta = \vartheta$, so folgt der Lehrsatz:

Die feste und die veränderliche Polkurve berühren einander im Pol und sind die Bogendifferentiale beider Kurven einander gleich.

Es findet also auch hier eine Rollbewegung statt, nur ändert die rollende Kurve im Laufe der Bewegung ihre Gestalt.

Bei der Umkehrung der Bewegung vertauschen die beiden Kurven ihre Rolle.

Wenn die feste und die bewegliche Polkurve sowie die Funktion λ und die Anfangslagen gegeben sind, so ist die Bewegung bestimmt. In der Tat, wir können die Bewegungsgleichungen schreiben:

$$(9)\qquad \begin{aligned} x &= x_p + \lambda\,((\xi - \xi_p)\cos\vartheta - (\eta - \eta_p)\sin\vartheta), \\ y &= y_p + \lambda\,((\xi - \xi_p)\sin\vartheta + (\eta - y_p)\cos\vartheta). \end{aligned}$$

Gegeben sind die Gleichungen:

$$(10)\qquad f(x_p, y_p) = 0, \quad \varphi(\xi_p, \eta_p) = 0.$$

Neben ihnen bestehen die folgenden:

$$(11)\qquad \int \sqrt{dx_p^2 + dy_p^2} = \int \lambda \sqrt{d\xi_p^2 + d\eta_p^2},$$

wobei die Integrale zwischen entsprechenden Grenzen zu nehmen sind, und die Gleichung:

$$(12)\qquad \frac{d\eta_p}{d\xi_p} = \frac{dy_p}{dx_p} - \operatorname{tg}\vartheta : 1 + \frac{dy_p}{dx_p}\operatorname{tg}\vartheta.$$

Die letzten vier Gleichungen erlauben x_p, y_p, ξ_p, η_p als Funktionen von ϑ zu bestimmen. Setzen wir ihre Werte in die Gleichungen (9) ein, so erhalten wir die gesuchten Bewegungsgleichungen. Ist λ nicht gegeben, so muß noch eine andere Bedingung gegeben sein, um die Bewegung zu charakterisieren, etwa eine Kurve in der x, y-Ebene, auf der sich ein Punkt ξ, η zu bewegen hat usw.

§ 40.

Über die Einhüllenden von Kurven, insbesondere von geraden Linien.

Wir wollen die rechten Seiten der Bewegungsgleichungen kurz durch $f_1(\xi, \eta, \vartheta)$ und $f_2(\xi, \eta, \vartheta)$ bezeichnen, die Bewegungsgleichungen also schreiben:

$$(1)\qquad \begin{aligned} x &= f_1(\xi, \eta, \vartheta), \\ y &= f_2(\xi, \eta, \vartheta). \end{aligned}$$

Nun sei in der ξ, η-Ebene eine Kurve gegeben, die wir etwa durch die Gleichungen darstellen wollen:

$$(2)\qquad \xi = \varphi_1(u), \quad \eta = \varphi_2(u),$$

dann nehmen die Bewegungsgleichungen die Form an:

$$(3)\qquad x = F_1(u, \vartheta), \quad y = F_2(u, \vartheta).$$

Halten wir ϑ fest, so ergibt sich die Gleichung einer Kurve in der x, y-Ebene, die das Bild der ξ, η-Kurve in der x, y-Ebene für die betreffende Phase der Bewegung darstellt. Lassen wir dann auch ϑ variieren, so erhalten wir eine Kurvenschar. Ihre Einhüllende wollen wir kurz die Einhüllende der gegebenen ξ, η-Kurve nennen. Halten wir andererseits u fest, so stellen die Gleichungen (3) die Bahnkurve des entsprechenden Punktes ξ, η in der x, y-Ebene dar. Lassen wir dann u variieren, so erhalten wir die Bahnkurven aller Punkte der vorgelegten ξ, η-Kurve. Auch ihnen entspricht eine Einhüllende. In beiden Fällen finden wir sie mit Hilfe der Gleichung:

$$(4)\qquad \frac{\partial x}{\partial u}\frac{\partial y}{\partial \vartheta} - \frac{\partial x}{\partial \vartheta}\frac{dy}{\partial u} = 0,$$

so daß die beiden Einhüllenden zusammenfallen. Die Resultate sind dieselben wie in der Theorie der starren Systeme.

Wir wollen auch hier die Einhüllenden der geraden Linien etwas eingehender betrachten. Die Gleichungen der gegebenen geraden Linie mögen lauten:

(5) $$\xi = u \cos \varepsilon + m, \quad \eta = u \sin \varepsilon + m_1.$$

Die Bewegungsgleichungen nehmen die Form an:

(6) $$\begin{aligned} x &= a + \lambda\,(m \cos \vartheta - m_1 \sin \vartheta + u \cos (\vartheta + \varepsilon)), \\ y &= b + \lambda\,(m \sin \vartheta + m_1 \cos \vartheta + u \sin (\vartheta + \varepsilon)). \end{aligned}$$

Die Gleichung:

$$\frac{\partial x}{\partial u}\frac{\partial y}{\partial \vartheta} - \frac{\partial x}{\partial \vartheta}\frac{\partial y}{\partial u} = 0$$

kann geschrieben werden:

(7) $$\lambda u = -n\lambda + n_1 \lambda' + \frac{du}{d\vartheta} \sin (\vartheta + \varepsilon) - \frac{db}{d\vartheta} \cos (\vartheta + \varepsilon),$$

wobei gesetzt ist:

(8) $$\begin{aligned} n &= m \cos \varepsilon + m_1 \sin \varepsilon, \\ n_1 &= m \sin \varepsilon - m_1 \cos \varepsilon. \end{aligned}$$

Unter solchen Umständen erhalten wir für die Einhüllende der geraden Linie die Gleichungen:

(9) $$\begin{aligned} x &= F_0(\vartheta) + \cos (\vartheta + \varepsilon)\,(F_0'(\vartheta) \sin (\vartheta + \varepsilon) - \Phi_0'(\vartheta) \cos (\vartheta + \varepsilon)), \\ y &= \Phi_0(\vartheta) + \sin (\vartheta + \varepsilon)\,(F_0'(\vartheta) \sin (\vartheta + \varepsilon) - \Phi_0'(\vartheta) \cos (\vartheta + \varepsilon)), \end{aligned}$$

wobei gesetzt ist:

(10) $$F_0(\vartheta) = a + p\lambda \sin (\vartheta + \varepsilon), \quad \Phi_0(\vartheta) = b - p\lambda \cos (\vartheta + \varepsilon).$$
$$p = m \sin \varepsilon - m_1 \cos \varepsilon.$$

Auf diese Gleichungen wird später ausführlich eingegangen werden, hier soll nur eine Bemerkung über die Spitzen der Einhüllenden gemacht werden. Man findet die Spitzen mit Hilfe der Gleichungen:

$$\frac{dx}{d\vartheta} = 0, \quad \frac{dy}{d\vartheta} = 0,$$

oder also der Gleichungen:

$$\cos (\vartheta + \varepsilon)\, M = 0, \sin (\vartheta + \varepsilon)\, M = 0,$$

wobei gesetzt ist:

$$M = \cos (\vartheta + \varepsilon)\,(2 F_0'(\vartheta) - \Phi_0''(\vartheta)) + \sin (\vartheta + \varepsilon)\,(2 \Phi_0'(\vartheta) + F_0''(\vartheta)).$$

Hieraus folgt, daß die Gleichung bestehen muß:

(11) $$M = 0.$$

Aus ihr ergeben sich bei bekanntem p und ε die Werte von ϑ, denen die Spitzen der Einhüllenden entsprechen.

Wir können aber auch nach dem geometrischen Ort aller Spitzen fragen, die momentan von der Gesamtheit der Systemgeraden erzeugt werden. Dazu müssen wir die Größen p und ε aus den Gleichungen (9, 11) eliminieren.

Nach einigen Rechnungen ergibt sich die Gleichung:

$$((x-a)^2+(y-b)^2)(\lambda+\lambda'')+c(x-a)+d(y-b)+g=0, \tag{12}$$

wobei gesetzt ist:

$$c=2\lambda'\frac{da}{d\vartheta}+(3\lambda+\lambda'')\frac{db}{d\vartheta}+\lambda\frac{d^2a}{d\vartheta^2}-\lambda'\frac{d^2b}{d\vartheta^2},$$

$$d=2\lambda'\frac{db}{d\vartheta}-(3\lambda+\lambda'')\frac{db}{d\vartheta}+\lambda\frac{d^2b}{d\vartheta^2}+\lambda'\frac{d^2a}{d\vartheta^2},$$

$$g=\lambda\left(\left(2\frac{da}{d\vartheta}-\frac{d^2b}{d\vartheta^2}\right)\frac{da}{d\vartheta}+\left(2\frac{db}{d\vartheta}+\frac{d^2a}{d\vartheta^2}\right)\frac{db}{d\vartheta}\right).$$

Unter solchen Umständen erhalten wir den Lehrsatz:

In jedem Augenblicke der Bewegung liegen die Spitzen der Einhüllenden aller geraden Linien auf einem Kreise.

Dieselbe Eigenschaft gilt für die umgekehrte Bewegung. Auf diese Kreise werden wir später zurückkommen.

Aus dem soeben Bemerkten folgt, daß, wenn eine Kurve in der ξ, η-Ebene und deren Einhüllende gegeben ist, eine Beziehung zwischen a, b, λ und ϑ abgeleitet werden kann. In der Tat, nehmen wir an, daß die Gleichungen der Kurve in der ξ, η-Ebene etwa in der Form gegeben seien:

$$\xi=\varphi_1(u), \quad \eta=\varphi_2(u), \tag{13}$$

so lassen sich die Bewegungsgleichungen schreiben:

$$\begin{aligned} x&=a+\lambda(\varphi_1(u)\cos\vartheta-\varphi_2(u)\sin\vartheta),\\ y&=b+\lambda(\varphi_1(u)\sin\vartheta+\varphi_2(u)\cos\vartheta). \end{aligned} \tag{14}$$

Diese Gleichungen gehen in die Gleichungen der Einhüllenden über, wenn u mit Hilfe der Gleichung:

$$\frac{\partial x}{\partial u}\frac{\partial y}{\partial \vartheta}-\frac{\partial x}{\partial \vartheta}\frac{\partial y}{\partial u}=0 \tag{15}$$

eliminiert wird.

Ist nun die Gleichung der Einhüllenden gegeben, etwa in der Form:

$$F(x, y)=0, \tag{16}$$

so folgt:

$$\frac{\partial y}{\partial \vartheta}:\frac{\partial x}{\partial \vartheta}:-\frac{\partial F}{\partial x}:\frac{\partial F}{\partial y}, \tag{17}$$

da ja die Gleichungen (14) bei konstantem Werte von u die zu diesem Werte gehörende Bahnkurve darstellen und diese Bahnkurve die Einhüllende berührt. Gleichung (15) nimmt also die Form an:

$$\frac{\partial F}{\partial x}\frac{\partial x}{\partial u}+\frac{\partial F}{\partial y}\frac{\partial y}{\partial u}=0. \tag{18}$$

Eliminieren wir aus den Gleichungen (14), (15), (18) die Größen x, y und u, so ergibt sich eine Beziehung zwischen a, b, λ und ϑ. Hieraus folgt der Lehrsatz:

Die Bewegung eines ähnlich veränderlichen ebenen Systems ist bestimmt, wenn die Einhüllenden dreier Kurven in der ξ, η-Ebene gegeben sind.

§ 41.

Fortsetzung. Anwendung von polaren Linienkoordinaten.

In der beweglichen Ebene sei uns eine beliebige Kurve in polaren Linienkoordinaten gegeben, etwa in der Form:

$$\delta = f(\omega).$$

Die Tangente dieser Kurve, welche einem bestimmten Wert von ω entspricht, hat im x, y-System die Koordinaten:

$$(1) \qquad \begin{gathered} d = a \cos(\vartheta + \omega) + b \sin(\vartheta + \omega) + \lambda f(\omega), \\ \psi = \vartheta + \omega. \end{gathered}$$

Wir können ähnlich schließen wie vorher. Halten wir ϑ fest, so ergibt sich die Gleichung einer Kurve in der x, y-Ebene, die das Bild der betrachteten Systemkurve in der x, y-Ebene für die betreffende Phase der Bewegung darstellt. Lassen wir ϑ variieren, so erhalten wir eine Kurvenschar. Ihre Einhüllende ist die Einhüllende der betrachteten Systemkurve. Halten wir ω fest, so stellen uns die Gleichungen (1) die Einhüllende der betreffenden Tangente unserer Systemkurve dar. Lassen wir ω variieren, so erhalten wir die Einhüllenden aller Tangenten unserer Systemkurve. Auch dieser Kurvenschar entspricht eine Einhüllende. In beiden Fällen finden wir sie mit Hilfe der Gleichung:

$$\frac{\partial d}{\partial \vartheta}\frac{\partial \psi}{\partial \omega} - \frac{\partial d}{\partial \omega}\frac{\partial \psi}{\partial \vartheta} = 0,$$

so daß die beiden Einhüllenden zusammenfallen. Dieselben Resultate fanden wir in der Theorie der starren Systeme.

Es seien nun die Gleichungen einer Systemkurve und ihrer Einhüllenden gegeben:

$$(2) \qquad f(\delta, \omega) = 0, \quad F(d, \psi) = 0,$$

wobei die Beziehungen bestehen:

$$(3) \qquad d = a \cos \psi + b \sin \psi + \lambda \delta, \quad \psi = \vartheta + \omega.$$

Eliminieren wir aus (2), (3) und der Gleichung

$$\frac{\partial d}{\partial \vartheta}\frac{\partial \psi}{\partial \omega} - \frac{\partial d}{\partial \omega}\frac{\partial \psi}{\partial \vartheta} = 0$$

die Größen d, ψ, δ, ω, so erhalten wir eine Beziehung zwischen a, b, λ.

Durch Angabe dreier Systemkurven und ihrer Einhüllenden ist also die Bewegung eines ähnlich veränderlichen Systems auch auf diesem Wege bestimmt.

Die Rechnung vereinfacht sich, wie man leicht erkennt, wenn die Systemkurven gerade Linien sind.

Als Beispiel wählen wir diejenige Bewegung, bei welcher drei Systemgeraden Kreise umhüllen. Das ξ, η-System wählen wir so, daß die Koordinaten unserer drei Geraden lauten $0, \omega_1$; $0, \omega_2$; δ, ω. Das x, y-System sei so gewählt, daß der Mittelpunkt des Hüllkreises der ersten Geraden mit dem Anfangspunkt zusammenfällt, der Mittelpunkt des Hüllkreises der zweiten Geraden auf der x-Achse liege. Dann erhalten wir ohne weiteres zur Bestimmung von a, b, λ drei Gleichungen von der Form:

$$a \cos(\vartheta + \omega) + b \sin(\vartheta + \omega) + \lambda\,\delta = \varrho + R \cos(\vartheta + \omega - \alpha),$$
$$a \cos(\vartheta + \omega_1) + b \sin(\vartheta + \omega_1) = \varrho_1,$$
$$a \cos(\vartheta + \omega_2) + b \sin(\vartheta + \omega_2) = \varrho_2 + R_2 \cos(\vartheta + \omega_2),$$

wobei die Bedeutung der nicht besonders erklärten Konstanten leicht ersichtlich ist. Aus den letzten beiden Gleichungen erhalten wir:

$$a \sin(\omega_2 - \omega_1) = \varrho_1 \sin(\vartheta + \omega_2) - \varrho_2 \sin(\vartheta + \omega_1) - R_2 \cos(\vartheta + \omega_2) \sin(\vartheta + \omega_1),$$
$$b \sin(\omega_2 - \omega_1) = -\varrho_1 \cos(\vartheta + \omega_2) + \varrho_2 \cos(\vartheta + \omega_1) + R_2 \cos(\vartheta + \omega_2) \cos(\vartheta + \omega_1).$$

Die Größe λ ergibt sich in der Form:

$$\lambda = c + c_1 \sin\vartheta + c_2 \cos\vartheta = c + C \sin(\vartheta + \gamma).$$

Die Berechnung der Konstanten bietet keine Schwierigkeiten.

Nach einigen Rechnungen können die Bewegungsgleichungen geschrieben werden:

$$\begin{aligned} x &= D - B \sin(2\vartheta + \beta) + G \cos(\vartheta - \iota), \\ y &= E + B \cos(2\vartheta + \beta) + G \sin(\vartheta - \iota), \end{aligned} \tag{4}$$

wobei sich die Konstanten B, D, E, G, β, ι in einfacher Weise durch die bisher gebrauchten darstellen lassen. Die Gleichungen (4) stellen eine Pascalsche Schnecke dar, die für $B = 0$ oder $G = 0$ in einen Kreis ausartet. Die Rechnung zeigt, daß durch $B = 0$ bzw. $G = 0$ je ein Systempunkt bestimmt ist.

Alle Systempunkte beschreiben also bei unserer Bewegung Pascalsche Schnecken, die für zwei Punkte in Kreise ausarten. Von einer weiteren Untersuchung der Bahnkurven wollen wir hier absehen.

Zum Schluß soll noch die Gleichung der Einhüllenden einer beliebigen Systemgeraden δ', ω' aufgestellt werden. Sind d, ψ die laufenden polaren Linienkoordinaten der Einhüllenden der betrachteten Geraden, so erhalten wir:

$$d = a \cos(\vartheta + \omega') + b \sin(\vartheta + \omega') + \lambda\,\delta',$$
$$\psi = \vartheta + \omega'.$$

Mit Rücksicht auf die gefundenen Werte für a, b, λ finden wir:

$$d = C_1 + C_2 \cos\psi + C_3 \sin\psi.$$

Die Konstanten C_1, C_2, C_3 können ohne Schwierigkeit berechnet werden.

Alle Systemgeraden umhüllen demnach Kreise, die für $C_1 = 0$ in Punkte ausarten. Die Rechnung zeigt, daß $C_1 = 0$ die Gleichung eines Punktes der beweglichen Ebene in polaren Linienkoordinaten ist, ferner, daß die in Punkte ausgearteten Hüllkreise einen Kreis erfüllen. Wir finden demnach:

Umhüllen bei der Bewegung eines ähnlich veränderlichen Systems drei gerade Linien Kreise, so tun es alle Geraden. Für die Geraden eines Systemstrahlenbüschels arten diese Kreise in Punkte aus, die ihrerseits einen Kreis erfüllen.

Achter Abschnitt *).

Die Krümmungstheorie der ebenen ähnlich veränderlichen Bewegung.

§ 42.

Die Krümmungstheorie der Bahnkurven.

Die Gleichungen der Kurve, welche der Punkt ξ, η beschreibt, haben wir in der Form dargestellt:

$$(1)\qquad \begin{aligned} x &= a + \lambda\,(\xi \cos\vartheta - \eta \sin\vartheta), \\ y &= b + \lambda\,(\xi \sin\vartheta + \eta \cos\vartheta). \end{aligned}$$

Es soll nunmehr die Krümmungstheorie dieser Kurve entwickelt werden.

Wir nennen u und v die Koordinaten des Krümmungsmittelpunktes, welcher dem Punkte x, y entspricht, dann finden die Beziehungen statt:

$$(2\,a)\qquad \begin{aligned} u &= x - \frac{e^2}{w}\frac{dy}{d\vartheta}, \\ v &= y + \frac{e^2}{w}\frac{dx}{d\vartheta}, \end{aligned}$$

wobei unter e^2 und w die Größen zu verstehen sind:

$$(2\,b)\qquad \begin{aligned} e^2 &= \left(\frac{dx}{d\vartheta}\right)^2 + \left(\frac{dy}{d\vartheta}\right)^2, \\ w &= \frac{dx}{d\vartheta}\frac{d^2y}{d\vartheta^2} - \frac{dy}{d\vartheta}\frac{d^2x}{d\vartheta^2}. \end{aligned}$$

Nun folgt aus den früheren Betrachtungen das Gleichungssystem:

$$\begin{aligned} \frac{dx}{d\vartheta} &= \frac{da}{d\vartheta} - \operatorname{tg}\omega\,(x-a) - (y-b), \\ \frac{dy}{d\vartheta} &= \frac{db}{d\vartheta} - \operatorname{tg}\omega\,(y-b) + (x-a). \end{aligned}$$

Die zweiten Differentialquotienten von x und y nach ϑ nehmen demgemäß die Form an:

*) In bezug auf diesen Abschnitt werde vor allem auf die Arbeiten von Müller verwiesen, die sich im 19. Band des Jahresberichtes der Deutschen Mathematikervereinigung befinden.

$$\frac{d^2x}{d\vartheta^2} = \frac{d^2a}{d\vartheta^2} - \left(1 - \frac{\lambda''}{\lambda}\right)(x - a) + 2\,\mathrm{tg}\,\omega\,(y - b),$$
$$\frac{d^2y}{d\vartheta^2} = \frac{d^2b}{d\vartheta^2} - \left(1 - \frac{\lambda''}{\lambda}\right)(y - b) - 2\,\mathrm{tg}\,\omega\,(x - a).$$

Die Ausdrücke für e^2 und w, die sich hieraus ergeben, haben eine etwas umständliche Form. Um sie einfacher zu gestalten, nehmen wir die Koordinaten des Poles hinzu. Sie können geschrieben werden:

$$x_p = a - \cos^2\omega\left(\frac{db}{d\vartheta} - \mathrm{tg}\,\omega\frac{da}{d\vartheta}\right),$$
$$y_p = b + \cos^2\omega\left(\frac{da}{d\vartheta} + \mathrm{tg}\,\omega\frac{db}{d\vartheta}\right).$$

Hieraus ergeben sich die Differentialquotienten von a und b nach ϑ als Funktionen von x_p und y_p, und es nehmen die Differentialquotienten von x und y die Form an:

$$\frac{dx}{d\vartheta} = -x_1\,\mathrm{tg}\,\omega - y_1,$$
$$\frac{dy}{d\vartheta} = x_1 - y_1\,\mathrm{tg}\,\omega,$$

wobei gesetzt ist:

$$x_1 = x - x_p, \quad y_1 = y - y_p.$$

Durch nochmaliges Differenzieren ergeben sich die weiteren Beziehungen:

$$\frac{d^2x}{d\vartheta^2} = -\left(1 - \frac{\lambda''}{\lambda}\right)x_1 + 2\,y_1\,\mathrm{tg}\,\omega + x_p'\,\mathrm{tg}\,\omega + y_p',$$
$$\frac{d^2y}{d\vartheta^2} = -2\,x_1\,\mathrm{tg}\,\omega - \left(1 - \frac{\lambda''}{\lambda}\right)y_1 - x_p + y_p'\,\mathrm{tg}\,\omega.$$

Für e^2 und w erhalten wir demgemäß die Gleichungen:

$$\text{(3)} \qquad \begin{aligned} e^2 &= (1 + \mathrm{tg}^2\,\omega)\,(x_1^2 + y_1^2),\\ \lambda^2 w &= (\lambda^2 + 2\,\lambda'^2 - \lambda\lambda'')\,(x_1^2 + y_1^2) - (\lambda^2 + \lambda'^2)\,(x_1 y_p' - y_1 x_p'). \end{aligned}$$

x_1 und y_1 sind hierbei die Koordinaten des betrachteten Kurvenpunktes in bezug auf ein Koordinatensystem, dessen Anfangspunkt der Pol ist und dessen Achsen parallel den Achsen des festen Koordinatensystems sind. Ähnlich wie in der Theorie der starren Systeme empfiehlt es sich, noch ein weiteres Koordinatensystem hinzuzunehmen. Wir setzen dazu:

$$\text{(4)} \qquad a_2 = \frac{dy_p}{d\vartheta}, \quad b_2 = -\frac{dx_p}{d\vartheta}$$

und führen ein x_2, y_2-System mit Hilfe der Gleichungen ein:

$$\text{(5)} \qquad \begin{aligned} x_2 &= b_2\,x_1 - a_2\,y_1 : N,\\ y_2 &= a_2\,x_1 + b_2\,y_1 : N,\\ N^2 &= a_2^2 + b_2^2. \end{aligned}$$

Die y_2-Achse ist dann wieder die Normale, die x_2-Achse die Tangente an die feste Polkurve. N ist positiv zu nehmen. Wir erhalten dann die Formeln:

$$\text{(6)} \qquad \begin{aligned} e^2 &= (1 + \mathrm{tg}^2\,\omega)\,(x_2^2 + y_2^2),\\ \lambda^2 w &= (\lambda^2 + 2\,\lambda'^2 - \lambda\lambda'')\,(x_2^2 + y_2^2) - N\,(\lambda^2 + \lambda'^2)\,y_2; \end{aligned}$$

und es nehmen die Koordinaten des Krümmungsmittelpunktes im neuen System die Form an:

$$
(7)\qquad
\begin{aligned}
u_2 &= x_2 - \frac{e^2}{w}(x_2 - y_2 \operatorname{tg}\omega),\\
v_2 &= y_2 - \frac{e^2}{w}(x_2 \operatorname{tg}\omega + y_2).
\end{aligned}
$$

Wir nehmen jetzt die umgekehrte Bewegung, und zwar ziehen wir zuerst die Ebene Σ in Betracht. Wir fanden die Formeln:

$$
(8)\qquad
\begin{aligned}
\xi &= \alpha + \lambda_1 (x \cos\vartheta_1 - y \sin\vartheta_1),\\
\eta &= \beta + \lambda_1 (x \sin\vartheta_1 + y \cos\vartheta_1).
\end{aligned}
$$

Hieraus folgen als Koordinaten des Krümmungsmittelpunktes der ξ, η-Kurve im Punkte ξ, η die resp. Größen:

$$
\xi - \frac{e_1^2}{w_1^2}\frac{d\eta}{d\vartheta_1},\qquad
\eta + \frac{e_1^2}{w_1}\frac{d\xi}{d\vartheta_1},
$$

wobei gesetzt ist:

$$
e_1^2 = \left(\frac{d\xi}{d\vartheta_1}\right)^2 + \left(\frac{d\eta}{d\vartheta_1}\right)^2,\qquad
w_1 = \frac{d\xi}{d\vartheta_1}\frac{d^2\eta}{d\vartheta_1^2} - \frac{d^2\xi}{d\vartheta_1^2}\frac{d\eta}{d\vartheta_1}.
$$

Wir nehmen eine Parallelverschiebung vor, indem wir als neuen Anfangspunkt den Punkt ξ_p, η_p wählen. Erwägen wir die Beziehungen:

$$
\frac{d\xi}{d\vartheta_1} = \frac{\lambda_1'}{\lambda_1}\xi_1 - \eta_1,\qquad
\frac{d\eta}{d\vartheta_1} = \xi_1 + \frac{\lambda_1'}{\lambda_1}\eta_1,
$$

so ergeben sich die Koordinaten des Krümmungsmittelpunktes im neuen System resp. gleich:

$$
\xi_1 - \frac{e_1^2}{w_1}\left(\xi_1 + \frac{\lambda_1'}{\lambda_1}\eta_1\right),\qquad
\eta_1 + \frac{e_1^2}{w_1}\left(\frac{\lambda_1'}{\lambda_1}\xi_1 - \eta_1\right),
$$

wobei die Beziehungen stattfinden:

$$
e_1^2 = \left(1 + \frac{\lambda_1'^2}{\lambda_1^2}\right)(\xi_1^2 + \eta_1^2),
$$

$$
\lambda_1^2 w_1 = (\lambda_1^2 + 2\lambda_1'^2 - \lambda_1\lambda_1'')(\xi_1^2 + \eta_1^2) - (\xi_1\eta_p' - \eta_1\xi_p')(\lambda_1^2 + \lambda_1'^2).
$$

Wir führen nun ein ξ_2, η_2-System durch die Formeln ein:

$$
(9\,\text{a})\qquad
\begin{aligned}
N_1\xi_2 &= b_2^{(1)}\xi_1 - a_2^{(1)}\eta_1,\\
N_1\eta_2 &= a_2^{(1)}\xi_1 + b_2^{(1)}\eta_1,
\end{aligned}
$$

wobei gesetzt ist:

$$
(9\,\text{b})\qquad
a_2^{(1)} = \frac{d\eta_p}{d\vartheta_1},\quad
b_2^{(1)} = -\frac{d\xi_p}{d\vartheta_1},\quad
N_1^2 = \left(\frac{d\xi_p}{d\vartheta_1}\right)^2 + \left(\frac{d\eta_p}{d\vartheta_1}\right)^2.
$$

ξ_p und η_p können in die Form gebracht werden:

$$\xi_p = \frac{1}{\lambda}\left((x_p - a)\cos\vartheta + (y_p - b)\sin\vartheta\right),$$
$$\eta_p = \frac{1}{\lambda}\left(-(x_p - a)\sin\vartheta + (y_p - b)\cos\vartheta\right).$$

Mithin erhalten wir für die Differentialquotienten nach ϑ die Werte:

$$\frac{d\xi_p}{d\vartheta} = \frac{1}{\lambda}\left(\frac{dx_p}{d\vartheta}\cos\vartheta + \frac{dy_p}{d\vartheta}\sin\vartheta\right),$$
$$\frac{d\eta_p}{d\vartheta} = \frac{1}{\lambda}\left(-\frac{dx_p}{d\vartheta}\sin\vartheta + \frac{dy_p}{d\vartheta}\cos\vartheta\right),$$

oder also es ergeben sich die Beziehungen:

$$a_2^{(1)} = \frac{1}{\lambda}\left(\frac{dx_p}{d\vartheta}\sin\vartheta - \frac{dy_p}{d\vartheta}\cos\vartheta\right),$$
$$b_2^{(1)} = \frac{1}{\lambda}\left(\frac{dx_p}{d\vartheta}\cos\vartheta + \frac{dy_p}{d\vartheta}\sin\vartheta\right).$$

Hieraus folgt:

(10) $$\lambda N_1 = N.$$

Erwägen wir ferner die Beziehungen:

$$\xi_1 = \lambda_1 (x_1\cos\vartheta + y_1\sin\vartheta),$$
$$\eta_1 = \lambda_1 (-x_1\sin\vartheta + y_1\cos\vartheta),$$

so erhalten wir die Transformationsgleichungen:

$$N\xi_2 = \frac{dx_p}{d\vartheta}x_1 + \frac{dy_p}{d\vartheta}y_1 : \lambda = -Nx_2 : \lambda,$$
$$N\eta_2 = -\frac{dy_p}{d\vartheta}x_1 + \frac{dy_p}{d\vartheta}y_1 : \lambda = -Ny_2 : \lambda$$

oder also:

(11) $$\xi_2 = -\lambda_1 x_2, \quad \eta_2 = -\lambda_1 y_2.$$

Hieraus folgen die Gleichungen:

(12) $$e_1^2 = \lambda_1^2\left(1 + \frac{\lambda_1'^2}{\lambda_1^2}\right)(x_2^2 + y_2^2),$$
$$\lambda^2 \cdot w_1 = \lambda_1^2\,(\lambda_1^2 + 2\lambda_1'^2 - \lambda_1\lambda_1'')\,(x_2^2 + y_2^2) + N\,(\lambda_1^2 + \lambda_1'^2)\,\lambda_1 y_2,$$

und die Koordinaten des Krümmungsmittelpunktes nehmen im x_2, y_2-System die resp. Form an:

$$x_2 - \frac{e_1^2}{w_1}\left(x_2 - \frac{\lambda'}{\lambda}y_2\right),$$
$$y_2 - \frac{e_1^2}{w_1}\left(\frac{\lambda'}{\lambda}x_2 + y_2\right).$$

Um die entsprechenden Ausdsücke für die Σ_1-Ebene zu erhalten, muß an Stelle von ξ_2 und η_2 resp. $\lambda_1\xi_2$ und $\lambda_1\eta_2$ gesetzt werden. Es ergeben sich dann als Koordinaten des Krümmungsmittelpunktes im x_2, y_2-System die Größen:

(13 a)
$$\mu_2 = x_2 - \frac{e_1^2}{w_1}\left(x_2 - y_2 \frac{\lambda'}{\lambda}\right),$$
$$\nu_2 = y_2 - \frac{e_1^2}{w_1}\left(\frac{\lambda'}{\lambda} x_2 + y_2\right),$$

wobei gesetzt ist:

(13 b)
$$e_1^2 = \left(1 + \frac{\lambda'^2}{\lambda^2}\right)(x_2^2 + y_2^2),$$
$$w_1 = \left(1 + \frac{\lambda''}{\lambda}\right)(x_2^2 + y_2^2) + N y_2 \left(1 + \frac{\lambda'^2}{\lambda^2}\right).$$

Weitere Darstellungen werden später gegeben werden.

Es möge noch mit kurzen Worten auf den Fall eingegangen werden, daß der Pol auf der festen Polkurve in die Unendlichkeit rückt. Wir wollen dann die x-Achse des festen Systems in die Asymptote legen, den Anfangspunkt in einen beliebigen im Endlichen gelegenen Punkt von ihr. Dann wird im Grenzfalle x_p unendlich groß, y_p dagegen Null.

Nehmen wir zunächst an, der Pol liege im Endlichen, so lautet der Ausdruck für den Krümmungsradius im x_2, y_2-System:
$$\frac{(1 + \operatorname{tg}^2 \omega)^{\frac{3}{2}} (x_2^2 + y_2^2)^{\frac{3}{2}}}{w}$$

Wir nehmen nun eine Parallelverschiebung des Koordinatensystems vor, indem wir setzen:
$$x_2 = x'_1 + x_p.$$
Lassen wir x_p unendlich groß werden, so nähert sich der Krümmungsradius dem Grenzwert:

(14 a)
$$\varrho = -\frac{K}{y},$$

wobei gesetzt ist:

(14 b)
$$K = \lim \frac{x_p^3}{N \cos \omega}.$$

Analog nehmen die Koordinaten des Krümmungsmittelpunktes die Werte an:
$$u = \frac{xy + K \cos \omega}{y}, \quad v = \frac{y^2 + K \sin \omega}{y}.$$
Hieraus folgt, daß alle Systempunkte, die auf einer Parallelen zur entsprechenden Polbahnasymptote liegen, Bahnstellen von gleicher Krümmung beschreiben, daß ferner für alle Bahnpunkte die Krümmungsmittelpunkte bestimmt sind, wenn sie für einen bestimmt sind, vorausgesetzt, daß die Polbahnasymptote bestimmt ist.

§ 43.

Der Wende- und der Rückkehrkreis, sowie andere mit ihnen in Verbindung stehende Kreise.

Wir wollen jetzt den speziellen Fall nehmen, daß bei der ursprünglichen Bewegung der Krümmungskreis eines Bahnpunktes einen unendlich großen Radius besitzt, der Bahnpunkt selbst also ein Wendepunkt ist, dann müssen seine Koordinaten der Gleichung $w = 0$ oder auch der Gleichung:

$$(1) \qquad (\lambda^2 + 2\lambda'^2 - \lambda\lambda'')(x_2^2 + y_2^2) - N(\lambda^2 + \lambda'^2)\, y_2 = 0$$

Genüge leisten. Unter solchen Umständen erhalten wir den Lehrsatz:

Der geometrische Ort aller Punkte, welche bei der ursprünglichen Bewegung in einem Augenblick einen Wendepunkt ihrer Bahn beschreiben, ist ein Kreis.

Wir nennen ihn analog wie bei der starren Bewegung den augenblicklichen Wendekreis oder auch den Wendekreis schlechthin.

Das Analoge gilt für die umgekehrte Bewegung. Bei ihr liegen alle Punkte, die augenblicklich Wendepunkte ihrer Bahn beschreiben, auf der Kurve mit der Gleichung $w_1 = 0$ oder auch:

$$(2) \qquad \lambda(\lambda + \lambda'')(x_2^2 + y_2^2) + N(\lambda^2 + \lambda'^2)\, y_2 = 0.$$

Auch hier ergibt sich ein Kreis, der mit dem Namen des Rückkehrkreises bezeichnet wird.

Die Mittelpunkte beider Kreise liegen auf der y_2-Achse, beide Kreise berühren ferner die x_2-Achse. Ihre zweiten Schnittpunkte mit der y_2-Achse haben die resp. Koordinaten:

$$(3) \qquad \begin{aligned} d_w &= \frac{N(\lambda^2 + \lambda'^2)}{\lambda^2 + 2\lambda'^2 - \lambda\lambda''}, \\ d_r &= -\frac{N(\lambda^2 + \lambda'^2)}{\lambda(\lambda + \lambda'')}. \end{aligned}$$

Um weitere Eigenschaften zu erhalten, gehen wir ähnlich vor, wie in der Theorie der starren Systeme. Die Gleichung der Tangente an die Bahnkurve des Punktes x, y im Punkte x, y lautet:

$$(\lambda a' + \lambda'(x - a) - \lambda(y - b))(Y - y) - (\lambda b' + \lambda'(y - b) + \lambda(x - a))(X - x) = 0.$$

Im x_2, y_2-System nimmt sie die Form an:

$$(\lambda x_2 + \lambda' y_2) X_2 + (\lambda y_2 - \lambda' x_2) Y_2 - \lambda(x_2^2 + y_2^2) = 0.$$

Nehmen wir daher an, daß der Punkt x_2, y_2 auf dem Wendekreis gelegen sei, so können wir sie schreiben:

$$(4\,\text{a}) \qquad (\lambda x_2 + \lambda' y_2)(X_2 - x_w) + (\lambda y_2 - \lambda' x_2)(Y_2 - y_w) = 0,$$

wobei gesetzt ist:

$$(4\,\text{b}) \qquad x_w = \frac{\lambda\lambda'}{\lambda^2 + \lambda'^2} d_w, \quad y_w = \frac{\lambda^2}{\lambda^2 + \lambda'^2} d_w.$$

Hieraus folgt der Lehrsatz:

Die Tangenten, die man in den Punkten des Wendekreises an die Bahnkurven legen kann, gehen alle durch einen und denselben Punkt des Wendekreises.

Wir nennen diesen Punkt den Wendepol.

Das Analoge gilt für die umgekehrte Bewegung. Der betreffende Punkt — Rückkehrpol — hat die Koordinaten:

$$(5) \qquad x_r = \frac{\lambda\lambda'}{\lambda^2 + \lambda'^2} d_r; \quad y_r = \frac{\lambda^2}{\lambda^2 + \lambda'^2} d_r.$$

Unter Hinzunahme der soeben eingeführten Größen können die Gleichungen des Wende- resp. Rückkehrkreises in der Form geschrieben werden:

$$(6)\qquad \begin{aligned} x_2^2 + y_2^2 - \sec^2 \omega\, y_2 y_w = 0, \\ x_2^2 + y_2^2 + \sec^2 \omega\, y_2 y_r = 0. \end{aligned}$$

Aus den Definitionsgleichungen der Koordinaten des Wende- resp. Rückkehrpoles folgen ferner die Beziehungen:

$$\frac{y_w}{x_w} = \frac{y_r}{x_r} = -\operatorname{cotg} \omega.$$

Der Wende- resp. Rückkehrpol sind also die Schnittpunkte der geraden Linie, die durch den Pol geht und mit der Polbahnnormale den Winkel ω einschließt, mit dem Wende- resp. Rückkehrkreis.

Wir hatten in § 40 das Resultat gefunden, daß der geometrische Ort der Spitzen der Einhüllenden aller Geraden ein Kreis ist, dessen Gleichung im x, y-System angegeben war. Führen wir das x_2, y_2-System ein, so zeigt es sich, daß der gefundene Kreis der Rückkehrkreis ist. Das Analoge gilt für die umgekehrte Bewegung. Es ergibt sich der Lehrsatz:

Der Rückkehr- resp. Wendekreis ist der geometrische Ort der Spitzen der Einhüllenden aller geraden Linien für die ursprüngliche resp. die umgekehrte Bewegung.

Wie bei der starren Bewegung, so können wir auch für die ähnlich veränderliche Bewegung unter Hinzunahme der Geschwindigkeit und der beschleunigenden Kraft den Lehrsatz aussprechen:

Der Wendekreis ist der geometrische Ort der Punkte, für welche die Richtung der Geschwindigkeit mit der Richtung der beschleunigenden Kraft zusammenfällt.

Das Analoge gilt für den Rückkehrkreis bei der umgekehrten Bewegung.

Wir haben ferner die Möglichkeit, auch hier unendlich viele weitere Kreise zu definieren, indem wir nach dem geometrischen Orte der Punkte fragen, für welche die Richtung der Geschwindigkeit mit der Richtung der beschleunigenden Kraft einen konstanten Winkel bildet. Alle diese geometrischen Örter sind Kreise.

Nehmen wir insbesondere an, daß der Winkel ein rechter sei, so lautet die Gleichung des entsprechenden Kreises (7):

$$\left(\operatorname{tg} \omega \left(1 + \frac{\lambda''}{\lambda}\right)\left(\frac{d\vartheta}{dt}\right)^2 - \sec^2 \omega \frac{d^2\vartheta}{dt^2}\right)(x_2^2 + y_2^2) - N \sec^2 \omega \left(\frac{d\vartheta}{dt}\right)^2 x_2 = 0.$$

Die übrigen Kreise gehen durch die Schnittpunkte des Wendekreises und des soeben definierten Kreises. Das Analoge folgt für die umgekehrte Bewegung.

Müller führt außer den bisher betrachteten Größen noch einige andere ein, mit deren Hilfe ein Teil der Betrachtungen in vereinfachter Weise dargestellt werden kann. Diese Größen mögen schon an dieser Stelle eingeführt werden, um mit ihrer Hilfe eine weitere Form der Gleichung des Wende- und des Rückkehrkreises zu geben.

Wir denken uns dazu den Wende- und den Rückkehrkreis gezeichnet und durch den Pol die Linie PN gezogen, die mit der gemeinsamen Tangente der beiden Kreise den Winkel ω einschließt.

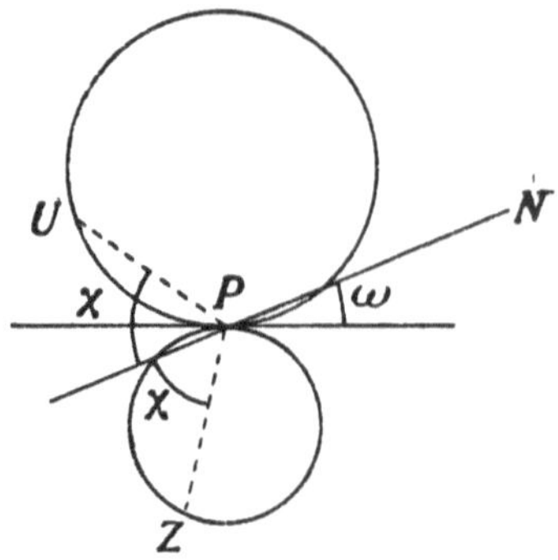

Fig. 31.

Dann wollen wir unter U und Z die Punkte des Wende- resp. Rückkehrkreises verstehen, die in bezug auf PN symmetrisch liegen. $PU = PZ$ möge durch l bezeichnet werden, der Winkel UPZ durch 2χ. Dann folgt:

(8) $$d_w = \frac{l}{\sin(\chi - \omega)}, \quad d_r = -\frac{l}{\sin(\chi + \omega)}$$

oder also:

$$d_w : d_r = -\sin(\chi + \omega) : \sin(\chi - \omega).$$

Andererseits war aber gefunden worden:

$$d_w : d_r = -\lambda(\lambda + \lambda'') : \lambda^2 + 2\lambda'^2 - \lambda\lambda'',$$

so daß wir die Gleichung erhalten:

$$\frac{\lambda(\lambda + \lambda'')}{\lambda^2 + 2\lambda'^2 - \lambda\lambda''} = \frac{\sin(\chi + \omega)}{\sin(\chi - \omega)}.$$

Hieraus ergibt sich:

(9) $$\operatorname{tg}\chi(\lambda'' - \lambda \operatorname{tg}^2\omega) = \lambda \operatorname{tg}\omega(1 + \operatorname{tg}^2\omega).$$

Diese Beziehung erlaubt es, den Quotienten $\lambda'' : \lambda$ durch $\operatorname{tg}\chi$ auszudrücken und umgekehrt — abgesehen von der schon eingeführten Größe $\operatorname{tg}\omega$.

d_w hatten wir in der Form gefunden:

$$d_w = N \frac{\lambda^2 + \lambda'^2}{\lambda^2 + 2\lambda'^2 - \lambda\lambda''}.$$

Unter Hinzunahme der soeben gefundenen Beziehungen ergibt sich dann für N die Darstellung:

(10) $$N = \frac{l}{\sin\chi\cos\omega},$$

und die Gleichungen des Wende- resp. Rückkehrkreises nehmen resp. die Form an:

(11) $$\begin{aligned}\sin(\chi - \omega)(x_2^2 + y_2^2) - l y_2 = 0,\\ \sin(\chi + \omega)(x_2^2 + y_2^2) + l y_2 = 0.\end{aligned}$$

Noch möge bemerkt werden, daß der Wendekreis momentan in die Polkurventangente übergeht, wenn die Gleichung besteht:

$$\lambda^2 + 2\lambda'^2 - \lambda\lambda'' = 0 \text{ oder auch } \chi = \omega.$$

Dann sind für alle Punkte der Polbahntangente die Bahntangenten einander parallel und besitzen den Richtungskoeffizienten $\lambda : \lambda'$. Soll der Wendekreis dauernd in die Polbahntangente ausarten, so muß die Differentialgleichung bestehen:

(12) $$1 + 2\left(\frac{\lambda'}{\lambda}\right)^2 - \frac{\lambda''}{\lambda} = 0,$$

deren vollständiges Integral sich leicht in der Form ergibt:

(13) $$\lambda = 1 : c_1 \sin \vartheta + c_2 \cos \vartheta.$$

Ähnliche Betrachtungen gelten für den Rückkehrkreis. Soll derselbe dauernd in die Polbahntangente ausarten, so ist das Bestehen der Differentialgleichung:

(14) $$\lambda + \lambda'' = 0$$

die hinreichende und notwendige Bedingung. Hieraus folgt:

(15) $$\lambda = c_1 \sin \vartheta + c_2 \cos \vartheta.$$

Weitere Beispiele werden später gebracht werden.

§ 44.

Die geometrische Verwandtschaft zwischen den Kurvenpunkten und den entsprechenden Krümmungsmittelpunkten. Einfachste Punktzuordnungen.

Die Beziehungen zwischen den Koordinaten der Kurvenpunkte und denen der entsprechenden Krümmungsmittelpunkte waren im x_2, y_2-System in die Form gebracht worden:

(1) $$\begin{aligned} u &= x - \frac{e^2}{w}(x - y \operatorname{tg} \omega), \\ v &= y - \frac{e^2}{w}(x \operatorname{tg} \omega + y). \end{aligned}$$

Dabei sind die Indizes 2 fortgelassen worden, was bis auf weiteres auch in der Folge geschehen soll.

Unter Einführung der Größen χ und ω ergeben sich die Beziehungen:

(2) $$\begin{aligned} wu &= -\sin \omega\,(x \cos \chi - y \sin \chi)\,(x^2 + y^2) - lxy, \\ wv &= -\sin \omega\,(x \sin \chi + y \cos \chi)\,(x^2 + y^2) - ly^2. \end{aligned}$$

An Stelle dieser Gleichungen können wir zwei andere setzen, die mit ihnen im allgemeinen übereinstimmen und die Form haben:

(3) $$\begin{aligned} &(x \sin \omega + y \cos \omega) u + (-x \cos \omega + y \sin \omega)\, v - (x^2 + y^2) \sin \omega = 0, \\ &(x \sin \chi + y \cos \chi + l \sin \omega)\, u + (-x \cos \chi + y \sin \chi - l \cos \omega)\, v \\ &\qquad - l\,(x \sin \omega - y \cos \omega) = 0. \end{aligned}$$

Wir können sie auch schreiben:

(3 a) $$\begin{aligned} &(x^2 + y^2) \sin \omega - (u \sin \omega - v \cos \omega)\, x - (u \cos \omega + v \sin \omega)\, y = 0, \\ &(u \sin \chi - v \cos \chi - l \sin \omega)\, x + (u \cos \chi + v \sin \chi + l \cos \omega)\, y \\ &\qquad + l\,(u \sin \omega - v \cos \omega) = 0. \end{aligned}$$

Im allgemeinen wird vermöge der aufgestellten Gleichungen einem jeden reellen endlichen Punkte x, y ein und nur ein endlicher Punkt u, v entsprechen.

Eine Ausnahme bilden die Punkte, die auf dem Wendekreise gelegen sind. Hierzu gehört der Pol. Die letzte Form, die wir den Verwandtschaftsgleichungen gegeben haben, zeigt, daß dem Pole alle Punkte entsprechen, deren Koordinaten der Gleichung Genüge leisten:

$$v = u \operatorname{tg} \omega.$$

Sie liegen auf der Geraden PN, die durch den Pol geht und mit der Polbahntangente den Winkel ω einschließt. Wir wollen ihren zweiten Schnittpunkt mit dem Wendekreis durch N_w bezeichnen.

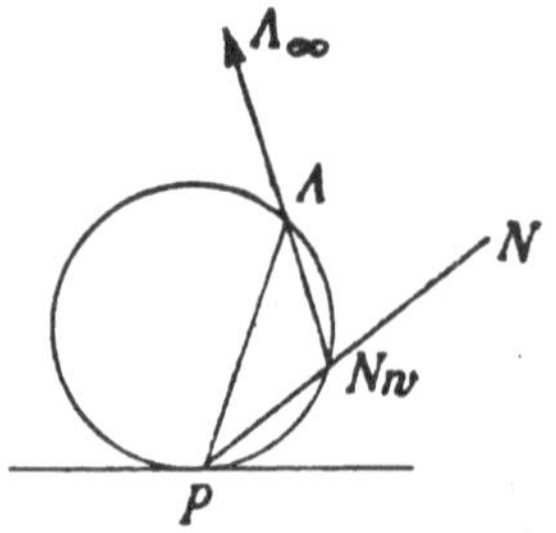

Fig. 32.

Den übrigen Punkten des Wendekreises entsprechen unendlich ferne Punkte, und zwar findet die Beziehung statt:

$$v = u \operatorname{tg} (\omega + \alpha) ,$$

wenn α der Winkel ist, den die Verbindungslinie des Punktes Λ auf dem Wendekreis und des Poles mit der x-Achse einschließt. Hieraus folgt der Lehrsatz:

Einem Punkte Λ des Wendekreises entspricht der unendlich ferne Punkt Λ_∞ seiner Verbindungslinie mit N_w.

Wir fragen weiter, welcher Punkt dem Rückkehrpol entspricht. Die Koordinaten des Rückkehrpoles fanden wir in der Form:

$$x_r = \frac{l \sin \omega \cos \omega}{\sin (\chi + \omega)}, \quad y_r = - \frac{l \cos^2 \omega}{\sin (\chi + \omega)}.$$

Dann folgt aus den Transformationsgleichungen:

$$u = 0, \quad v = - \frac{l}{2 \sin (\chi + \omega)},$$

so daß sich der Satz ergibt:

Dem Rückkehrpol entspricht der Mittelpunkt des Rückkehrkreises oder auch der Krümmungskreis des Rückkehrpoles ist der Rückkehrkreis.

Der Rückkehrkreis geht durch den Pol, und es liegt die Frage nahe, wo alle Punkte x, y liegen, deren Krümmungskreise durch den Pol hindurchgehen.

Die Mittelpunkte der Krümmungskreise haben die Koordinaten u, v. Die hinreichende und notwendige Bedingung dafür, daß ein Krümmungskreis durch den Nullpunkt hindurchgeht, lautet demnach:

$$(u - x)^2 + (v - y)^2 = u^2 + v^2$$

oder auch:

$$x^2 + y^2 - 2ux - 2 vy = 0.$$

Nun folgt aber aus dem Gleichungssystem (2)

$$w (ux + vy) = - (x^2 + y^2) ((x^2 + y^2) \sin \omega \cos \chi + ly),$$

so daß sich als Gleichung des gesuchten geometrischen Ortes die Gleichung ergibt:

$$(x^2 + y^2) \sin (\chi + \omega) + ly = 0.$$

Das ist die Gleichung des Rückkehrkreises, und es ergibt sich der Satz:

Der geometrische Ort aller Systempunkte, deren Krümmungskreis durch den Pol hindurchgeht, ist der Rückkehrkreis.

Wir haben bisher angenommen, daß der Punkt x, y ein endlicher sei. Wir wollen nunmehr annehmen, daß er auf der Linie:

$$y = x \operatorname{tg} \alpha + n$$

in die Unendlichkeit rückt. Nun folgt aus den Transformationsgleichungen:

$$\lim_{x = \infty} \frac{v}{u} = \operatorname{tg} (\chi + \alpha),$$

und wir erhalten den Satz:

Einem unendlich fernen Kurvenpunkt, der dem Richtungswinkel α entspricht, ist ein unendlich ferner Punkt zugeordnet, dessen Richtung mit der Richtung α den Winkel χ im positiven Drehsinn einschließt.

Wir wollen hier sofort einige Bemerkungen über den umgekehrten Fall machen, indem wir annehmen, daß ein Punkt B der u, v-Ebene die wir durch Σ' bezeichnen wollen, gegeben sei, und fragen, welche Punkte in der x, y-Ebene, die wir durch S' bezeichnen wollen, ihm entsprechen.

Nach dem Früheren müssen die Koordinaten x, y der entsprechenden Punkte in der Ebene S' der Gleichung der geraden Linie G_B:

$$(u \sin \chi - v \cos \chi - l \sin \omega)\, x + (u \cos \chi + v \sin \chi + l \cos \omega)\, y$$
$$+ l\, (u \sin \omega - v \cos \omega) = 0$$

und des Kreises K_B:

$$(x^2 + y^2) \sin \omega - (u \sin \omega - v \cos \omega)\, x - (u \cos \omega + v \sin \omega)\, y = 0$$

Genüge leisten, so daß sich der Lehrsatz ergibt:

Einem Punkte u, v der Ebene Σ' entsprechen zwei und nur zwei Punkte der Ebene S'.

Besonderheiten finden erstens statt, wenn der Punkt B in den Pol fällt. Dann nimmt die Gleichung der Geraden die Form an:

$$y = x \operatorname{tg} \omega,$$

während die des Kreises lautet:

$$x^2 + y^2 = 0.$$

Wir finden also den Satz:

Dem Punkte mit den Koordinaten $u = 0, v = 0$ der Ebene Σ' entspricht in der Ebene S' lediglich der Punkt mit den Koordinaten $x = 0$, $y = 0$.

Nehmen wir zweitens an, daß die Gleichungen bestehen:

$$u \sin \chi - v \cos \chi - l \sin \omega = 0,$$
$$u \cos \chi + v \sin \chi + l \cos \omega = 0,$$

so geht G_B in die unendlich ferne Gerade über. Sie schneidet den Kreis in den imaginären Kreispunkten.

Aus den aufgestellten Gleichungen folgt:

$$u = - l \cos (\chi + \omega), \quad v = - l \sin (\chi + \omega),$$

das sind aber die Koordinaten des Punktes Z. Es ergibt sich demnach der Lehrsatz:

Dem Punkte Z in der Ebene Σ' entsprechen die imaginären Kreispunkte in der Ebene S'.

Nehmen wir drittens einen unendlich fernen Punkt B_∞ der Ebene Σ', so entspricht ihm, wie aus den früheren Betrachtungen folgt, erstens der unendlich ferne Punkt A_∞ der Ebene S', dessen Richtung mit der Richtung von B_∞ den Winkel bildet, und zweitens der zweite Schnittpunkt von $N_w B_\infty$ mit dem Wendekreise.

Wir wollen ferner die folgenden Zuordnungen in Betracht ziehen.

Wir fanden, daß dem Pole der Ebene S' in der Ebene Σ' die Linie PN mit der Gleichung:

$$u \sin \omega - v \cos \omega = 0$$

entspricht. Wir nehmen nun umgekehrt einen Punkt dieser Linie in der Ebene Σ' als gegeben an. Für die Koordinaten der entsprechenden Punkte ergeben sich die Gleichungen:

$$(l \sin \omega \cos \omega - u \sin (\chi - \omega))\, x - (l \cos^2 \omega - u \cos (\chi - \omega))\, y = 0,$$
$$(x^2 + y^2) \sin \omega \cdot \cos \omega - uy = 0.$$

Wie wir uns überzeugen, fällt ein entsprechender Punkt in den Pol, während der andere im allgemeinen eine andere Lage hat. Er fällt dann und nur dann in den Pol, wenn die Gerade G_B die Tangente des Kreises K_B im Nullpunkt ist, und das geschieht für:

$$u = \frac{l \sin \omega \cos \omega}{\sin (\chi - \omega)}, \quad v = \frac{l \sin^2 \omega}{\sin (\chi - \omega)},$$

d. h. für den Punkt N_w. Es ergibt sich der Satz:

Allen Punkten der Geraden PN ist der Pol als ein entsprechender Punkt zugeordnet. Der andere Punkt ist im allgemeinen vom Pol verschieden und fällt nur für den Punkt N_w mit ihm zusammen.

Wir hatten ferner gefunden, daß dem Rückkehrpol in der Ebene S' der Mittelpunkt des Rückkehrkreises in der Ebene Σ' entspricht. Wir nehmen nun umgekehrt diesen Punkt in der Ebene Σ' als gegeben an und fragen nach den entsprechenden Punkten. Der Mittelpunkt des Rückkehrkreises hat die Koordinaten:

$$u = 0, \quad v = -\frac{l}{2 \sin (\chi + \omega)},$$

die Verwandtschaftsgleichungen nehmen die Form an:

$$x \cos (\chi + 2\,\omega) + y \sin (\chi + 2\,\omega) + l \cos \omega = 0,$$
$$2\,(x^2 + y^2) \sin \omega \sin (\chi + \omega) - l\,(x \cos \omega - y \sin \omega) = 0.$$

Jedenfalls leisten diesen Gleichungen die Größen:

$$x_r = \frac{l \sin \omega \cos \omega}{\sin (\chi + \omega)}, \quad y_r = -\frac{l^2 \cos^2 \omega}{\sin (\chi + \omega)}$$

Genüge, so daß wir sie schreiben können:

$$(x - x_r) \cos (\chi + 2\,\omega) + (y - y_r) \sin (\chi + 2\,\omega) = 0,$$
$$2\,(x^2 - x_r^2 + y^2 - y_r^2) \sin \omega \sin (\chi + \omega) - l\,((x - x_r) \cos \omega - (y - y_r) \sin \omega) = 0.$$

Aus ihnen ergeben sich die Koordinaten des zweiten entsprechenden Punktes in der Form:

$$x = \frac{l \sin \chi}{2 \sin \omega}, \quad y = -\frac{l \cos \chi}{2 \sin \omega}.$$

Die folgende Betrachtung führt zu einer einfachen Konstruktion dieses Punktes. Er ist der Mittelpunkt des Kreises:

$$(x^2 + y^2) \sin \omega - l\,(x \sin \chi - y \cos \chi) = 0.$$

Dieser Kreis geht durch den Pol und durch den Punkt Z, dessen Koordinaten resp. gleich:

$$-\,l \cos (\chi + \omega), \quad -\,i \sin (\chi + \omega)$$

gefunden waren. Die Tangente im Pol hat die Gleichung:

$$y = x \operatorname{tg} \chi.$$

Um sie zu konstruieren, ziehen wir durch U eine Parallele zu PN_w, die den Wendekreis in U' schneidet, so ist PU' die gesuchte Tangente. Dann ist der gesuchte Punkt unmittelbar zu konstruieren.

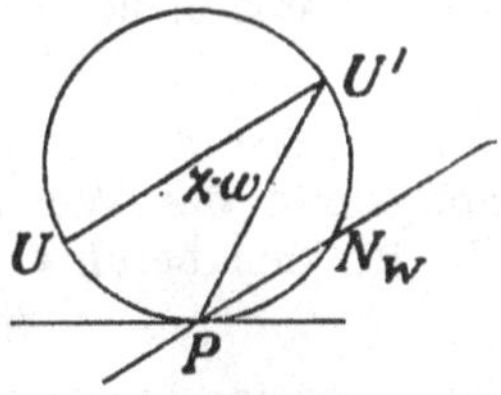

Fig. 33.

Während den reellen Punkten der Ebene S' reelle Punkte der Ebene Σ' entsprechen, wird das Umgekehrte nicht immer der Fall sein.

Die Punkte der Ebene S', die einem Punkte der Ebene Σ' entsprechen, sind die Schnittpunkte der Geraden G_B und des Kreises K_B. Je nach der gegenseitigen Lage dieser beiden Linien wird die Art der entsprechenden Punkte sein. Wenn die Gerade den Kreis berührt, so fallen die beiden Punkte zusammen. Der geometrische Ort dieser Berührungspunkte ist eine Kurve σ, die Müller die Übergangskurve nennt. Sie trennt die Punkte, denen zwei voneinander verschiedene reelle Punkte entsprechen, von denen, welchen zwei imaginäre Punkte entsprechen.

Ihre Gleichung kann nach leichten Rechnungen in die Form gebracht werden:

$$((u^2 + v^2) \cos (\chi - \omega) + lu)^2 - (u^2 + v^2)\,(u^2 + v^2 + 2\,lu \cos (\chi + \omega) + 2\,lv \sin (\chi + \omega) + l^2) = 0.$$

Durch geeignete Zusammenfassung ergibt sich zunächst:

$$(u^2 + v^2)^2 \sin^2 (\chi - \omega) + 2l\,(u^2 + v^2)\,(-\,2u \sin \chi \sin \omega + v \sin (\chi + \omega)) + l^2 v^2 = 0. \tag{4}$$

Führen wir ferner den Wendekreis durch die Gleichung:

$$w = (u^2 + v^2) \sin (\chi - \omega) - lv = 0$$

ein, so können wir die Gleichung der Übergangskurve schreiben:

$$w^2 - 4l\,(u^2 + v^2) \sin \chi\,(u \sin \omega - v \cos \omega) = 0. \tag{5}$$

Das Spiegelbild des Wendekreises an der u-Achse hat die Gleichung:

$$w' = (u^2 + v^2) \sin (\chi - \omega) + lv = 0. \tag{6}$$

Unter Hinzunahme von w' finden wir für σ die weitere Gleichungsform:

$$w'^2 - 4\,l\,(u^2 + v^2) \sin \omega\,(u \sin \chi - v \cos \chi) = 0. \tag{7}$$

Führen wir schließlich den Rückkehrkreis durch die Gleichung ein:

$$w_1 = (u^2 + v^2) \sin (\chi + \omega) + lv = 0, \tag{8}$$

so erhalten wir für σ die Darstellung:

$$w_1^2 - 4\,(u^2 + v^2)\,((u^2 + v^2) \cos \chi \cos \omega + lu) \sin \chi \sin \omega = 0. \tag{9}$$

Aus allen diesen Darstellungen folgt, daß die Übergangskurve eine bizirkulare Kurve vierter Ordnung ist. Sie besitzt als solche eine Reihe bekannter Eigenschaften, auf die nicht näher eingegangen werden soll, wir begnügen uns vielmehr mit den folgenden Bemerkungen.

Der Pol ist ein Rückkehrpunkt der Kurve, dessen Tangente die Polkurventangente ist. Die Gerade mit der Gleichung:

$$u \sin \omega - v \cos \omega = 0,$$

d. h. die Gerade PN berührt die Kurve in ihrem Schnittpunkt mit dem Wendekreis, d. h. in N_w. Die Gerade mit der Gleichung:

$$u \sin \chi - v \cos \chi = 0,$$

d. h. die Gerade PU' berührt die Kurve in ihrem Schnittpunkt mit dem Spiegelbild des Wendekreises an der u-Achse.

Endlich berührt der Kreis:

$$(u^2 + v^2) \cos \chi \cos \omega + lu = 0$$

die Übergangskurve in ihrem Schnittpunkt mit dem Rückkehrkreis. Der erstere kann aber leicht konstruiert werden. Jedenfalls berührte er die v-Achse im Nullpunkt, überdies geht er durch den Punkt:

$$u = -\frac{l \cos \omega}{\cos \chi}, \quad v = -\frac{l \sin \omega}{\cos \chi},$$

der auf der Linie PN liegt und mit Hilfe der Linie PU sofort zu konstruieren ist. Die Kurve verläuft ganz im Endlichen. Auf eine Konstruktion soll später eingegangen werden.

§ 45.

Fortsetzung. Konstruktionen und metrische Relationen.

Nachdem die Zuordnung einiger besonderer Punkte in Betracht gezogen ist, stellen wir jetzt die Aufgabe, zu einem Punkte $\mathit{\Lambda}$ mit den Koordinaten x, y den entsprechenden Krümmungsmittelpunkt A zu konstruieren. Wir nehmen dazu an, daß neben dem Winkel ω der Pol, der Wende- und der Rückkehrkreis gegeben sei.

Zunächst kann die Aufgabe durch Zurückführung auf die entsprechende Aufgabe für die starren Systeme gelöst werden. In der Tat, führen wir Polarkoordinaten r, φ ein, so nimmt der Krümmungsradius $\mathit{\Lambda}A$ den Wert an:

$$\frac{\sin \chi}{\sin (\chi - \omega)} \frac{r^2}{d_w \sin \varphi - r}.$$

Andererseits besitzt der Krümmungsradius $\mathit{\Lambda}\mathfrak{A}$ des Punktes $\mathit{\Lambda}$ eines starren Systems, welches momentan denselben Pol und denselben Wendekreis besitzt wie das ähnlich veränderliche den Wert:

$$\frac{r^2}{d_w \sin \varphi - r}.$$

Hieraus folgt:

$$\frac{\mathit{\Lambda}A}{\mathit{\Lambda}\mathfrak{A}} = \frac{\sin \chi}{\sin (\chi - \omega)}.$$

Der Punkt 𝔄 kann nach angegebenen Methoden konstruiert werden, der Punkt A also auch. In bezug auf alles Nähere möge auf die zitierte Arbeit von R. Müller verwiesen werden.

Indessen empfiehlt es sich, vor allem mit Rücksicht auf die umgekehrte Bewegung, die Konstruktionen direkt an die Transformationsgleichungen anzuknüpfen. Sie lauteten (1) und (2):

$$(x \sin \omega + y \cos \omega)\, u + (-x \cos \omega + y \sin \omega)\, v - (x^2 + y^2) \sin \omega = 0,$$
$$(x \sin \chi + y \cos \chi + l \sin \omega)\, u + (-x \cos \chi + y \sin \chi - l \cos \omega)\, v - l\,(x \sin \omega - y \cos \omega) = 0.$$

Die geraden Linien, die diesen beiden Gleichungen entsprechen, bezeichnen wir durch n_A und g_A. Die erste Linie ist nichts anderes als die Normale an die Bahnkurve im Punkte A, da sie durch den Punkt A hindurchgeht und den Richtungskoeffizienten tg $(\omega + \alpha)$ besitzt, wenn α den Winkel bedeutet, den die Linie PA mit der x-Achse einschließt. Schneidet daher PN den Wendekreis in N_w, den Rückkehrkreis in N_r, der Polstrahl AP den Wendekreis in A_w, den Rückkehrkreis in A_r, so ist die gesuchte Normale n_A die Parallele durch A zu $N_w A_w$ oder auch $N_r A_r$.

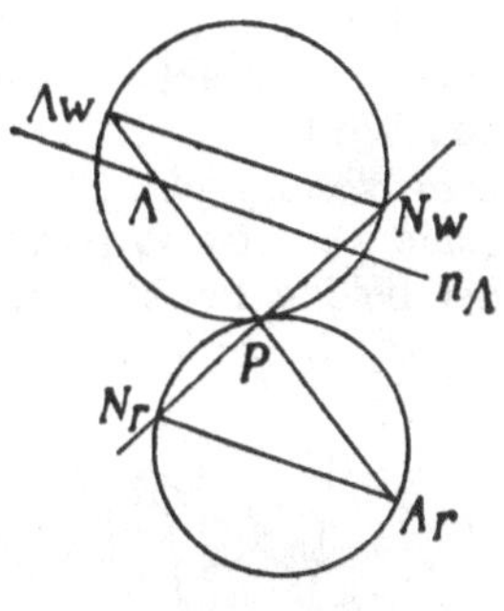

Fig. 34.

Etwas umständlicher gestaltet sich die Konstruktion der Geraden g_A. Es können zwei Punkte angegeben werden, durch die sie hindurchgeht. Erstens der Schnittpunkt A_1 der beiden geraden Linien mit den Gleichungen:

$$(3\text{a}) \qquad (x \sin \chi + y \cos \chi)\, u + (-x \cos \chi + y \sin \chi)\, v = 0,$$
$$(3\text{b}) \qquad (u - x) \sin \omega - (v - y) \cos \omega = 0.$$

Die erste dieser beiden Linien geht durch den Pol und schließt mit der x-Achse den Winkel $\chi + \alpha$ ein, die zweite geht durch A und ist der Linie PN parallel. Beide können konstruiert werden, ihr Schnittpunkt ist der Punkt A_1 der Geraden g_A.

Zweitens geht g_A durch den Schnittpunkt A_2 der beiden geraden Linien mit den Gleichungen (4 a) und (4 b):

$$(x \sin \chi + y \cos \chi)\, u + (-x \cos \chi + y \sin \chi)\, v - l\,(x \sin \omega - y \cos \omega) = 0,$$
$$u \sin \omega - v \cos \omega = 0.$$

Die erste dieser beiden Geraden geht durch den Punkt Z und ist der Linie (3 a) parallel, somit zu konstruieren. Die Linie (4 b) ist die Linie PN_w. Ziehen wir also durch Z eine Parallele zu der Linie $A_1 P$, so schneidet diese die Linie PN_w im Punkte A_2. Die Verbindungslinie $A_1 A_2$ ergibt dann die gesuchte Linie g_A.

Die wirkliche Konstruktion kann durch die folgende Betrachtung erleichtert werden:

Die Linie $A_2 Z$ möge die Linie AP im Punkte A_3 schneiden. $A_2 A_3$ bildet mit der x-Achse den Winkel $\chi + \alpha$, AA_3 den Winkel α, daher ist der Winkel $A_2 A_3 P$ gleich χ.

Der Punkt A_3 liegt also auf einem Kreise, der die Linie PN_w in P

berührt und durch Z hindurchgeht. Er kann konstruiert werden. Wir bezeichnen ihn durch K_z. Wir erhalten dann die folgende Konstruktion:

Man konstruiere den Kreis K_z, verbinde Λ mit P und verlängere diese Linie, bis sie den Kreis in Λ_3 schneidet. Die Linie $Z\Lambda_3$ schneidet dann die Linie PN_w im Punkte Λ_2. Zieht man ferner durch Λ eine Parallele zu PN_w und durch P eine Parallele zu $\Lambda_2\Lambda_3$, so schneiden sich diese beiden Linien im Punkte Λ_1. Damit sind zwei Punkte von g_Λ gefunden, die Linie selbst also auch.

Der Schnittpunkt der beiden Linien n_Λ und g_Λ ist der gesuchte Krümmungsmittelpunkt.

Die Konstruktion der Linie g_Λ kann noch etwas vereinfacht werden. Wie eine einfache Rechnung zeigt, bildet die Linie g_Λ mit der Linie $U\Lambda$ den Winkel χ. Nennen wir andererseits den Schnittpunkt von $U\Lambda$ mit dem Wendekreise Λ_4, so bildet $U\Lambda_4$ mit Λ_4N_w auch den Winkel χ, die Linie g_Λ ist also parallel der Linie $\Lambda_4 N_w$. Es genügt demnach, einen der beiden Punkte Λ_1 oder Λ_2 zu kennen und durch ihn eine Parallele zu $\Lambda_4 N_w$ zu ziehen, um die Linie g_Λ zu erhalten.

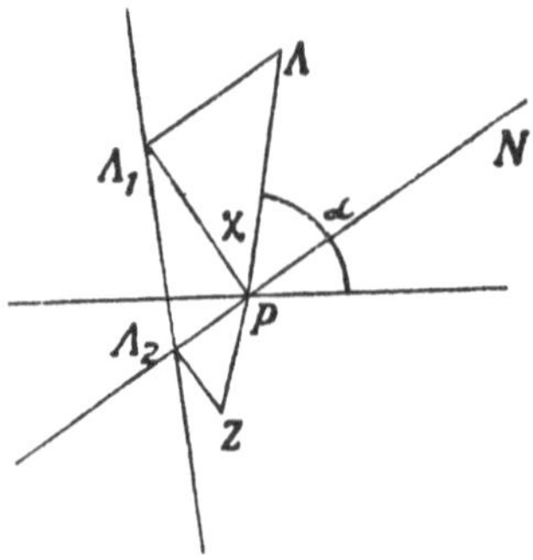

Fig. 35.

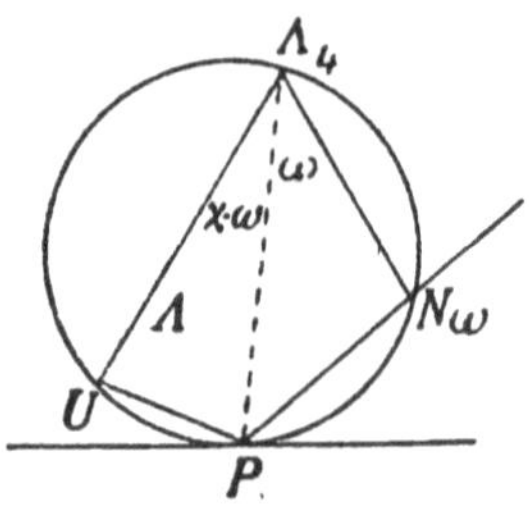

Fig. 36.

Die umgekehrte Aufgabe, zu einem gegebenen Krümmungsmittelpunkt $B(u, v)$ die beiden entsprechenden Punkte x, y zu finden, kann in ähnlicher Weise gelöst werden.

Es handelt sich dabei erstens um die Konstruktion des Kreises:

$$(x^2 + y^2) \sin \omega - x (u \sin \omega - v \cos \omega) - y (u \cos \omega + v \sin \omega) = 0.$$

Dieser Kreis geht durch den Pol und den Punkt B hindurch, da die Koordinatenwerte $x = u$, $y = v$ seiner Gleichung genügen. Ferner lautet die Gleichung der Tangente, die im Punkte B an den Kreis gelegt werden kann:

$$X (u \sin \omega + v \cos \omega) + Y (- u \cos \omega + v \sin \omega) - (u^2 + v^2) \sin \omega = 0,$$

die Tangente fällt also mit der Normalen zusammen, die im Punkte u, v an die Bahnkurve des Punktes u, v gezogen werden kann.

Es genügt, den Mittelpunkt des gesuchten Kreises zu konstruieren. Dazu ziehen wir im Punkte B die Tangente an die Bahnkurve. Ihr Schnittpunkt mit der Mittelsenkrechten von PB ist der gesuchte Mittelpunkt.

Zweitens handelt es sich um die Konstruktion der Linie g_B, deren Gleichung lautet:

$$x (u \sin \chi - v \cos \chi - l \sin \omega) + y (u \cos \chi + v \sin \chi + l \cos \omega) \\ + l (u \sin \omega - v \cos \omega) = 0.$$

Mit Bezugnahme auf die früheren Betrachtungen kann sie folgendermaßen durchgeführt werden: Man konstruiere den Kreis K_u, der durch U hindurchgeht und die Linie PN in P berührt, und ziehe die Verbindungslinie BP, die den Kreis K_u im weiteren Punkte B_3 schneidet. Die Linie B_3U schneidet dann die Linie PN in einem Punkte B_2 der gesuchten Linie. Zieht man durch P eine Parallele zu B_3U und durch B eine Parallele zu PN, so schneiden sich diese beiden Linien in einem weiteren Punkte B_1 der gesuchten Linie, die demnach bestimmt ist.

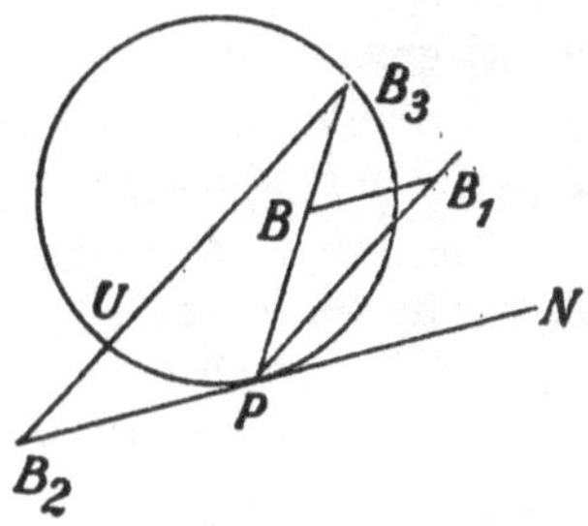

Fig. 37.

Auch hier kann die Konstruktion des einen der beiden Punkte B_1 oder B_2 analog wie vorhin vermieden werden.

§ 46.

Fortsetzung. Untersuchung der Kurven in der Ebene Σ, die den geraden Linien in der Ebene S' entsprechen.

Nachdem die Zuordnung einzelner Punkte der Ebenen S' und Σ in den beiden letzten Paragraphen untersucht worden sind, wollen wir jetzt die Zuordnung von einzelnen Kurven näher in Betracht ziehen. Dabei beschränken wir uns darauf, die Bilder zu untersuchen, die den geraden Linien der Ebenen S' resp. Σ in den Ebenen Σ resp. S' entsprechen.

Dabei soll im Anschluß an Müller ein neues Koordinatensystem eingeführt werden, dessen x-Achse in die Linie PN_w fällt und dessen y-Achse im Pole senkrecht dazu steht. Wir wollen es kurz das x', y'-System nennen und es mit dem zuletzt benutzten durch die Gleichungen verbinden:

$$(1) \qquad \begin{cases} x = x' \cos\omega - y' \sin\omega, \\ y = x' \sin\omega + y' \cos\omega. \end{cases}$$

Unter Zugrundelegung dieses Koordinatensystems nehmen die Verwandtschaftsgleichungen die Form an (2):

$$(x'^2 + y'^2) \sin\omega - (x' \sin\omega + y' \cos\omega) u' + (x' \cos\omega - y' \sin\omega) v' = 0,$$
$$x'(u' \sin\chi - v' \cos\chi) + y'(u' \cos\chi + v' \sin\chi + l) - lv' = 0.$$

Wir denken uns nun eine gerade Linie g durch die Gleichungen gegeben:

$$(3) \qquad \begin{aligned} x' &= z \sin\gamma + d \cos\gamma, \\ y' &= -z \cos\gamma + d \sin\gamma. \end{aligned}$$

Dann ist γ der Winkel, den die Normale auf die Gerade mit der x'-Achse bildet und d die Länge des Lotes vom Pol auf die Linie g.

Wir können dann der Linie g zwei Scharen gerader Linien in der Ebene Σ zuordnen, deren Gleichungen lauten:

(4) $$(z^2 + d^2) \sin \omega + z (u' \cos (\omega + \gamma) + v' \sin (\omega + \gamma)) - d (u' \sin (\omega + \gamma) - v' \cos (\omega + \gamma)) = 0$$ und

(5) $$g_1 z + g_2 = 0,$$

wobei gesetzt ist:

$$g_1 = \sin \gamma (u' \sin \chi - v' \cos \chi) - \cos \gamma (u' \cos \chi + v' \sin \chi + l),$$
$$g_2 = d (\cos \gamma (u' \sin \chi - v' \cos \chi) + \sin \gamma (u' \cos \chi + v' \sin \chi + l)) - lv'.$$

Die Elimination von z ergibt die Gleichung der entsprechenden Kurve in der Form:

(6) $$(g_2^2 + g_1^2 d^2) \sin \omega - g_1 g_2 (u' \cos (\omega + \gamma) + v' \sin (\omega + \gamma)) - d^2 g_1^2 (u' \sin (\omega + \gamma) - v' \cos (\omega + \gamma)) = 0.$$

Unter solchen Umständen erhalten wir den Lehrsatz:

Einer geraden Linie in der Ebene S' entspricht eine Kurve dritter Ordnung in der Ebene Σ'.

Die Kurve ist eine rationale, da sich u' und v' rational durch z darstellen lassen.

Die erste Schar gerader Linien hüllt eine Parabel ein. In der Tat differenzieren wir Gleichung (4) nach z und eliminieren z, so ergibt sich die Gleichung (7):

$$(u' \cos (\omega + \gamma) + v' \sin (\omega + \gamma))^2 + 4d (u' \sin (\omega + \gamma) - v' \cos (\omega + \gamma)) \sin \omega - 4d^2 \sin^2 \omega = 0,$$

die eine Parabel darstellt. Um deren Lage zu untersuchen, setzen wir:

$$u' = u'' \cos (\omega + \gamma) - v'' \sin (\omega + \gamma),$$
$$v' = u'' \sin (\omega + \gamma) + v'' \cos (\omega + \gamma).$$

und führen die Größen u'' und v'' in die Parabelgleichung ein. Sie nimmt die Form an:

$$u''^2 = 4d \sin \omega (v'' + d \sin \omega).$$

Der Scheitel hat demgemäß die Koordinaten $u'' = 0$, $v'' = -d \sin \omega$, die Achse fällt in die v''-Achse des neuen Systems. Die gefundene Parabel kann auch aufgefaßt werden als die Einhüllende eines Schenkels eines Winkels von der Größe ω, dessen anderer Schenkel durch den Pol geht und dessen Scheitel sich längs der Geraden g bewegt.

Die zweite Schar gerader Linien bildet ein Strahlenbüschel, dessen Mittelpunkt der Schnittpunkt der beiden Linien:

$$g_1 = 0, \quad g_2 = 0$$

ist. Die Gleichung der ersten kann geschrieben werden:

(8) $$u' \cos (\chi + \gamma) + v' \sin (\chi + \gamma) + l \cos \gamma = 0.$$

Sie geht durch den Punkt Z mit den Koordinaten:

$$u' = -l \cos \chi, \quad v' = -l \sin \chi$$

und bildet mit der Linie g den Winkel χ.

Wir können noch einen zweiten auf ihr gelegenen Punkt in einfacher Weise konstruieren. In der Tat, ihrer Gleichung genügen die Koordinaten:

$$u' = \frac{l \cos \gamma \sin (\gamma - \omega)}{\sin (\chi + \omega)}, \quad v' = -\frac{l \cos \gamma \cos (\gamma - \omega)}{\sin (\chi + \omega)}.$$

Der entsprechende Punkt ist der Schnittpunkt des Rückkehrkreises und der Parallelen zur gegebenen Geraden, die durch den Schnittpunkt N_r von PN mit dem Rückkehrkreis gezogen werden kann. Wir wollen ihn durch K bezeichnen. ZK ist dann die Linie g_1.

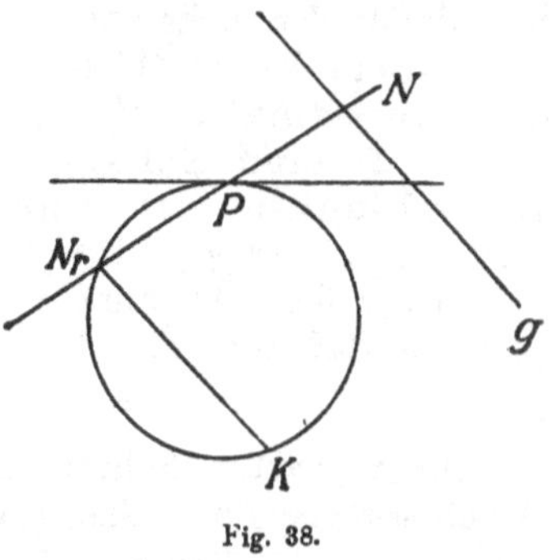

Fig. 38.

Die Linie g_2 wollen wir durch eine andere des Büschels ersetzen, und zwar durch diejenige, die dem Schnittpunkt der gegebenen Geraden g mit der Linie PN entspricht. Um sie zu finden, verbinden wir den Schnittpunkt auf PN mit U. Schneidet diese Linie den Kreis K_u in C, so ist PC die gesuchte Linie. Der Schnittpunkt von ZK und PC ist dann der gesuchte Mittelpunkt des Strahlenbüschels. Unter solchen Umständen erhalten wir den Lehrsatz:

Die zuletzt untersuchte Kurve dritter Ordnung wird durch ein Tangentenbüschel einer Parabel und ein ihm projektives Strahlenbüschel erzeugt.

Der Mittelpunkt Δ ist ein Doppelpunkt der Kurve, und zwar, wie aus dem Früheren unmittelbar folgt, ein Knotenpunkt, Rückkehrpunkt oder konjugierter Punkt, je nachdem er außerhalb, auf oder innerhalb der Übergangskurve gelegen ist. Die Kurve dritter Ordnung hat drei Asymptoten. Die eine ist der Linie $g_1 = 0$ parallel und hat die Gleichung:

$$(9) \qquad v' = -u' \operatorname{ctg}(\chi + \gamma) - \frac{l \cos \gamma}{\sin(\chi + \gamma)} - \frac{\sin \omega \, (d + l \cos(\chi + \gamma))}{\sin(\chi - \omega) \sin(\chi + \gamma)}.$$

Die beiden anderen sind die Verbindungslinien von N_w mit den Schnittpunkten des Wendekreises und der Linie g.

Noch mögen die folgenden Bemerkungen hervorgehoben werden.

Der Punkt Δ liegt auf der Linie:

$$-g_1 = u' \cos(\chi + \gamma) + v' \sin(\chi + \gamma) + l \cos \gamma = 0.$$

In dieser Gleichung kommt d nicht vor. Unter solchen Umständen erhalten wir den Lehrsatz:

Einer Schar paralleler Geraden der Ebene S' entspricht eine Schar von Kurven dritter Ordnung, deren Doppelpunkte auf der Geraden $g_1 = 0$ liegen, deren eine Asymptote ferner dieser Linie parallel ist.

Wir wollen zweitens alle Geraden betrachten, die durch den Punkt Δ mit den Koordinaten x'_1, y'_1 hindurchgeht. Für diese geraden Linien findet die Beziehung statt:

$$d = x'_1 \cos \gamma + y'_1 \sin \gamma.$$

Die Koordinaten von Δ ergeben sich in der Form:

$$u'_0 = -\frac{l\,(d \cos \chi + l \cos \gamma)}{d + l \cos(\chi + \gamma)},$$
$$v'_0 = -\frac{l\,d \sin \chi}{d + l \cos(\chi + \gamma)}.$$

Unter solchen Umständen finden wir die Beziehung:

$$(u'_0 \sin\chi - v'_0 \cos\chi)\, x'_1 + (u'_0 \cos\chi + v'_0 \sin\chi)\, y'_1 + l y'_1 - l v'_0 = 0$$

und damit den Lehrsatz:

Einem Büschel gerader Linien durch den Punkt $\mathit{\Lambda}$ mit den Koordinaten x'_1, y'_1 in der Ebene S' entspricht in der Ebene Σ' eine Schar von Kurven dritter Ordnung, deren Doppelpunkte auf einer geraden Linie liegen, und zwar auf der Linie g_{Λ}, die dem Punkte $\mathit{\Lambda}$ entspricht.

Wir wollen jetzt annehmen, daß die Linie g durch den Pol hindurchgeht, so daß ihre Gleichungen lauten:

$$x' = z\sin\gamma, \quad y' = -z\cos\gamma. \tag{10}$$

Ihren zweiten Schnittpunkt mit dem Wendekreis nennen wir L. Die entsprechenden Scharen von geraden Linien haben die Gleichungen:

$$z^2 \sin\omega + z\,(u'\cos(\omega+\gamma) + v'\sin(\omega+\gamma)) = 0 \quad \text{und:} \tag{11}$$

$$g_1 z + g_2 = 0, \tag{12}$$

wobei nunmehr zu setzen ist:

$$g_1 = - u'\cos(\chi+\gamma) - v'\sin(\chi+\gamma) - l\cos\gamma,$$
$$g_2 = -lv'.$$

Die Elimination von z ergibt als geometrischen Ort der Punkte, die der Geraden g entsprechen, erstens die Linie $v' = 0$ und zweitens den Kegelschnitt mit der Gleichung:

$$\begin{aligned} & u'^2 \cos(\chi+\gamma)\cos(\omega+\gamma) + u'v'\sin(\chi+\omega+2\gamma) \\ & + v'^2 \sin(\chi+\gamma)\sin(\omega+\gamma) + l\cos(\omega+\gamma)\,(u'\cos\gamma + v'\sin\gamma) = 0. \end{aligned} \tag{13}$$

Die Gleichungsdeterminante ist gleich:

$$-\frac{1}{4}\sin^2(\chi-\omega).$$

Der Kegelschnitt ist also im allgemeinen eine Hyperbel, nur wenn χ gleich ω ist, eine Parabel. In diesem Falle fällt der Wendekreis mit der Polbahntangente zusammen. Von der Linie $v' = 0$ sehen wir ab und erhalten den Lehrsatz:

Einer geraden Linie durch den Nullpunkt in der Ebene S' entspricht als Bildkurve in der Ebene Σ' ein Kegelschnitt, und zwar im Falle $\chi = \omega$ eine Parabel, im übrigen eine Hyperbel.

Die erste Schar gerader Linien (11) ist eine Schar paralleler Geraden. Der zugehörige Richtungskoeffizient ist gleich

$$-\operatorname{ctg}(\omega+\gamma)$$

oder, wenn α der Winkel ist, den die vorgelegte Gerade mit der x'-Achse bildet, gleich:

$$\operatorname{tg}(\omega+\alpha).$$

Hieraus folgt, daß die erste Schar gerader Linien die Geraden enthält, die der Linie LN_∞ parallel sind.

Die zweite Schar der geraden Linien (12) bildet ein Strahlenbüschel, dessen Mittelpunkt die Koordinaten hat:

$$u_0' = -\frac{l \cos \gamma}{\cos(\chi + \gamma)}, \quad v_0' = 0.$$

Der Mittelpunkt liegt also auf der u'-Achse, und zwar in deren Schnittpunkt mit der Linie $g_1 = 0$. Unter solchen Umständen erhalten wir den Lehrsatz:

Der Kegelschnitt, welcher einer geraden Linie durch den Pol entspricht, wird durch eine Schar paralleler Geraden und ein dieser Schar projektives Strahlenbüschel mit dem Mittelpunkt Δ erzeugt.

Es möge noch kurz auf die Asymptoten der Hyperbel eingegangen werden. Die Gleichung der ersten Asymptote der Kurve dritter Ordnung nimmt für $d = 0$ die Form an:

$$v' + l \sin \chi = -\operatorname{ctg}(\chi + \gamma)\,(u' + l \sin \chi \operatorname{ctg}(\chi - \omega)). \tag{13}$$

Sie ist parallel der Linie:

$$g_1 = 0$$

und geht durch den Punkt mit den Koordinaten:

$$-l \sin \chi \operatorname{ctg}(\chi - \omega), \quad -l \sin \chi.$$

Ziehen wir durch U eine Parallele zu PN_w, die den Wendekreis in U' schneidet, so hat U' die Koordinaten:

$$l \sin \chi \operatorname{ctg}(\chi - \omega), \quad l \sin \chi;$$

daher geht die erste Asymptote durch den Punkt V', der symmetrisch zu U' in bezug auf den Pol gelegen ist, und verläuft parallel der Linie g_1. Dabei ist der Punkt V' unabhängig von der Wahl der durch den Pol gehenden Linie g. Die zweite Asymptote der Kurve dritter Ordnung fällt im speziellen Falle mit der Linie $v' = 0$ zusammen, scheidet also für die Hyperbel aus. Die dritte Asymptote ist die Linie LN_w, geht also, wie im übrigen die durch den Pol gehende Linie gewählt sein möge, stets durch den Punkt N_w.

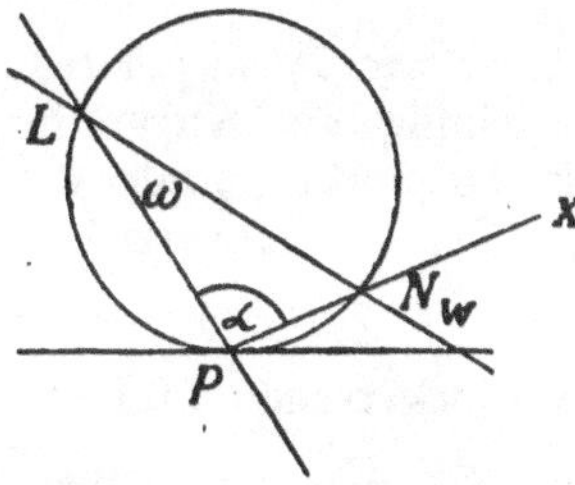

Fig. 39.

Faßt man also die Gesamtheit aller in Betracht kommenden Hyperbeln ins Auge, so bilden deren Asymptoten zwei Strahlenbüschel mit den resp. Mittelpunkten V' und N_w. Dabei schließen die Asymptoten einer jeden Hyperbel den Winkel $\chi - \omega$ miteinander ein, der auch unabhängig von der Wahl der Linie g ist, und schneiden sich auf dem Kreise, der durch P, V', N_w gelegt werden kann. Dieser Kreis ist zu gleicher Zeit der geometrische Ort der Mittelpunkte aller in Betracht kommenden Hyperbeln.

Es bleibt übrig, zwei spezielle Fälle zu untersuchen.

Die Linie g möge erstens mit der Polbahntangente zusammenfallen. Dann ist:

$$\gamma = \frac{\pi}{2} - \omega.$$

Die Hyperbel zerfällt in die Linie $v' = 0$ und $v' = u' \operatorname{tg}(\chi - \omega)$. Im ganzen entspricht der Polbahntangente also die doppelt zu zählende Gerade PN und die Linie PU'.

Zweitens möge die Linie g mit der Polbahnnormale zusammenfallen, für welche $\gamma = -\omega$ wird. Dann nimmt die Gleichung der Hyperbel die Form an:

$$u'^2 \cos(\chi - \omega) + u'v' \sin(\chi - \omega) + l(u' \cos\omega - v' \sin\omega) = 0$$

oder im u, v-System:

$$u^2 \cos\omega \cos\chi + v^2 \sin\omega \sin\chi + uv \sin(\omega + \chi) + lu = 0.$$

Sie berührt im Punkte P die v-Achse. Ihre Asymptoten sind senkrecht zu PN_w in N_w resp. zu PV' in V'. Diese Hyperbel, deren Konstruktion eine einfache ist, ist deswegen von besonderer Bedeutung, weil die Übergangskurve ihre Fußpunktkurve in bezug auf den Pol ist.

In der Tat, die Gleichung der Übergangskurve war in der Form geschrieben worden:

$$(u^2 + v^2)^2 \sin^2(\chi - \omega) + 2l(u^2 + v^2)(-2u \sin\chi \sin\omega + v \sin(\chi + \omega)) + l^2 v^2 = 0.$$

Führen wir Polarkoordinaten ein:

$$u = r\cos\varphi, \quad v = r \sin\varphi,$$

so erhalten wir:

$$r^2 \sin^2(\chi - \omega) + 2lr(-2\sin\chi \sin\omega \cos\varphi + \sin\varphi \sin(\chi + \omega)) + l^2 \sin^2\varphi = 0.$$

Fassen wir r, φ als polare Linienkoordinaten auf, so stellt uns die gefundene Gleichung eine Kurve dar, deren Fußpunktkurve in bezug auf den Pol als Lotpunkt gerade die Übergangskurve ist.

Gehen wir vermöge der Transformationsformeln:

$$r\mathfrak{u} = -\cos\varphi, \quad r\mathfrak{v} = -\sin\varphi$$

zu Plückerschen Linienkoordinaten über, so finden wir die Gleichung:

$$l^2\mathfrak{v}^2 + 4l \sin\chi \sin\omega\, \mathfrak{u} - 2l \sin(\chi + \omega)\, \mathfrak{v} + \sin^2(\chi - \omega) = 0.$$

Gehen wir noch in bekannter Weise zu kartesischen Koordinaten über, so ergibt sich durch einfache Rechnung die Gleichung:

$$u^2 \cos\chi \cos\omega + v^2 \sin\chi \sin\omega + uv \sin(\chi + \omega) + lu = 0,$$

womit unsere Behauptung erwiesen ist.

§ 47.

Fortsetzung. Untersuchung der Kurven in der Ebene S′, die den geraden Linien in der Ebene Σ′ entsprechen.

Wir wollen jetzt die Kurven untersuchen, die den geraden Linien der Ebene Σ' entsprechen, dabei soll im Gegensatz zu den Betrachtungen des vorigen Paragraphen von dem u_2, v_2- oder kürzer von dem u, v-Koordinatensystem Gebrauch gemacht werden.

Die beiden Verwandtschaftsgleichungen lauten:

$$(1)\quad \begin{gathered}(x^2+y^2)\sin\omega - x\,(u\sin\omega - v\cos\omega) - y\,(u\cos\omega + v\sin\omega) = 0,\\ x\,(u\sin\chi - v\cos\chi - l\sin\omega) + y\,(u\cos\chi + v\sin\chi + l\cos\omega)\\ + l\,(u\sin\omega - v\cos\omega) = 0.\end{gathered}$$

Die Gleichungen einer Geraden G in der Ebene Σ' schreiben wir in der Form:

$$(2)\quad \begin{aligned} u &= z\sin\gamma' + d'\cos\gamma',\\ v &= -z\cos\gamma' + d'\sin\gamma'.\end{aligned}$$

Wir können dann der Linie G eine Kreisschar und eine Geradenschar zuordnen, deren Gleichungen die resp. Form haben:

$$(3)\quad \begin{gathered}(x^2+y^2)\sin\omega + d\,(x\sin(\gamma'-\omega) - y\cos(\gamma'-\omega))\\ - z\,(x\cos(\gamma'-\omega) + y\sin(\gamma'-\omega)) = 0 \text{ resp.}\\ g'_1 z + g'_2 = 0,\end{gathered}$$

wobei gesetzt ist:

$$\begin{aligned} g'_1 &= x\cos(\gamma'-\chi) + y\sin(\gamma'-\chi) + l\cos(\gamma'-\omega) = 0,\\ g'_2 &= d'\,[-x\sin(\gamma'-\chi) + y\cos(\gamma'-\chi) + l\sin(\omega-\gamma')]\\ &\quad - l\,(x\sin\omega - y\cos\omega).\end{aligned}$$

Die Kreisschar besteht aus einem Büschel von Kreisen, welche als Grundpunkte den Punkt P und den zweiten Schnittpunkt Q des Kreises:

$$(x^2+y^2)\sin\omega + d'\,(x\sin(\gamma'-\omega) - y\cos(\gamma'-\omega)) = 0$$

mit der geraden Linie

$$x\cos(\gamma'-\omega) + y\sin(\gamma'-\omega) = 0$$

besitzen. Die letztere erhalten wir, wenn wir durch N_w eine Parallele zu G legen und deren zweiten Schnittpunkt Q_1 mit dem Wendekreis mit P verbinden.

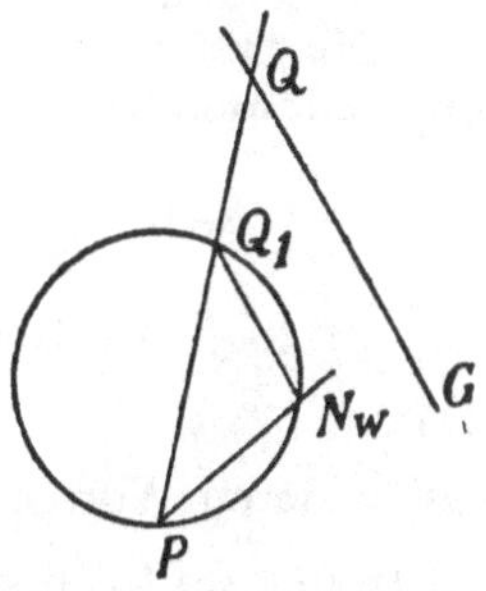

Fig. 40.

Die Koordinaten des Punktes Q lauten:

$$-\frac{d'}{\sin\omega}\sin(\gamma'-\omega),\quad \frac{d'}{\sin\omega}\cos(\gamma'-\omega).$$

Sie zeigen, daß der Punkt auch auf der Linie G liegt. Er ist also der Schnittpunkt von PQ_1 mit G. Damit sind die Grundpunkte des Büschels gefunden.

Die Geradenschar bildet ein Büschel, dessen Mittelpunkt der Schnittpunkt der beiden Geraden:

$$g'_1 = 0,\quad g'_2 = 0$$

ist. Die erste ist die Linie UQ_1, da ihrer Gleichung sowohl die früher angegebenen Koordinaten von U, wie auch die leicht zu bestimmenden Koordinaten von Q_1 Genüge leisten.

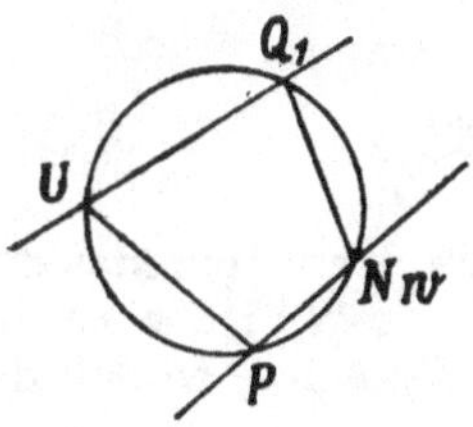

Fig. 41.

An Stelle von g'_2 können wir auch eine andere Linie des Büschels wählen. Wir wählen die Linie, die dem Schnittpunkt von G mit PN entspricht. Um sie zu erhalten, verbinde man den genannten Punkt mit Z. Schneidet diese Linie den Kreis K_z in C, so ist PC die gesuchte Linie.

Der Mittelpunkt des Strahlenbüschels ist der Schnittpunkt von UQ_1 und PC. Das Kreis- und das Geradenbüschel sind einander projektiv zugeordnet und erzeugen die Bildkurve der Geraden G. Ihre Gleichung kann geschrieben werden:

$$(4)\quad (x^2+y^2)\,[(x\cos(\chi-\gamma')-y\sin(\chi-\gamma'))\sin\omega+d'\sin(\chi-\omega)] \\ +ly\,(x\cos\gamma'+y\sin\gamma'-d')=0.$$

Unter solchen Umständen erhalten wir den Lehrsatz:

Einer Geraden G in der Ebene Σ' entspricht in der Ebene S' eine zirkulare Kurve dritter Ordnung, die durch ein Kreis- und ein ihm projektiv zugeordnetes Strahlenbüschel erzeugt werden kann.

Die Gerade G schneidet die C_3 im Punkte Q, der vorhin untersucht worden ist. Ferner schneidet die Polbahntangente sie außer im Nullpunkte noch in einem Punkte Q_2 mit der Abszisse:

$$-\frac{d'\sin(\chi-\omega)}{\sin\omega\cos(\chi-\gamma')},$$

so daß die Linie QQ_2 den Richtungskoeffizienten:

$$\operatorname{ctg}(\chi-\gamma')$$

besitzt. Sie ist also parallel Q_1U und damit Q_2 gefunden.

Drittens liegt auch der Punkt Q_1 auf der Kurve, da er ja dem unendlich fernen Punkte von G zugeordnet ist.

Die Differentialquotienten von y nach x bis zum dritten nehmen im Nullpunkt die Form an:

$$\frac{dy}{dx}=0,\quad \frac{d^2y}{dx^2}=2\,\frac{\sin(\chi-\omega)}{l},\quad \frac{d^3y}{dx^3}=\frac{6\sin\chi\cos(\omega-\gamma')}{ld}.$$

Daraus folgt als Gleichung des Krümmungskreises im Nullpunkt:

$$(5)\qquad (x^2+y^2)\sin(\chi-\omega)-ly=0,$$

mit anderen Worten, der Krümmungskreis der Kurve dritter Ordnung im Nullpunkt ist der Wendekreis. Wird $\omega-\gamma'=\frac{\pi}{2}$, ist also G parallel zu PN, so ist der Nullpunkt ein Scheitelpunkt der Kurve.

Die einzige reelle Asymptote hat die Gleichung:

$$y-y'=(x-x')\operatorname{ctg}(\chi-\gamma'),$$

wobei gesetzt ist:

$$x'=-\frac{l\sin\chi}{\sin\omega},\quad y'=\frac{d'\sin(\chi-\omega)}{\sin\omega\sin(\chi-\gamma)}.$$

Sie ist der Linie UQ_1 parallel, x' ist die Abszisse des Schnittpunktes der x-Achse mit einer Parallelen zu PN_w, die durch U gezogen ist, y' ist die Ordinate des Schnittpunktes der Linie QQ_2 mit der y-Achse, so daß die Asymptote bestimmt ist.

Es möge noch kurz auf den Fall eingegangen werden, daß die

Gerade G durch den Pol hindurchgeht. Die Gleichung der Kurve dritter Ordnung nimmt dann die Form an (6):

$$(x^2+y^2)(x\cos(\chi-\gamma')-y\sin(\chi-\gamma'))\sin\omega+ly(x\cos\gamma'+y\sin\gamma')=0.$$

Der Nullpunkt ist ein Doppelpunkt der Kurve. Die Tangenten sind die Polbahntangente und die gegebene Gerade. Fällt die gegebene Gerade mit der x-Achse zusammen, so ist der Nullpunkt eine Spitze.

Die Gleichung der reellen Asymptote nimmt die Form an:

$$(7) \qquad y=\operatorname{ctg}(\chi-\gamma')\left(x+\frac{l\sin\chi}{\sin\omega}\right).$$

Die reellen Asymptoten aller zirkulären Kurven dritter Ordnung, die den Geraden durch den Pol entsprechen, bilden ein Geradenbüschel, dessen Mittelpunkt auf der x-Achse gelegen ist.

Fällt die Gerade G mit der y-Achse zusammen, so erhalten wir die Gleichung:

$$(8) \qquad (x^2+y^2)(x\cos\chi-y\sin\chi)\sin\omega+l\,xy=0,$$

die die Form der Kreispunktgleichung besitzt, die wir im ersten Teile untersucht haben.

Weitergehende Untersuchungen befinden sich in den zitierten Arbeiten von R. Müller.

§ 48.

Die Krümmung der Polkurven.

Es möge noch mit kurzen Worten auf die Krümmung der beiden Polkurven eingegangen werden. Die feste Polkurve hatten wir durch die Gleichungen dargestellt:

$$(1) \qquad \begin{aligned} x_p &= a-\frac{\lambda}{\lambda^2+\lambda'^2}\left(\lambda\frac{db}{d\vartheta}+\lambda'\frac{da}{d\vartheta}\right),\\ y_p &= b+\frac{\lambda}{\lambda^2+\lambda'^2}\left(\lambda\frac{da}{d\vartheta}-\lambda'\frac{db}{d\vartheta}\right).\end{aligned}$$

Die Koordinaten des Krümmungsmittelpunktes eines Punktes ϑ dieser Kurve haben die resp. Werte:

$$x_p-\frac{x_p'^2+y_p'^2}{M_p}y_p', \quad y_p+\frac{x_p'^2+y_p'^2}{M_p}x_p',$$

wobei gesetzt ist:

$$(2) \qquad M_p=x_p'y_p''-x_p''y_p'.$$

Im x_2, y_2-System nehmen sie, wie eine einfache Rechnung zeigt, die Form an:

$$0,-\frac{N^3}{M_p}.$$

Nennen wir daher den gesuchten Krümmungsmittelpunkt V_p, so folgt:

$$PV_p=-\frac{N^3}{M_p}.$$

Um die entsprechenden Größen der beweglichen Polkurve zu bestimmen, ziehen wir zunächst wieder die Ebene Σ in Betracht und erinnern an die Formeln:

$$(3)\qquad \begin{aligned} \xi_p &= \frac{1}{\lambda}\left((x_p - a)\cos\vartheta + (y_p - b)\sin\vartheta\right),\\ \eta_p &= \frac{1}{\lambda}\left(-(x_p - a)\sin\vartheta + (y_p - b)\cos\vartheta\right). \end{aligned}$$

Hieraus ergeben sich die Beziehungen:

$$(4)\qquad \xi_p'^2 + \eta_p'^2 = \frac{N^2}{\lambda^2},$$

$$(5)\qquad M_p = \frac{d\xi_p}{d\vartheta}\frac{d^2\eta_p}{d\vartheta^2} - \frac{d\eta_p}{d\vartheta}\frac{d^2\xi_p}{d\vartheta^2} = \frac{1}{\lambda^2}(M_p - N^2)$$

und damit die Koordinaten des Krümmungsmittelpunktes resp. gleich:

$$\xi_p - \frac{N^2}{M_p - N^2}\eta_p', \quad \eta_p + \frac{N^2}{M_p - N^2}\xi_p'.$$

Es empfiehlt sich, auch hier das ξ_2, η_2-System und im Anschluß daran das x_2, y_2-System einzuführen, welches aus ihm durch Drehung um 180 Grad entsteht. In diesem letzteren System nehmen die Koordinaten die Werte an:

$$0, \frac{-N^3}{\lambda(M_p - N^2)}.$$

Wir gehen jetzt zur Ebene Σ_1 über, dann hat der Krümmungsmittelpunkt der beweglichen Polkurve Y_p die resp. Koordinaten:

$$0, \frac{-N^3}{M_p - N^2},$$

oder also es wird:

$$(6)\qquad PY_p = -\frac{N^3}{M_p - N^2}.$$

Aus den Darstellungen von PV_p und PY_p ergibt sich dann die Beziehung:

$$(7)\qquad \frac{1}{PY_p} - \frac{1}{PV_p} = \frac{1}{N}.$$

Erwägen wir die früher angegebenen Werte von d_w und d_r, so kann die letzte Gleichung auch geschrieben werden:

$$(8)\qquad \frac{1}{PY_p} - \frac{1}{PV_p} = \frac{1}{2}\left(\frac{1}{d_w} - \frac{1}{d_r}\right).$$

Wir erhalten hiermit Formeln, die als Verallgemeinerung der Euler-Savaryschen Formel angesehen werden können, wie wir sie in der Theorie der starren Systeme aufgestellt haben. Mit ihrer Hilfe kann V_p konstruiert werden, wenn Y_p und die Schnittpunkte des Wende- und des Rückkehrkreises mit der Polbahnnormale bekannt sind. Auf die Konstruktion von Y_p wird später etwas näher eingegangen werden.

Neunter Abschnitt.

Die Kreispunktkurve.

§ 49.

Über die vierpunktige Berührung des Krümmungskreises mit der Bahnkurve. Definition der Kreispunktkurve.

Die hinreichende und notwendige Bedingung für die vierpunktige Berührung des Krümmungskreises mit der Bahnkurve kann in die Form gebracht werden:

$$(x^2 + y^2)(x'y''' - y'x''') - 3(x'y'' - y'x'')(x'x'' + y'y'') = 0. \tag{1}$$

Um die linke Seite dieser Gleichung zu bilden, erinnern wir an die Beziehungen:

$$\frac{dx}{d\vartheta} = -x_1 \operatorname{tg}\omega - y_1, \quad \frac{dy}{d\vartheta} = x_1 - y_1 \operatorname{tg}\omega,$$

$$\frac{d^2x}{d\vartheta^2} = -\left(1 - \frac{\lambda''}{\lambda}\right) x_1 + 2y_1 \operatorname{tg}\omega + x_p' \operatorname{tg}\omega + y_p',$$

$$\frac{d^2y}{d\vartheta^2} = -2x_1 \operatorname{tg}\omega - \left(1 - \frac{\lambda''}{\lambda}\right) y_1 - x_p' + y_p' \operatorname{tg}\omega.$$

x_1 und y_1 sind hierbei die Koordinaten des betrachteten Kurvenpunktes in bezug auf ein Koordinatensystem, dessen Anfangspunkt der Pol ist und dessen Achsen parallel den Achsen des festen Koordinatensystems sind. x_p und y_p sind die Koordinaten des Poles in bezug auf das ursprüngliche System und besitzen die Werte:

$$\begin{aligned} x_p &= a - \cos^2\omega\left(\frac{db}{d\vartheta} - \operatorname{tg}\omega\,\frac{da}{d\vartheta}\right), \\ y_p &= b + \cos^2\omega\left(\frac{da}{d\vartheta} + \operatorname{tg}\omega\,\frac{db}{d\vartheta}\right). \end{aligned} \tag{2}$$

Für die dritten Differentialquotienten der Größen x und y nach ϑ erhalten wir dann die Darstellungen:

$$\frac{d^3x}{d\vartheta^3} = \left(-\frac{3\lambda'}{\lambda} + \frac{\lambda'''}{\lambda}\right) x_1 + \left(1 - \frac{3\lambda''}{\lambda}\right) y_1 + \left(1 - \frac{2\lambda''}{\lambda} + \frac{\lambda'^2}{\lambda^2}\right) x_p'$$
$$+ \frac{2\lambda'}{\lambda} y_p' - \frac{\lambda'}{\lambda} x_p'' + y_p'',$$

$$\frac{d^3y}{d\vartheta^3} = \left(-1 + \frac{3\lambda''}{\lambda}\right) x_1 + \left(-\frac{3\lambda'}{\lambda} + \frac{\lambda'''}{\lambda}\right) y_1 - \frac{2\lambda'}{\lambda} x_p'$$
$$+ \left(1 - \frac{2\lambda''}{\lambda} + \frac{\lambda'^2}{\lambda^2}\right) y_p' - x_p'' - \frac{\lambda'}{\lambda} y_p''.$$

Nach einigen Zwischenrechnungen nimmt dann Gleichung (1) die Form an:

(3 a) $\quad l\,(x_2^2 + y_2^2)^2 + (x_2^2 + y_2^2)\,(p x_2 + q y_2) - m x_2 y_2 = 0,$

wobei gesetzt ist (3 b):

$$l = \left(1 + \frac{\lambda'^2}{\lambda^2}\right)\left(\frac{\lambda'}{\lambda} + \frac{\lambda'''}{\lambda}\right) + \frac{3\lambda'}{\lambda}\left(1 + \frac{\lambda''}{\lambda}\right)\left(\frac{\lambda'^2}{\lambda^2} - \frac{\lambda''}{\lambda}\right),$$
$$p = \left(1 + \frac{\lambda'^2}{\lambda^2}\right)\left(N\left(2 + \frac{3\lambda'^2}{\lambda^2} - \frac{\lambda''}{\lambda}\right) - \frac{1}{N}\left(1 + \frac{\lambda'^2}{\lambda^2}\right)(x_p' y_p'' - y_p' x_p'')\right),$$
$$q = \left(1 + \frac{\lambda'^2}{\lambda^2}\right)\left(-N\left(\frac{2\lambda'}{\lambda} + \frac{\lambda'\lambda''}{\lambda^2} + \frac{\lambda'^3}{\lambda^3}\right) + \frac{1}{N}\left(1 + \frac{\lambda'^2}{\lambda^2}\right)(x_p' x_p'' + y_p' y_p'')\right),$$
$$m = 3\left(1 + \frac{\lambda'^2}{\lambda^2}\right)^2 N^2.$$

Wir können die Koeffizienten p und q in eine einfachere Form bringen. Es war gesetzt worden:

$$\frac{\lambda'}{\lambda} = -\operatorname{tg}\omega.$$

Hieraus ergab sich die Beziehung:

$$\frac{\lambda''}{\lambda} = (1 + \operatorname{tg}^2\omega)\left(1 + \frac{\operatorname{tg}\omega}{\operatorname{tg}\chi}\right) - 1.$$

Unter solchen Umständen nimmt der Ausdruck:

$$2 + \frac{3\lambda'^2}{\lambda^2} - \frac{\lambda''}{\lambda}$$

die Form an:

$$\left(1 + \frac{\lambda'^2}{\lambda^2}\right)\left(1 + \frac{\sin(\chi - \omega)}{\sin\chi\cos\omega}\right)$$

oder, wenn wir die Beziehungen berücksichtigen:

$$l = N\sin\chi\cos\omega, \quad l = d_w \sin(\chi - \omega),$$

die weitere:

$$\left(1 + \frac{\lambda'^2}{\lambda^2}\right)\left(1 + \frac{N}{d_w}\right),$$

und es wird p gleich:

(4) $$p = \left(1 + \frac{\lambda'^2}{\lambda^2}\right)^2\left(N\left(1 + \frac{N}{d_w}\right) - \frac{1}{N}(x_p' y_p'' - x_p'' y_p')\right).$$

Ganz analog ergibt sich für q der Ausdruck:

(5) $$q = \left(1 + \frac{\lambda'^2}{\lambda^2}\right)^2\left(N\frac{\lambda'}{\lambda}\left(-1 + \frac{N}{d_r}\right) + \frac{1}{N}(x_p' x_p'' + y_p' y_p'')\right).$$

Wir finden demnach den Lehrsatz:

Der geometrische Ort der Punkte, für welche momentan eine vierpunktige Berührung zwischen dem Krümmungskreise und der Bahnkurve stattfindet, ist eine Kurve vierter Ordnung, deren Gleichung die Form besitzt:

$$l\,(x_2^2 + y_2^2)^2 + (x_2^2 + y_2^2)\,(px_2 + qy_2) - mx_2y_2 = 0.$$

Wir bezeichnen diese Kurve analog wie in der Theorie der starren Systeme mit dem Namen der Kreispunktkurve. Sie ist bizirkular und besitzt im Pol einen Knotenpunkt, dessen Tangenten mit den beiden Koordinatenachsen zusammenfallen. Eine Ausnahme bildet der Fall $m = 0$, auf den später zurückgekommen werden wird.

Den beiden Zweigen entsprechen zwei Krümmungsmittelpunkte im Pol, deren einer auf der x_2-Achse, deren anderer auf der y_2-Achse liegt. Die Koordinaten des ersten lauten:

$$\frac{m}{2q},\ 0,$$

des zweiten:

$$0,\ \frac{m}{2p}.$$

Geben wir den Durchmessern der beiden Krümmungskreise im Pol das Vorzeichen der von Null verschiedenen entsprechenden Mittelpunktskoordinaten, so haben sie die resp. Werte:

$$\frac{m}{q},\ \frac{m}{p}.$$

Diese Größen sind dann zu gleicher Zeit die von Null verschiedenen Koordinaten der Schnittpunkte der beiden Krümmungskreise mit den Achsen. Wir bezeichnen diese Punkte durch $\mathfrak{L}$ und $\mathfrak{K}$.

Die C_4 schneidet die x_2-Achse noch im Punkte X_e mit der Abszisse:

$$-\frac{p}{l},$$

die y_2-Achse im Punkte Y_e mit der Ordinate:

$$-\frac{q}{l}.$$

Die Verbindungslinie beider hat den Richtungskoeffizienten:

$$-\frac{q}{p}$$

und ist demgemäß parallel der Verbindungslinie der beiden Krümmungsmittelpunkte im Pol. Sind die letzteren und der zweite Schnittpunkt der C_4 mit einer der beiden Koordinatenachsen als bekannt vorausgesetzt, so sind die Größen:

$$\frac{l}{m},\ \frac{p}{m},\ \frac{q}{m}$$

bekannt und damit die Gleichung der Kreispunktkurve selbst bestimmt. Es möge das mit wenigen Worten etwas weitergeführt werden, wobei wir von dem Index 2 bis auf weiteres wieder absehen wollen.

Jeder Kreis:

(6) $$x^2 + y^2 - \delta y = 0$$

schneidet die C_4 außer im Nullpunkt noch in einem Punkte, und zwar im Schnittpunkt mit der geraden Linie:

$$l\,\delta^2 y + \delta\,(px + qy) - mx = 0.$$

Das Analoge gilt für den Kreis

(7) $$x^2 + y^2 - \delta_1 x = 0.$$

Der betreffende Schnittpunkt liegt auf der geraden Linie:

$$l\,\delta_1^2\,x + \delta_1\,(px + qy) - my = 0.$$

Sollen die beiden Schnittpunkte zusammenfallen, so muß die Gleichung bestehen:

(8) $$l\,\delta\delta_1 + p\,\delta + q\,\delta_1 - m = 0.$$

Jedem Kreise δ wird hierdurch ein bestimmter Kreis δ_1 zugeordnet und umgekehrt. Es gilt das zunächst nur, wenn δ und δ_1 endlich und von Null verschieden sind.

Für den Fall $\delta = 0$ haben wir zu setzen:

$$\delta_1 = \frac{m}{q}.$$

Der Kreis δ_1 ist also der vorhin definierte Krümmungskreis der C_4 im Nullpunkte, der durch den Punkt $\mathfrak{L}$ hindurchgeht.

Ist $\delta_1 = 0$, so haben wir zu setzen:

$$\delta = \frac{m}{p}.$$

Der Kreis δ ist also der Krümmungskreis der C_4 im Nullpunkte, der durch den Punkt $\mathfrak{K}$ hindurchgeht. Für $\delta = \infty$ ist zu setzen:

$$\delta_1 = -\frac{p}{l}.$$

Der Kreis δ_1 ist also über PX_c als Durchmesser beschrieben und endlich ergibt sich für $\delta_1 = \infty$:

$$\delta = -\frac{q}{l},$$

d. h. der Kreis, der über PY_c als Durchmesser beschrieben ist. Hieraus folgt der Lehrsatz:

Die C_4 ist das Erzeugnis der projektiven Kreisbüschel:

$$x^2 + y^2 - \delta\;y = 0,$$
$$x^2 + y^2 - \delta_1\,x = 0.$$

Diese Kreisbüschel bestimmen auf den beiden Koordinatenachsen zwei projektive Punktreihen:

$$\mathfrak{A},\ \mathfrak{B},\ \mathfrak{C},\ \ldots.$$
$$\mathfrak{A}',\ \mathfrak{B}',\ \mathfrak{C}',\ \ldots.$$

Die Punkte X_c und Y_c sind die Gegenpunkte. Es finden die Beziehungen statt:

$$\mathfrak{A}X_c \cdot \mathfrak{A}'Y_c = PX_c \cdot \mathfrak{K}Y_c = PY_c \cdot \mathfrak{L}X_c = \frac{pq}{l^2} + \frac{m}{l}.$$

Sind also bei gegebenem Koordinatensystem etwa die Punkte $\mathfrak{K}$, $\mathfrak{L}$, Y_e bekannt, so ist die projektive Zuordnung bestimmt und kann C_4 konstruiert werden.

Wir können aber auch folgendermaßen schließen: Der Schnittpunkt zweier entsprechender Kreise ist der Fußpunkt des Lotes, welches vom Pol auf die Verbindungslinie der beiden entsprechenden Punkte auf den Achsen gefällt werden kann. Daraus folgt, daß die Kreispunktkurve die Fußpunktkurve der Einhüllenden jener Verbindungslinie ist. Die Gleichung der letzteren können wir schreiben:

$$\delta^2 (l + p) + \delta (qx - py - m) + my = 0.$$

Die Gleichung der Einhüllenden lautet demnach:

$$(qx + py - m)^2 - 4 (lm + pq)\, x\, y = 0. \tag{9}$$

Unter solchen Umständen finden wir den Lehrsatz:

Die Kreispunktkurve ist die Fußpunktkurve eines Kegelschnittes.

Für $m = 0$ geht der Kegelschnitt in die doppelt zu zählende Gerade:

$$qx - py = 0,$$

für:

$$lm + pq = 0$$

in die doppelt zu zählende Gerade:

$$qx + py - m = 0$$

über. Wenn $l = 0$, so stellt die Gleichung (9) eine Parabel dar, da sie sich schreiben läßt:

$$(qx - py)^2 = 2m (qx + py) - m^2. \tag{10}$$

In den übrigen Fällen haben wir es mit einer Ellipse oder Hyperbel zu tun. Der Kegelschnitt berührt die x-Achse im Punkte $\mathfrak{L}$, die y-Achse im Punkte $\mathfrak{K}$. Die Linie:

$$x = -\frac{p}{l},$$

die im Punkte X_e senkrecht auf der x-Achse steht, berührt den Kegelschnitt im Punkte:

$$y = -\left(\frac{q}{l} + \frac{m}{p}\right).$$

die Linie:

$$y_2 = -\frac{q}{l},$$

die im Punkte Y_e senkrecht zur y-Achse steht, berührt den Kegelschnitt im Punkte:

$$x = -\left(\frac{p}{l} + \frac{m}{q}\right).$$

Die beiden Berührungspunkte sind in einfacher Weise zu konstruieren. Aus den gegebenen Daten kann der Kegelschnitt konstruiert werden, die Kreispunktkurve auch.

Der Wendekreis schneidet die C_4, vom Pol und den imaginären Kreispunkten abgesehen, nur noch in einem Punkte und dieser beschreibt momentan eine Bahnstelle mit vierpunktig berührender Tangente, ist also ein Undulationspunkt seiner Bahn. Wir nennen ihn den **Ballschen** Punkt der Systemphase.

Seine Koordinaten bestimmen sich aus den Gleichungen:

$$x^2 + y^2 - d_w y = 0,$$
$$l(x^2 + y^2)^2 + (x^2 + y^2)(px + qy) - mxy = 0 .$$

Der Punkt ist also der Schnittpunkt der geraden Linie:

$$ld_w^2 y + d_w(px + qy) - mx = 0$$

mit dem Wendekreis.

Von der Entwicklung weiterer Eigenschaften der C_4 soll abgesehen werden.

Um die C_4 der umgekehrten Bewegung zu untersuchen, wählen wir zunächst analog wie bei früheren Gelegenheiten die Ebene Σ. Wenn dann ganz ähnliche Betrachtungen wie bei der direkten Bewegung angestellt werden, wenn insbesondere das ξ_2, η_2-System eingeführt wird, so erhalten wir als Gleichung der gesuchten Kurve:

$$(11) \qquad l_1(\xi_2^2 + \eta_2^2)^2 + (\xi_2^2 + \eta_2^2)(p_1\xi_2 + q_1\eta_2) - m_1\xi_2\eta_2 = 0,$$

wobei die Faktoren l_1, p_1, q_1, m_1 sich aus den zu der Bewegung in der Ebene Σ gehörenden Größen ebenso zusammensetzen lassen, wie die Koeffizienten l, p, q aus den entsprechenden Größen der direkten Bewegung, und zwar treten die Größen $\alpha, \beta, \vartheta_1, \lambda_1$ an Stelle der Größen a, b, ϑ, λ.

Erwägen wir die zwischen diesen Größen bestehenden Beziehungen, so ergeben sich die Darstellungen:

$$(12) \qquad \begin{aligned} l_1 &= l, \\ -\lambda p_1 &= p + 3N\left(1 + \frac{\lambda'^2}{\lambda^2}\right)^2, \\ -\lambda q_1 &= q - 3N\frac{\lambda'}{\lambda}\left(1 + \frac{\lambda'^2}{\lambda^2}\right)^2, \\ \lambda^2 m_1 &= m. \end{aligned}$$

Um die Kreispunktkurve der umgekehrten Bewegung zu erhalten, muß nun noch die Ebene Σ_1 eingeführt werden, und zwar vermittelst der Beziehungen:

$$\xi_2' = \lambda\xi_2, \quad \eta_2' = \lambda\eta_2.$$

Transformieren wir endlich auf das x_2, y_2-System und lassen den Index 2 fort, so ergibt sich als Gleichung der gesuchten Kurve die folgende:

$$(13) \qquad l_1(x^2 + y^2)^2 - \lambda(x^2 + y^2)(p_1 x + q_1 y) - \lambda^2 m_1 xy = 0.$$

Wir erhalten unter solchen Umständen den Lehrsatz:

Die Kreispunktkurve der umgekehrten Bewegung ist eine Kurve vierter Ordnung von derselben Art wie bei der direkten Bewegung.

Von einer näheren Diskussion kann unter solchen Umständen abgesehen werden.

Bei der starren Bewegung zeigte es sich, daß die Kreispunktkurve der umgekehrten Bewegung zu gleicher Zeit der geometrische Ort der Krümmungsmittelpunkte der Bahnkurven ist, welche die Punkte der Kreispunktkurve der direkten Bewegung beschreiben. Diese Eigenschaft fällt hier fort.

Mit Hilfe der Betrachtungen dieses Paragraphen kann die Krümmungstheorie der Polkurven, die in § 48 untersucht worden ist, noch etwas weitergeführt werden. Wir hatten an der genannten Stelle die Formel gefunden:

$$PY_p = -\frac{N^3}{M_p - N^2}. \tag{14}$$

Andererseits ergab sich der Durchmesser des Krümmungskreises der Kreispunktkurve im Nullpunkte, der die Polbahntangente berührt, gleich:

$$d_0 = \frac{m}{p}.$$

Berücksichtigen wir die angegebenen Werte von m und p, so folgt sein reziproker Wert gleich:

$$\frac{1}{3\,N^2}\left(-\frac{M_p}{N} + N\left(1 + \frac{N}{d_w}\right)\right).$$

Unter solchen Umständen ergibt sich die Gleichung:

$$\frac{1}{PY_p} = \frac{3}{d_0} - \frac{1}{d_w}.$$

Wir können sie in anderer Weise deuten. Fixieren wir dazu auf der y-Achse den Punkt $\mathfrak{K}_1$, welcher der Gleichung entspricht:

$$P\mathfrak{K}_1 = \frac{2}{3}\,P\mathfrak{K},$$

und nennen Y_w den Schnittpunkt des Wendekreises mit der y-Achse, so kann die Gleichung geschrieben werden:

$$\frac{2}{P\mathfrak{K}_1} = \frac{1}{PY_w} + \frac{1}{PY_p}.$$

Wir finden somit den Lehrsatz:

Der Krümmungsmittelpunkt der beweglichen Polkurve ist der vierte harmonische Punkt zu P, $\mathfrak{K}_1$ und Y_w.

Nehmen wir die letzten Punkte als gegeben an, so kann der Krümmungsmittelpunkt Y_p konstruiert werden.

§ 50.

Über das Zerfallen der Kreispunktkurve.

Es möge noch mit kurzen Worten auf das Zerfallen der Kreispunktkurve eingegangen werden. Sie kann in zwei Kegelschnitte zerfallen oder in eine gerade Linie und eine Kurve dritter Ordnung. Zerfällt auch letztere, so gehen die beiden Fälle ineinander über.

Wir wollen nun zunächst den Fall ins Auge fassen, daß sie in zwei Kegelschnitte zerfällt. Dann können wir jedenfalls l von Null verschieden annehmen, denn im gegenteiligen Falle würde ja ein Zerfallen in die unendlich ferne Gerade und eine Kurve dritter Ordnung stattfinden.

Ein Zerfallen in zwei Kegelschnitte tritt jedenfalls ein, wenn:

$$\sqrt{\left(\frac{dx_p}{d\vartheta}\right)^2 + \left(\frac{dy_p}{d\vartheta}\right)^2}$$

den Wert Null hat oder also die Gleichungen bestehen:

$$\frac{dx_p}{d\vartheta} = 0, \quad \frac{dy_p}{d\vartheta} = 0. \tag{1}$$

Unter solchen Umständen finden wir den Lehrsatz:

Die Kreispunktkurve zerfällt in den Nullkreis und einen zweiten durch den Nullpunkt hindurchgehenden Kreis, wenn die feste Polkurve im momentanen Pol eine Spitze besitzt.

Soll nun, von diesem Falle abgesehen, die C_4 in zwei Kegelschnitte zerfallen, so müssen sie besonderer Art sein. Erstens müssen es Kreise sein, da die C_4 eine bizirkulare Kurve vierter Ordnung ist, und zweitens muß einer der Kreise die Polbahntangente, der andere die Polbahnnormale berühren.

Unter solchen Umständen muß die Gleichung der C_4 die Form haben:

$$(a_{11}(x^2 + y^2) + a_{12}x)(b_{11}(x^2 + y^2) + b_{13}y) = 0.$$

Die Vergleichung mit der ursprünglichen Form ergibt dann als hinreichende und notwendige Bedingung die Gleichung:

$$lm + pq = 0. \tag{2}$$

Wir finden demnach den folgenden Lehrsatz:

Sieht man von dem zuerst betrachteten Falle ab, so lautet die hinreichende und notwendige Bedingung für das Zerfallen der C_4 in zwei Kegelschnitte:

$$lm + pq = 0.$$

Beide Kegelschnitte sind Kreise, von denen der eine die Polbahntangente, der andere die Polbahnnormale im Pole berührt.

In ähnlicher Weise ist der Fall zu erledigen, daß die C_4 in eine gerade Linie und eine Kurve dritter Ordnung zerfällt. Da C_4 eine bizirkulare Kurve ist, so muß sie in die unendlich ferne Gerade und eine zirkulare Kurve dritter Ordnung zerfallen. Die hinreichende und notwendige Bedingung hierfür lautet:

$$l = 0. \tag{3}$$

Die Gleichung der Kurve dritter Ordnung hat die Form:

$$(x^2 + y^2)(px + qy) - mxy = 0, \tag{4}$$

also dieselbe, wie die Kreispunktkurve der starren Bewegung, so daß wir von ihrer, insbesondere auch von der Diskussion des weiteren Zerfallens absehen können. Wir erhalten den folgenden Lehrsatz:

Die hinreichende und notwendige Bedingung für das Zerfallen der C_4 in eine gerade Linie und eine Kurve dritter Ordnung lautet: $l = 0$. Die Gerade ist die unendlich ferne Gerade, die Kurve dritter Ordnung eine zirkulare Kurve.

Die Bedingungsgleichung $l = 0$ hängt nur von λ, dagegen nicht von a und b ab, und zwar ist es eine Differentialgleichung dritter Ordnung zwischen λ und ϑ. Soll das Zerfallen ein dauerndes sein, so muß λ ein Integral der genannten Differentialgleichung sein. Ihre Auflösung bietet keine Schwierigkeiten. Wir können sie schreiben:

$$\lambda\cdot(\lambda^2 + \lambda'^2)(\lambda' + \lambda''') + 3\,\lambda'(\lambda+\lambda'')(\lambda'^2 - \lambda\lambda'') = 0 \text{ oder auch:}$$

$$2\,dln\,(\lambda + \lambda'') = 3\,dln\left(1 + \frac{\lambda'^2}{\lambda^2}\right). \tag{5}$$

Es ergibt sich durch Integration die Gleichung:

$$(\lambda + \lambda'')^2 = c_1\left(1 + \frac{\lambda'^2}{\lambda^2}\right)^3. \tag{6}$$

Um diese Gleichung zu lösen, führen wir λ als unabhängige Veränderliche ein, so daß sie die Form annimmt:

$$\lambda^6\left(\lambda + \lambda'\,\frac{d\lambda'}{d\lambda}\right) = c_1\,(\lambda^2 + \lambda'^2)^3,$$

oder wenn wir:

$$\lambda^2 + \lambda'^2 = \mu$$

setzen, die Form:

$$\lambda^6\left(\frac{d\mu}{d\lambda}\right)^2 = c_2\,\mu^3.$$

Hieraus folgt:

$$\mu^{-\frac{1}{2}} = C_1\,\lambda^{-2} + C_2,$$

wobei c_1, c_2, C_1, C_2 Konstanten bedeuten.

Aus dieser Gleichung ergibt sich schließlich:

$$\vartheta = \int \frac{d\lambda}{\sqrt{(C_1\,\lambda^{-2} + C_2)^{-2} - \lambda^2}} \tag{7}$$

Es hat keine prinzipielle Schwierigkeit, dieses Integral auszuwerten, indessen kommen wir noch einfacher durch die folgende Betrachtung zum Ziel.

Die Form der Differentialgleichung dritter Ordnung zeigt, daß erstens $\lambda = c$ ein Integral ist, zweitens, daß ihr $c\lambda$ genügt, wenn es mit λ der Fall ist. Da in den beiden Summanden der Faktor $\lambda' + \lambda'''$ resp. $\lambda + \lambda''$ vorkommt, so folgt drittens, daß:

$$c_1 \sin\vartheta + c_2 \cos\vartheta \text{ oder auch } c \sin(\vartheta + \vartheta_0)$$

ein Integral ist. Dabei sind die Größen c und ϑ_0 willkürliche Konstanten.

Schließlich zeigt eine einfache Rechnung, daß, falls λ der Differentialgleichung Genüge leistet, es λ^{-1} auch tut. Bringen wir daher das gesuchte Integral in die Form:

$$\lambda = c \sin(\vartheta + \vartheta_0) + \mu,$$

so ist auch:

$$1 : (c \sin(\vartheta + \vartheta_0) + \mu)$$

und damit:

$$\frac{c \sin(\vartheta + \vartheta_0) - \mu}{c^2 \sin^2(\vartheta + \vartheta_0) - \mu^2}$$

ein Integral. Setzen wir:

$$\mu = \sqrt{c^2 \sin^2(\vartheta + \vartheta_0) + C}, \tag{8}$$

so wird der Nenner eine Konstante, und es müßte der Zähler ein Integral sein, wenn der Ansatz erlaubt sein soll. Wie eine leichte Rechnung zeigt, ist das in der Tat der Fall.

Eine besondere Betrachtung erfordert der Fall $C = 0$, ihm entsprechen die beiden Integrale:

$$c_1 \sin \vartheta + c_2 \cos \vartheta \text{ und}$$
$$(c_1 \sin \vartheta + c_2 \cos \vartheta)^{-1}.$$

Wir erhalten den folgenden Lehrsatz:

Die hinreichende und notwendige Bedingung dafür, daß die Kreispunktkurve beständig in die unendlich ferne Gerade und eine Kurve dritter Ordnung zerfällt, lautet: Die Funktion λ sowohl, wie λ^{-1} muß die Form besitzen:

$$c_1 \sin \vartheta + c_2 \cos \vartheta + \sqrt{(c_1 \sin \vartheta + c_2 \cos \vartheta)^2 + C},$$

wobei das Zeichen der Wurzel sowohl das positive, wie das negative sein kann.

Die beiden speziellen Fälle, in denen λ entweder gleich:

$$c_1 \sin \vartheta + c_2 \cos \vartheta$$

oder gleich:

$$(c_1 \sin \vartheta + c_2 \cos \vartheta)^{-1}$$

ist, können in einfacher Weise kinematisch gedeutet werden.

In der Tat, die Gleichung des Rückkehrkreises lautete:

$$\left(1 + \frac{\lambda''}{\lambda}\right)(x^2 + y^2) + N\left(1 + \frac{\lambda'^2}{\lambda^2}\right)y = 0.$$

Die hinreichende und notwendige Bedingung dafür, daß er in die Polbahntangente übergeht, lautet:

$$\lambda + \lambda'' = 0.$$

Soll diese Eigenschaft dauernd stattfinden, so muß hiernach λ die Form haben:

$$\lambda = c_1 \sin \vartheta + c_2 \cos \vartheta.$$

Ganz analog folgt, daß der Wendekreis dann und nur dann dauernd in die Polbahntangente übergeht, wenn λ^{-1} die Form hat:

$$\lambda^{-1} = c_1 \sin \vartheta + c_2 \cos \vartheta.$$

Wir erhalten also die beiden speziellen Fälle, auf die zuletzt hingewiesen wurde. In bezug auf diesen Paragraphen werde auch auf die Arbeit von Hartmann verwiesen: Zur Theorie der Momentanbewegung eines ebenen ähnlich veränderlichen Systems, 1912.

Zehnter Abschnitt.

Über die Evoluten der Einhüllenden von Systemkurven.

§ 51.

Über die Evoluten der Einhüllenden gerader Linien.

Die Gleichungen der Einhüllenden einer geraden Linie

(1) $$\xi = u\cos\varepsilon + m, \quad \eta = u\sin\varepsilon + m_1$$

sind in § 40 aufgestellt worden. Sie ergeben sich in der Form (2a):

$$x = F_0(\vartheta) + \cos(\vartheta+\varepsilon)\,(F_0'(\vartheta)\sin(\vartheta+\varepsilon) - \Phi_0'(\vartheta)\cos(\vartheta+\varepsilon)),$$
$$y = \Phi_0(\vartheta) + \sin(\vartheta+\varepsilon)\,(F_0'(\vartheta)\sin(\vartheta+\varepsilon) - \Phi_0'(\vartheta)\cos(\vartheta+\varepsilon)),$$

wobei gesetzt war:

(2b) $$F_0(\vartheta) = a + p\lambda\sin(\vartheta+\varepsilon), \quad \Phi_0(\vartheta) = b - p\lambda\cos(\vartheta+\varepsilon),$$
$$p = m\sin\varepsilon - m_1\cos\varepsilon.$$

Es soll nun der Versuch gemacht werden, ähnlich wie bei den starren Systemen eine Theorie der höheren Evoluten dieser Kurven zu entwickeln.

Die ersten Betrachtungen bleiben dieselben, wie in der Theorie der starren Systeme. Nennen wir u_1, v_1 die Koordinaten des Krümmungsmittelpunktes desjenigen Punktes der Einhüllenden, in dem sie die gerade Linie für die Phase ϑ berührt, so stellen sie sich in der Form dar (3a):

$$u_1 = F_1(\vartheta) + \cos(\vartheta+\varepsilon_1)\,(F_1'(\vartheta)\sin(\vartheta+\varepsilon_1) - \Phi_1'(\vartheta)\cos(\vartheta+\varepsilon_1)),$$
$$v_1 = \Phi_1(\vartheta) + \sin(\vartheta+\varepsilon_1)\,(F_1'(\vartheta)\sin(\vartheta+\varepsilon_1) - \Phi_1'(\vartheta)\cos(\vartheta+\varepsilon_1)),$$

wobei gesetzt ist:

(3b) $$F_1(\vartheta) = F_0(\vartheta) - \Phi_0'(\vartheta), \quad \Phi_1(\vartheta) = \Phi_0(\vartheta) + F_0'(\vartheta),$$
$$\varepsilon_1 = \varepsilon + \frac{\pi}{2}.$$

Die Gestalt dieser Gleichungen ist dieselbe wie die der Ausgangsgleichungen. Infolgedessen kann die Schlußweise wiederholt werden.

Nennt man u_n, v_n die Koordinaten des n-ten Krümmungsmittelpunktes der Einhüllenden in dem vorhin definierten Punkte, so ergeben sich die Darstellungen (4a):

$$u_n = F_n(\vartheta) + \cos(\vartheta+\varepsilon_n)\,(F_n'(\vartheta)\sin(\vartheta+\varepsilon_n) - \Phi_n'(\vartheta)\cos(\vartheta+\varepsilon_n)),$$
$$v_n = \Phi_n(\vartheta) + \sin(\vartheta+\varepsilon_n)\,(F_n'(\vartheta)\sin(\vartheta+\varepsilon_n) - \Phi_n'(\vartheta)\cos(\vartheta+\varepsilon_n)),$$

wobei gesetzt ist:

(4b) $F_n(\vartheta) = F_{n-1}(\vartheta) - \Phi'_{n-1}(\vartheta)$, $\Phi_n(\vartheta) = \Phi_{n-1}(\vartheta) + F'_{n-1}(\vartheta)$,

$$\varepsilon_n = \varepsilon + n\frac{\pi}{2}.$$

Die Funktionen $F_n(\vartheta)$ und $\Phi_n(\vartheta)$ können durch die Funktionen $F_0(\vartheta)$ und $\Phi_0(\vartheta)$, sowie deren Differentialquotienten dargestellt werden, und zwar in der Form:

$$(5)\quad \begin{aligned} F_n(\vartheta) &= F_0(\vartheta) - n_1\Phi_0'(\vartheta) - n_2 F_0''(\vartheta)\cdots(-1)^r n_{2r} F_0^{(2r)}(\vartheta) \\ &\quad + (-1)^{r+1} n_{2r+1}\Phi_0^{(2r+1)}(\vartheta) + \cdots, \\ \Phi_n(\vartheta) &= \Phi_0(\vartheta) + n_1 F_0'(\vartheta) - n_2\Phi_0''(\vartheta)\cdots(-1)^r n_{2r}\Phi_0^{(2r)}(\vartheta) \\ &\quad + (-1)^r n_{2r+1} F_0^{(2r+1)}(\vartheta) + \cdots. \end{aligned}$$

Bis hierher sind die Betrachtungen dieselben wie bei den starren Systemen. Von jetzt an gestalten sie sich anders. In der Tat, bei den starren Systemen konnte in den beiden letzten Formeln für n gleich 1, 2, $\cdots$ an Stelle von $F_0(\vartheta)$ und $\Phi_0(\vartheta)$ resp. a und b gesetzt werden, so daß p heraus fiel. Das wird hier anders. Wir müssen mit den durch die Formeln (2) definierten Funktionen $F_0(\vartheta)$ und $\Phi_0(\vartheta)$ weiter rechnen. Es ergeben sich dann die Beziehungen:

$$(6a)\quad \begin{aligned} F_n(\vartheta) &= f_n(\vartheta) + p\lambda^{(n)}\sin(\vartheta + \varepsilon_n), \\ \Phi_n(\vartheta) &= \varphi_n(\vartheta) - p\lambda^{(n)}\cos(\vartheta + \varepsilon_n), \end{aligned}$$

wobei gesetzt ist:

$$(6b)\quad \begin{aligned} f_n(\vartheta) &= a - n_1\frac{db}{d\vartheta} - n_2\frac{d^2a}{d\vartheta^2}\cdots, \\ \varphi_n(\vartheta) &= b + n_1\frac{da}{d\vartheta} - n_2\frac{d^2b}{d\vartheta^2}\cdots. \end{aligned}$$

Es sind $f_n(\vartheta)$ und $\varphi_n(\vartheta)$ dieselben Funktionen, die in der Theorie der starren Systeme in derselben Weise bezeichnet worden sind und die lediglich von a und b, sowie deren Differentialquotienten abhängen.

Wir können dann die Größen u_n und v_n in der Form darstellen:

$$(7a)\quad \begin{aligned} u_n &= u_{no} + p\left(\lambda^{(n)}\sin(\vartheta + \varepsilon_n) + \lambda^{(n+1)}\cos(\vartheta + \varepsilon_n)\right), \\ v_n &= v_{no} + p\left(-\lambda^{(n)}\cos(\vartheta + \varepsilon_n) + \lambda^{(n+1)}\sin(\vartheta + \varepsilon_n)\right), \end{aligned}$$

wobei u_{no} und v_{no} die Koordinaten des Krümmungsmittelpunktes bei dem entsprechenden starren System ($\lambda = 1$) bedeuten, d. h. resp. gesetzt sind gleich (7b):

$$\begin{aligned} u_{no} &= f_n(\vartheta) + \cos(\vartheta + \varepsilon_n)\left(f_n'(\vartheta)\sin(\vartheta + \varepsilon_n) - \varphi_n'(\vartheta)\cos(\vartheta + \varepsilon_n)\right), \\ v_{no} &= \varphi_n(\vartheta) + \sin(\vartheta + \varepsilon_n)\left(f_n'(\vartheta)\sin(\vartheta + \varepsilon_n) - \varphi_n'(\vartheta)\cos(\vartheta + \varepsilon_n)\right). \end{aligned}$$

Nehmen wir an, daß in einem Augenblick $\lambda^{(n)} = 0$ und $\lambda^{(n+1)} = 0$ ist, so erhalten wir die Formeln der starren Bewegung, es werden also auch die für einen Augenblick der Bewegung aufgestellten entsprechenden Sätze bestehen bleiben. Es liegen demnach die Punkte der n-ten Evoluten, welche in einem Augenblicke zu den Berührungspunkten der Einhüllenden mit der entsprechenden Geraden gehören, auf einem Kreise und die Tangenten, welche in den genannten Punkten an die Evoluten gelegt werden können, gehen für alle geraden Linien durch einen und denselben Punkt. Es wird dieser Fall u. a. eintreten, wenn λ eine ganze Funktion von einem Grade kleiner als n ist, und zwar werden die genannten Eigenschaften in diesem Falle für die Dauer der ganzen Bewegung bestehen bleiben.

Im allgemeinen Falle gestalten sich die Resultate etwas anders. Wir wollen in ihm zwei Kategorien gerader Linien gesondert betrachten, und zwar erstens eine Schar paralleler Geraden und zweitens ein Strahlenbüschel mit einem endlichen Mittelpunkt und in beiden Fällen fragen, wo momentan die n-ten Krümmungsmittelpunkte der Einhüllenden der definierten Geraden im Berührungspunkt gelegen sind.

Im ersten Falle kommt die Aufgabe auf die Elimination von p aus dem Gleichungssystem (7a) heraus und ergibt sich als gesuchter geometrischer Ort eine gerade Linie, deren Gleichung lautet:

$$f\,(u - u_{n0}) + g\,(v - v_{n0}) = 0, \tag{8a}$$

wobei gesetzt ist:

$$\begin{aligned} f &= \lambda^{(n)} \cos \vartheta_n - \lambda^{(n+1)} \sin \vartheta_n, \\ g &= \lambda^{(n)} \sin \vartheta_n + \lambda^{(n+1)} \cos \vartheta_n, \\ \vartheta_n &= \vartheta + \varepsilon_n. \end{aligned} \tag{8b}$$

Wir erhalten demnach den Lehrsatz:

Die n-ten Krümmungsmittelpunkte der Einhüllenden paralleler Geraden, die zu den momentanen Berührungspunkten gehören, liegen alle auf einer geraden Linie.

Wir wollen uns nun in den Berührungspunkten die Tangenten an die n-ten Evoluten gelegt denken. Die Gleichung einer solchen lautet:

$$v - v_n = (u - u_n)\,\frac{dv_n}{du_n},$$

oder wenn wir den früher gefundenen Wert des Differentialquotienten berücksichtigen:

$$(u - u_n) \sin \vartheta_n - (v - v_n) \cos \vartheta_n = 0.$$

Setzen wir die Werte von u_n und v_n, wie sie sich aus den Gleichungen (7) ergeben, hierin ein, so erhalten wir die Beziehung:

$$(u - f_n(\vartheta)) \sin \vartheta_n - (v - \varphi_n(\vartheta)) \cos \vartheta_n = p\lambda^{(n)} \tag{9}$$

und damit den Lehrsatz:

Die Tangenten, die in den definierten Punkten an die n-ten Evoluten der Einhüllenden einer Schar paralleler gerader Linien gelegt werden können, sind einander parallel.

Wir wollen jetzt zwei voneinander verschiedene Scharen gerader einander parallelen Linien ins Auge fassen. Bei der zweiten Schar führen wir gestrichene Buchstaben ein. Diesen beiden Scharen entsprechen dann zwei gerade Linien mit den Gleichungen:

$$\begin{aligned} f\,(u - u_{n0}) + g\,(v - v_{n0}) &= 0, \\ f'(u - u'_{n0}) + g'(v - v'_{n0}) &= 0, \end{aligned} \tag{10}$$

wobei gesetzt ist:

$$\begin{aligned} f' &= \lambda^{(n)} \cos \vartheta'_n - \lambda^{(n+1)} \sin \vartheta'_n. \\ g' &= \lambda^{(n)} \sin \vartheta'_n + \lambda^{(n+1)} \cos \vartheta'_n. \end{aligned}$$

Die Koordinaten ihres Schnittpunktes, den wir durch $\mathfrak{P}_n$ bezeichnen wollen, nehmen nach einer kleinen Rechnung die Form an:

$$\begin{aligned} \mathfrak{u}_n &= f_n(\vartheta) - \lambda^{(n)}\,\frac{\lambda^{(n+1)} f'_n + \lambda^{(n)} \varphi'_n}{l_n^2}, \\ \mathfrak{v}_n &= \varphi_n(\vartheta) + \lambda^{(n)}\,\frac{\lambda^{(n)} f'_n - \lambda^{(n+1)} \varphi'_n}{l_n^2}, \end{aligned} \tag{11a}$$

wobei gesetzt ist:

(11b) $$l_n^2 = (\lambda^{(n)})^2 + (\lambda^{(n+2)})^2.$$

In diesen Ausdrücken kommen die Größen ε_n gar nicht vor. Unter solchen Umständen ergibt sich der Lehrsatz:

Die einer jeden Phase der Bewegung entsprechenden geraden Linien, auf denen die definierten Krümmungsmittelpunkte gelegen sind, schneiden sich in einem und demselben Punkte $\mathfrak{P}_n$.

Für den Fall $n = 0$ fällt $\mathfrak{P}_0$ mit dem Pol zusammen, für den Fall $n = 1$ bringen wir die Größen $\mathfrak{u}_1$ und $\mathfrak{v}_1$ in eine etwas andere Form, als es vorhin geschehen ist.

Mit Hilfe der früher angegebenen Werte der beiden ersten Differentialquotienten von a und b nach ϑ ergeben sich die Beziehungen:

$$f_1(\vartheta) = x_p - \frac{\lambda'}{\lambda}(b - y_p),$$
$$\varphi_1(\vartheta) = y_p + \frac{\lambda'}{\lambda}(a - x_p)$$

und ferner:

$$f'_1(\vartheta) = -\frac{\lambda'}{\lambda}(a - x_p) - \frac{\lambda''}{\lambda}(b - y_p) + x'_p + \frac{\lambda'}{\lambda} y'_p,$$
$$\varphi'_1(\vartheta) = \frac{\lambda''}{\lambda}(a - x_p) - \frac{\lambda'}{\lambda}(b - y_p) - \frac{\lambda'}{\lambda} x'_p + y'_p.$$

Setzen wir diese Werte in die Ausdrücke für $\mathfrak{u}_1$ und $\mathfrak{v}_1$ ein, so nehmen sie die Form an:

(12) $$\mathfrak{u}_1 = x_p - \frac{\lambda'}{\lambda}\frac{(\lambda\lambda'' - \lambda'^2)\,x'_p + \lambda'(\lambda + \lambda'')\,y'_p}{\lambda'^2 + \lambda''^2},$$
$$\mathfrak{v}_1 = y_p + \frac{\lambda'}{\lambda}\frac{\lambda'(\lambda + \lambda'')\,x'_p - (\lambda\lambda'' - \lambda'^2)\,y'_p}{\lambda'^2 + \lambda''^2}.$$

Erwägen wir die Beziehungen, die zwischen den Koordinaten eines Punktes in bezug auf das x, y-System und dem x_2, y_2-System bestehen, so nehmen die Koordinaten des Punktes $\mathfrak{P}_1$ im x_2, y_2-System resp. die Form an:

$$\frac{\lambda'}{\lambda}\frac{\lambda\lambda'' - \lambda'^2}{\lambda'^2 + \lambda''^2} N \text{ und } -\frac{\lambda'}{\lambda}\frac{\lambda'(\lambda + \lambda'')}{\lambda'^2 + \lambda''^2} N.$$

Diese Darstellung zeigt, daß der Punkt $\mathfrak{P}_1$ auf dem Rückkehrkreis gelegen ist, und zwar in dessen zweitem Schnittpunkt mit der Geraden:

$$\lambda'(\lambda + \lambda'')\,x_2 + (\lambda\lambda'' - \lambda'^2)\,y_2 = 0,$$

deren Gleichung wir auch schreiben können:

(13) $$2d_w\,x_2 \operatorname{tg}\omega - (d_w + d_r)\,y_2 = 0,$$

so daß der Punkt $\mathfrak{P}_1$ in einfacher Weise konstruiert werden kann, wenn der Wende- und Rückkehrkreis sowie der Winkel ω gegeben ist.

Wir denken uns jetzt zweitens ein Strahlenbüschel mit endlichem Mittelpunkt C' vorgelegt und fragen uns, wo die Krümmungsmittelpunkte der n-ten Evoluten der Einhüllenden einer solchen Schar in den Berührungspunkten gelegen sind. Dazu ist die Größe ε aus den

Gleichungen (7) zu eliminieren. Die rechten Seiten dieser Gleichungen können, wie eine einfache Betrachtung lehrt, als lineare Funktionen von $\cos 2\varepsilon$ und $\sin 2\varepsilon$ dargestellt werden, deren Koeffizienten lediglich von ϑ und p abhängen. Hieraus folgt, daß der gesuchte geometrische Ort jedenfalls ein Kegelschnitt ist. Die nähere Ausrechnung zeigt, daß er ein Kreis ist, dessen Gleichung die Form hat:

$$(14\text{a}) \qquad (u - \mathfrak{x}_n)(u - \mathfrak{x}_{n+1}) + (v - \mathfrak{y}_n)(v - \mathfrak{y}_{n+1}) = 0,$$

wobei gesetzt ist:

$$(14\text{b}) \qquad \begin{aligned} \mathfrak{x}_n &= f_n(\vartheta) + \lambda^{(n)}\left(m \cos\left(\vartheta + \frac{n\pi}{2}\right) - m_1 \sin\left(\vartheta + \frac{n\pi}{2}\right)\right), \\ \mathfrak{y}_n &= \varphi_n(v) + \lambda^{(n)}\left(m \sin\left(\vartheta + \frac{n\pi}{2}\right) + m_1 \cos\left(\vartheta + \frac{n\pi}{2}\right)\right). \end{aligned}$$

Wir finden den Lehrsatz:

Die Punkte der n-ten Evoluten, die zu den Berührungspunkten der Einhüllenden der Geraden eines Strahlenbüschels mit den einzelnen Geraden gehören, liegen auf einem Kreise.

Wir wollen uns nun in den Punkten u_n, v_n dieses Kreises die Tangenten an die n-ten Evoluten gelegt denken. Ihre Gleichung hatten wir in die Form gebracht:

$$(u - f_n(\vartheta)) \sin \vartheta_n - (v - \varphi_n(\vartheta)) \cos \vartheta_n - p\lambda^{(n)} = 0.$$

Dieser Gleichung wird für jeden Wert von ε durch die Größen:

$$u = \mathfrak{x}_n, \quad v = \mathfrak{y}_n$$

Genüge geleistet. Wir wollen den hierdurch bestimmten Punkt den n-ten zugeordneten des Punktes C nennen und ihn durch C_n bezeichnen.

Zweitens ziehen wir die Normale in denselben Punkten. Ihre Gleichung lautet:

$$(u - u_n)\, du_n + (v - v_n)\, dv_n = 0 \quad \text{oder auch:}$$
$$(u - f_{n+1}(\vartheta)) \cos \vartheta_n + (v - \varphi_{n+1}(\vartheta)) \sin \vartheta_n - p\lambda^{(n+1)} = 0.$$

Dieser Gleichung wird für alle Werte von ε durch die Koordinaten des $n+1$-ten zugeordneten Punktes C_{n+1} Genüge geleistet. Wir finden somit den Lehrsatz:

Die Tangenten resp. Normalen, die in den betrachteten Punkten an die n-ten Evoluten gelegt werden können, gehen alle durch den n-ten resp. den $n+1$-ten zugeordneten Punkt des Mittelpunktes des vorgelegten Strahlenbüschels.

Bei der Untersuchung einer Schar paralleler Geraden fanden wir einen von ε und p unabhängigen Punkt $\mathfrak{P}_n$ als Mittelpunkt eines Strahlenbüschels besonderer Art. Es zeigt sich, daß der Gleichung des Kreises (14) durch die Koordinaten des Punktes $\mathfrak{P}_n$ genügt wird, so daß sich der Lehrsatz ergibt:

Die zu einer Phase der Bewegung gehörenden Kreise, auf denen die n-ten Krümmungsmittelpunkte der Einhüllenden der Geraden eines Strahlenbüschels liegen, schneiden sich unabhängig von der Wahl dieses Strahlenbüschels im Punkte $\mathfrak{P}_n$.

Wir wollen diesen Punkt den n-ten zugeordneten Pol nennen.

Bei der Umkehrung der Bewegung haben wir die Ebenen Σ und Σ_1 gesondert zu betrachten. Für die Ebene Σ ergeben sich bei entsprechender Änderung der in Betracht kommenden Größen a, b, λ und bei Vertauschung der Größen x, y mit den Größen ξ, η dieselben Sätze wie vorhin. In der Ebene Σ_1 ist dann noch an Stelle von ξ und η resp. $\lambda\xi$ und $\lambda\eta$ zu setzen, im übrigen bleiben auch hier die Sätze ungeändert.

In bezug auf diesen Paragraphen werde auf die Arbeit von Hartmann verwiesen: Zur Theorie der Momentanbewegung eines ebenen ähnlich veränderlichen Systems, 1912.

§ 52.

Die Einhüllenden beliebiger Systemkurven, die augenblicklich in den Berührungspunkten mit ihren Einhüllenden (m + 2) punktig berührende Tangenten besitzen.

Die Gleichung einer beliebigen Systemkurve in polaren Linienkoordinaten sei:

(1) $$\delta = F(\omega).$$

Die Hüllbahnkurve wird durch die beiden Gleichungen dargestellt:

(2a) $$d = a\cos(\vartheta + \omega) + b\sin(\vartheta + \omega) + \lambda F(\omega),$$

(2b) $$\psi = \vartheta + \omega,$$

wobei die Beziehung besteht:

$$\frac{\partial d}{\partial \vartheta}\frac{\partial \psi}{\partial \omega} - \frac{\partial d}{\partial \omega}\frac{\partial \psi}{\partial \vartheta} = 0$$

oder:

(3) $$\frac{da}{d\vartheta}\cos(\vartheta + \omega) + \frac{db}{d\vartheta}\sin(\vartheta + \omega) + \lambda' F(\omega) - \lambda F'(\omega) = 0.$$

Dabei bedeuten die Striche Differentiationen nach dem Argument.

ω ist irgendeine Funktion von ϑ, also vermöge Gleichung (2b) auch von ψ. Dabei finden die weiteren Beziehungen statt:

$$\frac{d\vartheta}{d\psi} = 1 - \frac{d\omega}{d\psi}, \quad \frac{d^n\vartheta}{d\psi^n} = -\frac{d^n\omega}{d\psi^n} \text{ für } n = 2, 3, \cdots.$$

Die Gleichung der Einhüllenden der vorgelegten Systemkurve kann geschrieben werden:

$$d = a\cos\psi + b\sin\psi + \lambda F(\omega).$$

Die Gleichung ihrer n-ten Evolute lautet:

$$d_n = \frac{d^n(a\cos\psi)}{d\psi^n} + \frac{d^n(b\sin\psi)}{d\psi^n} + \frac{d^n(\lambda F(\omega))}{d\psi^n}$$

oder:

$$d_n = \mathfrak{f}_n\cos\psi + \mathfrak{g}_n\sin\psi + \frac{d^n(\lambda F(\omega))}{d\psi^n},$$

wobei gesetzt ist:

$$\mathfrak{f}_n = \frac{d^n a}{d\psi^n} + n_1 \frac{d^{n-1} b}{d\psi^{n-1}} - n_2 \frac{d^{n-2} a}{d\psi^{n-2}} - \cdots,$$

$$\mathfrak{g}_n = \frac{d^n b}{d\psi^n} - n_1 \frac{d^{n-1} a}{d\psi^{n-1}} - n_2 \frac{d^{n-2} b}{d\psi^{n-2}} + \cdots.$$

Hat eine Systemkurve in einem Augenblick eine $(m+2)$-punktig berührende Tangente im Berührungspunkt mit ihrer Einhüllenden, so gelten in diesem Augenblick die Beziehungen:

$$\frac{d\omega}{d\psi} = \frac{d^2\omega}{d\psi^2} = \cdots = \frac{d^m\omega}{d\psi^m} = 0.$$

Hingegen wird im allgemeinen $\frac{d^{m+1}\omega}{d\psi^{m+1}} \lesseqgtr 0$ sein.

Dann folgen die Beziehungen:

$$\frac{d\vartheta}{d\psi} = 1, \quad \frac{d^n\vartheta}{d\psi^n} = -\frac{d^n\omega}{d\psi^n} = 0 \text{ für } n = 2, 3, \ldots m.$$

a, b, λ sind als Funktionen von ϑ gegeben. Sehen wir sie als Funktionen von ψ an, so ergeben sich zunächst für die Differentialquotienten von a die Werte:

$$\frac{d^n a}{d\psi^n} = \frac{d^n a}{d\vartheta^n} \text{ für } n = 1, 2, \ldots m,$$

$$\frac{d^{m+1} a}{d\psi^{m+1}} = \frac{d^{m+1} a}{d\vartheta^{m+1}} + \frac{da}{d\vartheta} \frac{d^{m+1}\vartheta}{d\psi^{m+1}}.$$

Die Gleichungen bleiben auch richtig, wenn an Stelle von a: b und λ gesetzt werden. F ist als Funktion von ω gegeben. Sehen wir F als Funktion von ψ an, so folgen die Beziehungen:

$$\frac{d^n F(\omega)}{d\psi^n} = 0 \text{ für } n = 1, 2, \cdots m.$$

$$\frac{d^{m+1} F(\omega)}{d\psi^{m+1}} = F'(\omega) \frac{d^{m+1}\omega}{d\psi^{m+1}} = -F'(\omega) \frac{d^{m+1}\vartheta}{d\psi^{m+1}}.$$

Endlich folgt:

$$\frac{d^n(\lambda F(\omega))}{d\psi^n} = \lambda^{(n)} F(\omega) \text{ für } n = 1, 2, \ldots m.$$

$$\frac{d^{m+1}(\lambda F(\omega))}{d\psi^{m+1}} = \lambda^{(m+1)} F(\omega) + (\lambda' F(\omega) - \lambda F'(\omega)) \frac{d^{m+1}\vartheta}{d\psi^{m+1}}.$$

Die Koordinaten der Tangenten der n-ten Evoluten aller derjenigen Hüllbahnkurven, die in dem betrachteten Augenblick die entsprechenden Systemkurven in Punkten der letzteren berühren, die eine $(m+2)$-punktig berührende Tangente besitzen, lauten:

$$d_n = \mathfrak{f}_n \cos\psi + \mathfrak{g}_n \sin\psi + \lambda^{(n)} F(\omega), \quad \psi = \vartheta + \omega,$$

wobei gesetzt ist:

$$\mathfrak{f}_n = \frac{d^n a}{d\vartheta^n} + n_1 \frac{d^{n-1} b}{d\vartheta^{n-1}} - n_2 \frac{d^{n-2} a}{d\vartheta^{n-2}} - \cdots,$$

(4)

$$\mathfrak{g}_n = \frac{d^n b}{d\vartheta^n} - n_1 \frac{d^{n-1} a}{d\vartheta^{n-1}} - n_2 \frac{d^{n-2} b}{d\vartheta^{n-2}} + \cdots,$$

vorausgesetzt, daß n eine der Zahlen $0, 1, 2, \ldots m$ ist.

Es ist ferner:

$$\frac{d}{d\psi}(d_n) = \frac{d^{n+1}(a\cos\psi)}{d\psi^{n+1}} + \frac{d^{n+1}(b\sin\psi)}{d\psi^{n+1}} + \frac{d^{n+1}F(\omega)}{d\psi^{n+1}}.$$

Mit Rücksicht auf unsere zusammengestellten Formeln finden wir für $n = m$:

$$\frac{d}{d\psi}(d_m) = \mathfrak{f}_{m+1}\cos\psi + \mathfrak{g}_{m+1}\sin\psi + \lambda^{(m+1)}F(\omega)$$
$$+\left(\frac{da}{d\vartheta}\cos\psi + \frac{db}{d\vartheta}\sin\psi + \lambda' F(\omega) - \lambda F'(\omega)\right)\frac{d^{m+1}\vartheta}{d\psi^{m+1}}$$

oder mit Rücksicht auf (3):

$$d_{m+1} = \frac{d}{d\psi}(d_m) = \mathfrak{f}_{m+1}\cos\psi + \mathfrak{g}_{m+1}\sin\psi + \lambda^{(m+1)}F(\omega),$$

wobei $\mathfrak{f}_{m+1}$, $\mathfrak{g}_{m+1}$ die Bedeutung haben:

$$\mathfrak{f}_{m+1} = \frac{d^{m+1}a}{d\vartheta^{m+1}} + (m+1)_1\frac{d^m b}{d\vartheta^m} - (m+1)_2\frac{d^{m-1}a}{d\vartheta^{m-1}} - \cdots = \frac{d\mathfrak{f}_m}{d\vartheta} + \mathfrak{g}_m.$$

$$\mathfrak{g}_{m+1} = \frac{d^{m+1}b}{d\vartheta^{m+1}} - (m+1)_1\frac{d^m a}{d\vartheta^m} - (m+1)_2\frac{d^{m-1}b}{d\vartheta^{m-1}} + \cdots = \frac{d\mathfrak{g}_m}{d\vartheta} - \mathfrak{f}_m.$$

Ist also n eine der Zahlen $0, 1, 2, \cdots m+1$, so sind die Koordinaten der Tangenten der n-ten Evoluten der in Rede stehenden Hüllbahnkurven:

$$d_n = \mathfrak{f}_n\cos\psi + \mathfrak{g}_n\sin\psi + \lambda^{(n)}F(\omega),\quad \psi = \vartheta + \omega,$$

wobei $\mathfrak{f}_n$, $\mathfrak{g}_n$ die aus den Gleichungen (4) hervorgehenden Werte haben. Dabei gelten für $n = 0, 1, \ldots m$ die Beziehungen:

$$\mathfrak{f}_{n+1} = \frac{d\mathfrak{f}_n}{d\vartheta} + \mathfrak{g}_n,\quad \mathfrak{g}_{n+1} = \frac{d\mathfrak{g}_n}{d\vartheta} - \mathfrak{f}_n.$$

Die rechtwinkligen Koordinaten des Berührungspunktes der Tangente δ, ω mit der Kurve haben wir früher gefunden bzw. gleich:

$$x = \delta\cos\omega - \frac{d\delta}{d\omega}\sin\omega,\quad y = \delta\sin\omega + \frac{d\delta}{d\omega}\cos\omega.$$

Mit Rücksicht hierauf gelangt man leicht zu dem Resultat:

Ist n eine der Zahlen $0, 1, 2, \ldots m$, so lauten die Koordinaten des n-ten Krümmungsmittelpunktes der Einhüllenden einer Systemkurve $\delta = F(\omega)$, welche in dem betrachteten Augenblick eine $(m+2)$-punktig berührende Tangente in ihrem Berührungspunkt mit ihrer Einhüllenden besitzt (5):

$$x = \mathfrak{f}_n + \delta\left(\lambda^{(n)}\cos\psi - \lambda^{(n+1)}\sin\psi\right) - \left(\frac{d\mathfrak{f}_n}{d\vartheta}\cos\psi + \frac{d\mathfrak{g}_n}{d\vartheta}\sin\psi\right)\sin\psi,$$

$$y = \mathfrak{g}_n + \delta\left(\lambda^{(n)}\sin\psi + \lambda^{(n+1)}\cos\psi\right) + \left(\frac{d\mathfrak{f}_n}{d\vartheta}\cos\psi + \frac{d\mathfrak{g}_n}{d\vartheta}\sin\psi\right)\cos\psi,$$

wobei $\mathfrak{f}_n$, $\mathfrak{g}_n$ die Werte (4) haben und $\psi = \vartheta + \omega$ ist. Aus dieser Koordinatendarstellung folgt ohne weiteres der Lehrsatz:

Ist n eine der Zahlen $0, 1, 2, \ldots m$, so liegen die n-ten Krümmungsmittelpunkte der Einhüllenden aller Systemkurven, die augenblicklich $(m+2)$-punktig berührende und parallele Tangenten in den Berührungspunkten mit ihren Einhüllenden besitzen, momentan auf einer Geraden.

Eliminiert man aus den Gleichungen (5) die Größe δ, so findet man, daß die erhaltene Gleichung für jeden Wert von ω durch die Koordinaten des Punktes $\mathfrak{P}_n$ erfüllt ist. Dabei ist zu bedenken, daß die Koordinaten unserer n-ten Krümmungsmittelpunkte auf ein Achsenkreuz bezogen sind, welches gegen das ursprüngliche um $n\frac{\pi}{2}$ gedreht ist. Wir erhalten den weiteren Lehrsatz:

Ist n eine der Zahlen $0, 1, 2, \cdots m$, so gehen die zu jeder Phase der Bewegung gehörigen Geraden, auf denen die n-ten Krümmungsmittelpunkte der Enveloppen aller Systemkurvenscharen liegen, die in dem betreffenden Augenblick parallele $(m+2)$-punktig berührende Tangenten in den Berührungspunkten mit ihren Einhüllenden besitzen, durch den Punkt $\mathfrak{P}_n$.

Für $n = 0$ sind die n-ten Krümmungsmittelpunkte die Berührungspunkte der Einhüllenden mit ihren Systemkurven, während $\mathfrak{P}_0$ der Pol ist. Ist $n = 0$, so gelten die gemachten Aussagen auch für $m = 0$. Die sich hieraus ergebenden Sätze brauchen wir nicht besonders anzuführen.

Jetzt sollen alle Systemkurven betrachtet werden, die in ihren Berührungspunkten mit ihren Einhüllenden augenblicklich $(m+2)$-punktig berührende Tangenten haben, die einem Strahlenbüschel angehören. Für die genannten Kurven gilt in diesem Augenblick:

$$\delta = F(\omega) = R\cos(\alpha - \omega),$$

wobei R, α die Polarkoordinaten des Mittelpunktes C des Büschels im ξ, η-System sind. Nach unseren Darlegungen ist dann:

$$d_n = \mathfrak{f}_n \cos\psi + \mathfrak{g}_n \sin\psi + \lambda^{(n)} R\cos(\alpha - \omega) \quad \text{für } n = 0, 1, 2, \cdots m+1.$$

Da $\alpha - \omega = \alpha - (\psi - \vartheta) = \alpha + \vartheta - \psi$ ist, so überzeugt man sich von der Richtigkeit der Gleichungen:

$$d_n = (\mathfrak{f}_n + \lambda^{(n)} R\cos(\vartheta + \alpha))\cos\psi + (\mathfrak{g}_n + \lambda^{(n)} R\sin(\vartheta + \alpha))\sin\psi$$
$$\text{für } n = 0, 1, \cdots m+1,$$

$$(6)\qquad \begin{aligned} d_{n+1} = \frac{d}{d\psi}(d_n) = {} & \frac{d}{d\vartheta}(\mathfrak{f}_n + \lambda^{(n} R\cos(\vartheta + \alpha))\cos\psi \\ & + \frac{d}{d\vartheta}(\mathfrak{g}_n + \lambda^{(n)} R\sin(\vartheta + \alpha))\sin\psi \\ & - (\mathfrak{f}_n + \lambda^{(n)} R\cos(\vartheta + \alpha))\sin\psi + (\mathfrak{g}_n + \lambda^{(n)} R\sin(\vartheta + \alpha))\cos\psi \end{aligned}$$
$$\text{für } n = 0, 1, \cdots m.$$

Für $n = 0, 1, 2, \cdots m$ erhalten wir als rechtwinklige Koordinaten der Berührungspunkte der Tangenten der n-ten Evoluten mit denselben:

$$(7)\qquad \begin{aligned} x &= A_n - \left(\frac{dA_n}{d\vartheta}\cos\psi + \frac{dB_n}{d\vartheta}\sin\psi\right)\sin\psi, \\ y &= B_n + \left(\frac{dA_n}{d\vartheta}\cos\psi + \frac{dB_n}{d\vartheta}\sin\psi\right)\cos\psi, \end{aligned}$$

wobei gesetzt ist:

$$A_n = \mathfrak{f}_n + \lambda^{(n)} R\cos(\vartheta + \alpha), \quad B_n = \mathfrak{g}_n + \lambda^{(n)} R\sin(\vartheta + \alpha).$$

Die Gleichungen (7) haben dieselbe Form wie diejenigen (3) des § 23. Nur sind an Stelle von $\mathfrak{f}_n$, $\mathfrak{g}_n$ die Größen A_n, B_n getreten.

Die Gleichungen (6) sagen aus, daß für $n = 0, 1, \cdots m + 1$ die Tangenten der n-ten Evoluten der betrachteten Einhüllenden alle durch den Punkt mit den Koordinaten:

$$A_n = \mathfrak{f}_n + \lambda^{(n)} R \cos(\vartheta + \alpha), \quad B_n = \mathfrak{g}_n + \lambda^{(n)} R \sin(\vartheta + \alpha)$$

hindurchgehen, wobei $\mathfrak{f}_n$, $\mathfrak{g}_n$ die Werte (4) haben. A_n, B_n sind die Koordinaten des dem Büschelmittelpunkt C zugeordneten Punktes C_n, bezogen auf ein Achsenkreuz, welches gegen das ursprüngliche um den Winkel $n\frac{\pi}{2}$ gedreht ist.

Ziehen wir noch aus den Gleichungen (7) ähnliche Schlüsse wie aus den Gleichungen (3) in § 23, so erhalten wir den Lehrsatz:

Ist n eine der Zahlen $0, 1, 2, \cdots m$ und betrachten wir alle Systemkurven, die augenblicklich in den Berührungspunkten mit den Einhüllenden $(m + 2)$-punktig berührende Tangenten besitzen, die einem Strahlenbüschel mit dem Mittelpunkt C angehören, so liegen die Punkte der n-ten Evoluten der Einhüllenden, die zu den genannten Berührungspunkten gehören, auf einem Kreis. Die Tangenten und Normalen, die in den genannten Punkten an die n-ten Evoluten gelegt werden können, gehen alle bzw. durch die Punkte C_n und C_{n+1}, die dem Punkt C zugeordnet sind. Der Kreis, den die betrachteten n-ten Krümmungsmittelpunkte bilden, ist über $C_n C_{n+1}$ als Durchmesser beschrieben.

Der auf S. 183 zuletzt ausgesprochene Lehrsatz läßt sich ohne Schwierigkeiten auf unsere jetzigen Verhältnisse übertragen. Wir finden dann leicht den weiteren Lehrsatz:

Die Berührungspunkte aller Einhüllenden mit denjenigen Systemkurven, deren Tangenten in diesen Berührungspunkten momentan einem Strahlenbüschel angehören, liegen alle auf einem Kreis, der durch den Pol und den Mittelpunkt C dieses Büschels und seinen ersten zugeordneten Punkt C_1 hindurchgeht.

§ 53.

Über die Verwandtschaft, die zwischen den Bahnpunkten und den n-ten ihnen zugeordneten Punkten besteht.

Wir haben im Paragraphen 51 Strahlenbüschel untersucht, deren Mittelpunkt die Koordinaten m und m_1 besitzen. Wir wollen diese Kordinaten jetzt durch ξ und η bezeichnen. Zwischen ihnen und den Koordinaten des zugeordneten Punktes C_n im festen System bestanden die Beziehungen:

$$(1) \quad \begin{aligned} \mathfrak{x}_n &= f_n(\vartheta) + \lambda^{(n)}\left(\xi \cos\left(\vartheta + \frac{n\pi}{2}\right) - \eta \sin\left(\vartheta + \frac{n\pi}{2}\right)\right), \\ \mathfrak{y}_n &= \varphi_n(\vartheta) + \lambda^{(n)}\left(\xi \sin\left(\vartheta + \frac{n\pi}{2}\right) + \eta \cos\left(\vartheta + \frac{n\pi}{2}\right)\right). \end{aligned}$$

Nennen wir die Koordinaten des Punktes C im festen System x, y, so bestehen die Beziehungen:

$$(2)\quad \begin{aligned} \xi &= \frac{1}{\lambda}\left((x-a)\cos\vartheta + (y-b)\sin\vartheta\right), \\ \eta &= \frac{1}{\lambda}\left(-(x-a)\sin\vartheta + (y-b)\cos\vartheta\right). \end{aligned}$$

Unter solchen Umständen erhalten wir zwischen den Koordinaten der Punkte C und C_n im festen System die Gleichungen:

$$(3)\quad \begin{aligned} \mathfrak{x}_n &= f_n + \frac{\lambda^{(n)}}{\lambda}\left((x-a)\cos\frac{n\pi}{2} - (y-b)\sin\frac{n\pi}{2}\right), \\ \mathfrak{y}_n &= \varphi_n + \frac{\lambda^{(n)}}{\lambda}\left((x-a)\sin\frac{n\pi}{2} + (y-b)\cos\frac{n\pi}{2}\right), \end{aligned}$$

aus denen sich der Lehrsatz ergibt:

Zwischen dem Punktesystem C und dem ihm zugeordneten C_n besteht die Verwandtschaft der Ähnlichkeit, und zwar ist das Punktesystem C_n, von der Parallelverschiebung abgesehen, gegen das System C im negativen Sinne um den Winkel $\frac{n\pi}{2}$ gedreht. Der Ähnlichkeitsfaktor ist $\lambda^{(n)} : \lambda$.

Die Koordinaten des Ähnlichkeitspunktes ergeben sich aus den Gleichungen:

$$\mathfrak{x}_n = x, \quad \mathfrak{y}_n = y.$$

Sie haben resp. die Werte:

$$f_n\left(1 - \frac{\lambda^{(n)}}{\lambda}\cos\frac{n\pi}{2}\right) - (\varphi_n - b)\frac{\lambda^{(n)}}{\lambda}\sin\frac{n\pi}{2} - \frac{\lambda^{(n)}}{\lambda}\, a\left(\cos\frac{n\pi}{2} - \frac{\lambda^{(n)}}{\lambda}\right) : D,$$

$$(f_n - a)\frac{\lambda^{(n)}}{\lambda}\sin\frac{n\pi}{2} + \varphi_n\left(1 - \frac{\lambda^{(n)}}{\lambda}\cos\frac{n\pi}{2}\right) - \frac{\lambda^{(n)}}{\lambda}\, b\left(\cos\frac{n\pi}{2} - \frac{\lambda^{(n)}}{\lambda}\right) : D,$$

wobei gesetzt ist:

$$D = \left(1 - \frac{\lambda^{(n)}}{\lambda}\cos\frac{n\pi}{2}\right)^2 + \left(\frac{\lambda^{(n)}}{\lambda}\right)^2 \sin^2\frac{n\pi}{2}.$$

Es kann hieran eine Reihe von Fragestellungen geknüpft werden, indem nach Bewegungen gefragt wird, bei denen dauernd eine besondere Art der Ähnlichkeit stattfindet.

Weitergehende Untersuchungen finden sich in der Arbeit von Carl, Zur Theorie der ebenen ähnlich veränderlichen Systeme, 1914. Wir beschränken uns auf die folgenden Bemerkungen.

Wir wollen die Bewegungen untersuchen, bei denen für $n = 2$ der Ähnlichkeitsfaktor dauernd gleich -1 ist, das Punktsystem C_2 also gegen C um den Winkel π gedreht ist. Es muß dann die Differentialgleichung erfüllt sein:

$$(4)\quad \lambda^{(2)} + \lambda = 0,$$

so daß für alle Bewegungen der genannten Art λ die Form annimmt:

$$(5)\quad \lambda = c_1 \sin\vartheta + c_2 \cos\vartheta,$$

und umgekehrt. Weiteres kann allgemein nicht geschlossen werden.

Machen wir aber überdies die Annahme, daß die Verwandtschaft zur Identität wird, so folgen die weiteren Beziehungen:

$$f_2 = a, \ \varphi_2 = b\,,$$

die wir auch schreiben können:

$$\frac{d^2a}{d\vartheta^2} + 2\frac{db}{d\vartheta} = 0, \ \frac{d^2b}{d\vartheta^2} - 2\frac{da}{d\vartheta} = 0. \tag{6}$$

Hieraus ergeben sich die Werte:

$$\begin{aligned} a &= d_1 + c_1' \cos 2\,\vartheta - c_1' \sin 2\,\vartheta, \\ b &= d_2 + c_1' \sin 2\,\vartheta + c_2' \cos 2\,\vartheta, \end{aligned} \tag{7}$$

wobei die Größen d und c Konstanten bedeuten. Die in Betracht kommenden Bewegungen sind hiermit sämtlich bestimmt. Legen wir den Anfangspunkt des festen Systems in den Punkt d_1, d_2, so nehmen die Bewegungsgleichungen die Form an:

$$\begin{aligned} 2x = c_2\,\xi - c_1\,\eta + (c_2\,\xi + c_1\,\eta + 2c_1') \cos 2\,\vartheta - \\ (c_2\,\eta - c_1\,\xi + 2c_1') \sin 2\,\vartheta, \\ 2y = c_1\,\xi + c_2\,\eta + (c_2\,\eta - c_1\,\xi + 2c_2') \cos 2\,\vartheta \\ + (c_2\,\xi + c_1\,\eta + 2c_1') \sin 2\,\vartheta. \end{aligned} \tag{8}$$

Die Bahnkurven sind also sämtlich Kreise.

Die Koordinaten des Poles im beweglichen System sind aus den Gleichungen bestimmt:

$$\begin{aligned} c_2\,\xi_p + c_1\,\eta_p + 2c_1' &= 0, \\ - c_1\,\xi_p + c_2\,\eta_p + 2c_2' &= 0, \end{aligned}$$

also von ϑ unabhängig.

Die Koordinaten des Poles im festen System haben die Form:

$$\begin{aligned} x_p &= \frac{c_2\,\xi_p - c_1\,\eta_p}{2}, \\ y_p &= \frac{c_1\,\xi_p + c_2\,\eta_p}{2}. \end{aligned} \tag{9}$$

Der Pol ist also ein fester Punkt, durch den alle Bahnkreise hindurchgehen.

Wir haben im obigen das Punktesystem C mit dem n-ten zugeordneten C_n verglichen. In ähnlicher Weise kann man das Punktesystem C_n mit dem Punktesystem C_{n+m} vergleichen, dem das Gleichungssystem entspricht:

$$\begin{aligned} \mathfrak{x}_{n+m} &= f_{n+m} + \lambda^{(n+m)}\left(\xi \cos\left(\vartheta + (n+m)\frac{\pi}{2}\right)\right. \\ &\qquad \left. - \eta \sin\left(\vartheta + (n+m)\frac{\pi}{2}\right)\right), \\ \mathfrak{y}_{n+m} &= \varphi_{n+m} + \lambda^{(n+m)}\left(\xi \sin\left(\vartheta + (n+m)\frac{\pi}{2}\right)\right. \\ &\qquad \left. + \eta \cos\left(\vartheta + (n+m)\frac{\pi}{2}\right)\right). \end{aligned} \tag{10}$$

Es folgt dann der Lehrsatz:

Zwischen dem Punktesystem C_n und C_{n+m} besteht die Verwandtschaft der Ähnlichkeit. Das System C_{n+m} ist, von der Parallelverschiebung abgesehen, gegen das System C_n im negativen Sinne um den Winkel $\frac{m\pi}{2}$ gedreht. Der Ähnlichkeitsfaktor ist $\lambda^{(n+m)} : \lambda^{(n)}$.

Die Koordinaten des Ähnlichkeitspunktes ergeben sich analog wie im vorhin betrachteten Falle. Wir begnügen uns damit, sie für den Fall $m = 1$ anzugeben.

Erwägt man die Beziehungen:

$$f_{n+1} = f_n - \frac{d\varphi_n}{d\vartheta}, \quad \varphi_{n+1} = \varphi_n + \frac{df_n}{d\vartheta},$$

so besitzen sie die Form:

$$(11) \qquad \begin{aligned} & f_n - \lambda^{(n)} \frac{\lambda^{(n+1)} f_n' + \lambda^{(n)} \varphi_n'}{l_n^2}, \\ & \varphi_n + \lambda^{(n)} \frac{\lambda^{(n)} f_n' - \lambda^{(n+1)} \varphi_n'}{l_n^2}. \end{aligned}$$

Der Ähnlichkeitspunkt fällt also mit dem früher definierten n-ten zugeordneten Pol zusammen.

Für die Umkehrung der Bewegung gelten analoge Bemerkungen wie am Ende des § 51.

Die Verwandtschaft der Ähnlichkeit, die zwischen den Punktsystemen C und C_n besteht, gestattet uns mit wenigen Schlüssen den Lehrsatz abzuleiten.

Betrachten wir alle Geraden, die eine beliebige Systemkurve umhüllen, so umhüllen die Tangenten der n-ten Evoluten der Einhüllenden der Geraden, die zu den Berührungspunkten der Geraden mit ihren Einhüllenden gehören, in jedem Augenblick eine der Systemkurve ähnliche Kurve. Zwei sich entsprechende Tangenten der beiden ähnlichen Kurven entsprechen sich auch als Systemgerade und Tangente der n-ten Evolute ihrer Einhüllenden.

Sich entsprechende Gerade der ähnlichen Punktsysteme C und C_n entsprechen sich nämlich auch als Systemgerade g und Tangente g_n der n-ten Evolute ihrer Einhüllenden, die zum augenblicklichen Berührungspunkt der Geraden mit ihrer Einhüllenden gehört. In der Tat, gehört g den Strahlenbüscheln mit den Mittelpunkten C und C' an, so muß die ihr entsprechende Tangente g_n den Strahlenbüscheln mit den Mittelpunkten C_n und C_n' angehören. Einer Kurve k des Punktsystems C entspricht eine ihr ähnliche Kurve k_n des Punktsystems C_n. Einer Tangente von k entspricht im Punktsystem C_n eine solche von k_n. Da sich aber beide Tangenten als Systemgerade g und Tangente g_n der n-ten Evolute ihrer Einhüllenden entsprechen, ist unser Satz bewiesen. Unser Satz läßt sich leicht auf die Punktsysteme C_n und C_{n+m} übertragen.

§ 54.

Über n-te zugeordnete ähnlich veränderliche Systeme.

Wir haben das Punktesystem C in einer bestimmten Lage mit dem Punktesystem C_n in Verbindung gesetzt. Wir wollen jetzt die Bewegung der Punkte C_n während ihres ganzen Verlaufes näher untersuchen.

Jedem Punkte C mit den Koordinaten ξ, η der beweglichen Ebene entspricht ein Punkt C_n der festen Ebene mit den Koordinaten:

$$\tag{1} \begin{aligned} \mathfrak{x}_n &= f_n + \lambda^{(n)}\left(\xi \cos\left(\vartheta + \frac{n\pi}{2}\right) - \eta \sin\left(\vartheta + \frac{n\pi}{2}\right)\right), \\ \mathfrak{y}_n &= \varphi_n + \lambda^{(n)}\left(\xi \sin\left(\vartheta + \frac{n\pi}{2}\right) + \eta \cos\left(\vartheta + \frac{n\pi}{2}\right)\right). \end{aligned}$$

Nehmen wir eine Drehung des ξ, η-Systems um den Winkel $\frac{n\pi}{2}$ vor, setzen also an Stelle von:

$$\xi \cos\frac{n\pi}{2} - \eta \sin\frac{n\pi}{2} \quad \text{resp.} \quad \xi \sin\frac{n\pi}{2} + \eta \cos\frac{n\pi}{2}$$

ξ und η, so können wir das letzte Gleichungssystem schreiben:

$$\tag{2} \begin{aligned} \mathfrak{x}_n &= f_n + \lambda^{(n)} (\xi \cos\vartheta - \eta \sin\vartheta), \\ \mathfrak{y}_n &= \varphi_n + \lambda^{(n)} (\xi \sin\vartheta + \eta \cos\vartheta). \end{aligned}$$

Es definiert eine ähnlich veränderliche Bewegung, bei welcher an Stelle von a, b, λ der Reihe nach getreten ist: f_n, φ_n, $\lambda^{(n)}$. Wir wollen diese Bewegung die *n*-te zugeordnete der ursprünglichen nennen. Für alle diese Bewegungen bleiben die früheren allgemeinen Sätze, die wir für ähnlich veränderliche Systeme aufgestellt haben, bestehen, insbesondere existiert für eine jede von ihnen ein bestimmter Pol. Seine Koordinaten ergeben sich in der Form:

$$f_n - \frac{\lambda^{(n+1)} f_n' + \lambda^{(n)} \varphi_n'}{l_n^2},$$

$$\varphi_n - \frac{\lambda^{(n)} f_n' - \lambda^{(n+1)} \varphi_n'}{l_n^2},$$

oder also wir erhalten den Lehrsatz:

Der Pol der *n*-ten zugeordneten Bewegung ist der Punkt $\mathfrak{P}_n$, der mit dem Namen des *n*-ten zugeordneten Poles bezeichnet wurde.

Von weiteren allgemeinen Sätzen dieser Art sehen wir ab und heben nur noch folgendes hervor.

Die Punktsysteme C und C_n sind einander ähnlich, es entspricht also jeder Kurve des Systems C_n eine ihr ähnliche des Systems C. Wir können also den folgenden Lehrsatz aussprechen:

In jedem Augenblick liegen sämtliche Punkte, zu denen Punkte $C_1, C_2, C_3, \ldots$ gehören, die augenblicklich Wendepunkte ihrer Bahnen beschreiben, auf je einem Kreise, sämtliche Punkte ferner, denen Punkte $C_1, C_2, C_3 \ldots$ zugeordnet sind, die augenblicklich eine Bahnstelle mit vierpunktig berührendem Krümmungskreis beschreiben, auf je einer bizirkularen Kurve vierter Ordnung.

Es mögen noch die Bahnkurven der Punkte C_n in bezug auf ihre Tangenten und Krümmungsmittelpunkte kurz untersucht werden. Die Bahnkurve des Punktes C_n, der dem Punkte C zugeordnet ist, hat die Gleichungen (1):

$$\mathfrak{x}_n = f_n + \lambda^{(n)}\left(\xi\cos\left(\vartheta + \frac{n\pi}{2}\right) - \eta\sin\left(\vartheta + \frac{n\pi}{2}\right)\right),$$
$$\mathfrak{y}_n = \varphi_n + \lambda^{(n)}\left(\xi\sin\left(\vartheta + \frac{n\pi}{2}\right) + \eta\cos\left(\vartheta + \frac{n\pi}{2}\right)\right).$$

Erwägen wir die Beziehungen:

$$f_{n+1} = f_n - \varphi_n', \quad \varphi_{n+1} = \varphi_n + f_n',$$

so folgen durch Differentiation von $\mathfrak{x}_n$ und $\mathfrak{y}_n$ nach ϑ die Gleichungen:

$$\mathfrak{x}_{n+1} = \mathfrak{x}_n - \mathfrak{y}_n', \qquad (3)$$
$$\mathfrak{y}_{n+1} = \mathfrak{y}_n + \mathfrak{x}_n'.$$

Für $n = 0$ gehen die Größen $\mathfrak{x}_0$, $\mathfrak{y}_0$ in die Koordinaten des Punktes C über und mögen als solche durch x und y bezeichnet werden, dann können mit ihrer Hilfe die Koordinaten des n-ten zugeordneten Punktes in die Form gebracht werden (4):

$$\mathfrak{x}_n = x - n_1\frac{dy}{d\vartheta} - n_2\frac{d^2x}{d\vartheta^2}\cdots(-1)^r n_{2r}\frac{d^{2r}x}{d\vartheta^{2r}} + (-1)^{r+1} n_{2r+1}\frac{d^{2r+1}y}{d\vartheta^{2r+1}}\cdots,$$
$$\mathfrak{y}_n = y + n_1\frac{dx}{d\vartheta} - n_2\frac{d^2y}{d\vartheta^2}\cdots(-1)^r n_{9r}\frac{d^{2r}y}{d\vartheta^{2r}} + (-1)^r n_{2r+1}\frac{d^{2r+1}x}{d\vartheta^{2r+1}}.$$

Der Richtungskoeffizient der Tangente, die im Punkte C_n an dessen Bahnkurve gelegt werden kann, ist einerseits gleich:

$$\frac{\mathfrak{y}_n'}{\mathfrak{x}_n'},$$

andererseits ergibt er sich aus den Gleichungen (3) gleich:

$$-\frac{\mathfrak{x}_{n+1} - \mathfrak{x}_n}{\mathfrak{y}_{n+1} - \mathfrak{y}_n}.$$

Hieraus folgt der Lehrsatz:

Die Bahn des Punktes C_n berührt in diesem Punkte den Kreis, der über C_nC_{n+1} als Durchmesser beschrieben werden kann, ihre Normale fällt also in die Linie C_nC_{n+1}.

Auf diesen Kreis ist schon im früheren hingewiesen worden. Der Krümmungsmittelpunkt der Bahn des Punktes C_n, der zum Punkte C_n gehört, liegt also auf der Linie C_nC_{n+1} resp. deren Verlängerung. Um den Krümmungsmittelpunkt selbst zu finden, brauchen wir also nur noch den entsprechenden Radius zu bestimmen, dem der Ausdruck entspricht:

$$(\mathfrak{x}_n'^2 + \mathfrak{y}_n'^2)^{\frac{3}{2}} : (\mathfrak{x}_n'\mathfrak{y}_n'' - \mathfrak{x}_n''\mathfrak{y}_n').$$

Sein Zeichen gibt an, auf welcher Seite, von C_n an gerechnet, der Krümmungsmittelpunkt auf der Verbindungslinie der Punkte C_n und C_{n+1} gelegen ist.

Verstehen wir unter d_n die Entfernung der Punkte C_n und C_{n+1}, unter d_{n+1} die der Punkte C_{n+1} und C_{n+2}, so kann der vorige Ausdruck geschrieben werden:

$$d_n^3 : d_n^2 - (\mathfrak{y}_{n+2} - \mathfrak{y}_{n+1})(\mathfrak{y}_{n+1} - \mathfrak{y}_n) - (\mathfrak{x}_{n+2} - \mathfrak{x}_{n+1})(\mathfrak{x}_{n+1} - \mathfrak{x}_n)$$

oder auch:

$$d_n^2 : d_n + d_{n+1} \cos \psi_{n+1},$$

wenn unter ψ_{n+1} der Winkel $C_n C_{n+1} C_{n+2}$ verstanden wird.

Sind daher die drei Punkte C_n, C_{n+1}, C_{n+2} gegeben, so kann der Krümmungsmittelpunkt, der zum Punkte C_n gehört, in einfacher Weise konstruiert werden. Insbesondere ergibt sich das folgende Resultat:

Steht die Verbindungslinie der Punkte C_n und C_{n+1} senkrecht auf derjenigen der Punkte C_{n+1} und C_{n+2}, so ist der Punkt C_{n+1} Krümmungsmittelpunkt der C_n -Bahn im Punkte C_n, ist ferner der Winkel $C_{n+1} C_n C_{n+2}$ ein rechter, so ist der über $C_n C_{n+1}$ beschriebene Kreis der Krümmungskreis.

§ 55.

Besondere Lagen der zugeordneten Punkte.

Ähnlich wie in der Theorie der starren Systeme können auch hier eine größere Anzahl spezieller Lagen der zugeordneten Punkte in Betracht gezogen werden. Es geschieht das in der Arbeit von *Carl*, an dieser Stelle möge nur auf die folgende Aufgabe eingegangen werden: *Es sollen die hinreichenden und notwendigen Bedingungen dafür aufgestellt werden, daß die sämtlichen einem Punkte C zugeordneten Punkte C_n mit C beständig auf einer und derselben geraden Linie gelegen sind.*

Wir beschränken uns zunächst auf die Punkte C_1 und C_2. Die Koordinaten von C im festen System bezeichnen wir durch x, y, dann lauten die hinreichenden und notwendigen Bedingungen dafür, daß die drei Punkte auf einer Geraden liegen:

(1) $$(x - \mathfrak{x}_1)(\mathfrak{y}_2 - \mathfrak{y}_1) - (y - \mathfrak{y}_1)(\mathfrak{x}_2 - \mathfrak{x}_1) = 0.$$

Nun hatten wir allgemein $\mathfrak{x}, \mathfrak{y}$ durch x, y und ihre Differentialquotienten dargestellt. Mit Hilfe dieser Darstellungen kann Gleichung (1) in die Form gebracht werden:

(2) $$x'x'' + y'y'' = 0,$$

so daß wir durch Integration die Beziehung erhalten:

(3) $$x'^2 + y'^2 = c^2,$$

oder wenn wir unter σ_n die Bogenlänge der C-Bahn verstehen:

(4) $$\frac{d\sigma_n}{d\vartheta} = c.$$

Es ergibt sich der Lehrsatz:

Die hinreichende und notwendige Bedingung dafür, daß die drei Punkte C, C_1, C_2 beständig auf derselben Geraden gelegen sind, lautet: Der Punkt C muß bei gleichen Drehungen des Systems gleiche Strecken auf seiner Bahn zurücklegen.

Wir nehmen nun zweitens an, daß auch der Punkt C_3 auf der Verbindungslinie der Punkte C, C_1, C_2 gelegen sei. Dann kommt als hinreichende und notwendige Bedingung die Gleichung hinzu:

(5) $$(x - \mathfrak{x}_1)(\mathfrak{y}_3 - \mathfrak{y}_2) - (y - \mathfrak{y}_1)(\mathfrak{x}_3 - \mathfrak{x}_2) = 0,$$

aus der sich ähnlich wie vorhin die Differentialbeziehung ergibt:

$$x'y''' - y'x''' - 2(x'x'' + y'y'') = 0$$

oder also unter Berücksichtigung von Gleichung (2):

(6) $$x'y''' - y'x''' = 0.$$

Durch Integration erhalten wir die Beziehung.

$$x'y'' - x''y' = c',$$

so daß der Krümmungsradius der C-Bahn konstant ist, d. h. die Bahn selbst ein Kreis. Die Gleichungen eines solchen können geschrieben werden:

(7) $$x = c_1 + r\cos\varphi, \quad y = c_2 + r\sin\varphi,$$

wobei φ einen veränderlichen Parameter bedeutet. Da aber die Gleichung (3) besteht, so folgt, daß der Ausdruck $\frac{d\varphi}{d\vartheta}$ konstant sein, φ selbst also die Form:

$$\varphi = m\vartheta + \mu$$

besitzen muß. Die Gleichungen des Bahnkreises lauten demgemäß:

(8) $$x = c_1 + r\cos(m\vartheta + \mu),$$
$$y = c_2 + r\sin(m\vartheta + \mu).$$

Im speziellen Falle, daß der Radius des Krümmungskreises unendlich groß ist, geht die Bahn des Punktes C in eine gerade Linie über, deren Gleichungen geschrieben werden können:

(9) $$x = m_1\vartheta + \mu_1, \quad y = m_2\vartheta + \mu_2.$$

Wir erhalten demgemäß den Lehrsatz:

Die hinreichende und notwendige Bedingung dafür, daß ein Punkt C mit seinen drei ersten zugeordneten Punkten auf einer geraden Linie gelegen ist, lautet: Die Bahnkurve von C muß ein Kreis resp. eine gerade Linie sein, deren Gleichungen sich in der Form (8) resp. (9) darstellen lassen.

Hiermit ist aber auch das allgemeine Problem gelöst. In der Tat, wenn die Bahnkurve des Punktes C die Gleichungen hat:

$$x = c_1 + r\cos(m\vartheta + \mu),$$
$$y = c_2 + r\sin(m\vartheta + \mu),$$

so folgen aus den Darstellungen von $\mathfrak{x}_n$ und $\mathfrak{y}_n$ durch x und y resp. deren Differentialquotienten die Beziehungen:

$$\mathfrak{x}_n = c_1 + (1 - m)^n r\cos(m\vartheta + \mu),$$
$$\mathfrak{y}_n = c_2 + (1 - m)^n r\sin(m\vartheta + \mu).$$

Sie zeigen, daß die sämtlichen Größen $\mathfrak{x}_n$, $\mathfrak{y}_n$ der Gleichung genügen:

(10) $$(\mathfrak{x} - c_1)\sin(m\vartheta + \mu) - (\mathfrak{y} - c_2)\cos(m\vartheta + \mu) = 0,$$

die Punkte C_n also auf einer Geraden gelegen sind, die durch den Punkt C und den Mittelpunkt des von C beschriebenen Kreises hindurchgeht.

Analog ist der Fall zu behandeln, daß die C-Bahn eine Gerade ist. Die vorhin aufgestellten hinreichenden und notwendigen Bedingungen bleiben also für ein allgemeines n bestehen. Wir können sie in eine andere Form bringen. Jedenfalls folgt, daß die Bahnen von C und aller zu geordneter Punkte konzentrische Kreise sein müssen. Es folgt aber auch das Umgekehrte.

In der Tat, ist die Bahn von C ein Kreis, so kann man sie durch die Gleichungen darstellen:

$$x = c_1 + r \cos \varphi, \quad y = c_2 + r \sin \varphi ,$$

wobei φ einen willkürlichen Parameter bedeutet. Ist die Bahn des Punktes C_1 ein konzentrischer Kreis, so lautet seine Gleichung:

$$(\mathfrak{x} - c_1)^2 + (\mathfrak{y} - c_2)^2 = r_1. \tag{11}$$

Nun ist aber:

$$\mathfrak{x}_1 = x - \frac{dy}{d\vartheta}, \quad \mathfrak{y}_1 = y + \frac{dx}{d\vartheta},$$

also:

$$\mathfrak{x}_1 = c_1 + r \cos \varphi \left(1 - \frac{d\varphi}{d\vartheta}\right), \quad \mathfrak{y}_1 = c_2 + r \sin \varphi \left(1 - \frac{d\varphi}{d\vartheta}\right).$$

Setzen wir diese Werte in Gleichung (11) ein, so folgt:

$$r^2 \left(1 - \frac{d\varphi}{d\vartheta}\right)^2 = r_1^2,$$

oder also es muß φ die Form haben:

$$\varphi = m\,\vartheta + \mu. \tag{12}$$

Der spezielle Fall, daß die Bahnen der Punkte C gerade Linien sind, kann analog behandelt werden. Wir finden den Lehrsatz:

Die hinreichenden und notwendigen Bedingungen dafür, daß die sämtlichen dem Punkte C zugeordneten Punkte C_n mit C auf einer Geraden liegen, lauten: Die sämtlichen C- und C_n-Bahnen müssen konzentrische Kreise oder parallele Gerade sein.

Naturgemäß besitzen auch die Bewegungsgleichungen in den angegebenen Fällen besondere Formen. Für den Fall der kreislinigen Bewegung von C bestehen für dessen Koordinaten die Gleichungen:

$$x = c_1 + r \cos (m\,\vartheta + \mu) = a + \lambda\,(\xi \cos \vartheta - \eta \sin \vartheta),$$
$$y = c_2 + r \sin (m\,\vartheta + \mu) = b + \lambda\,(\xi \sin \vartheta + \eta \cos \vartheta),$$

für den Fall der geradlinigen:

$$x = m_1\,\vartheta + \mu_1 = a + \lambda\,(\xi \cos \vartheta - \eta \sin \vartheta),$$
$$y = m_2\,\vartheta + \mu_2 = b + \lambda\,(\xi \sin \vartheta + \eta \cos \vartheta).$$

Von den drei Funktionen a, b, λ bleibt in jedem der beiden Fälle also nur eine willkürlich.

Elfter Abschnitt.

Spezielle ebene ähnlich veränderliche Bewegungen. Zusammenhänge zwischen den Bahnkurven starrer und ähnlich veränderlicher Systeme.

§ 56.

Die einförmige Bewegung ähnlich veränderlicher Systeme*).

Es mögen jetzt einige besonders wichtige spezielle Arten von Bewegungen untersucht werden. Unter einer einförmigen, ähnlich veränderlichen Bewegung verstehen wir eine solche, bei welcher der Pol fest ist. Legen wir den Anfangspunkt des festen, wie des beweglichen Koordinatensystems in diesen Punkt, so nehmen die Bewegungsgleichungen die Form an:

$$(1)\quad \begin{aligned} x &= \lambda\,(\xi \cos\vartheta - \eta \sin\vartheta), \\ y &= \lambda\,(\xi \sin\vartheta + \eta \cos\vartheta), \end{aligned}$$

und umgekehrt definieren diese Gleichungen eine einförmige Bewegung, so daß wir sie einer Theorie der letzteren zugrunde legen können.

Da nur eine willkürliche Funktion in den Bewegungsgleichungen vorkommt, so ist die einförmige Bewegung durch eine weitere Bedingung bestimmt, etwa dadurch, daß ein Punkt eine vorgelegte Kurve beschreiben soll oder eine mit dem ξ, η-System fest verbundene Kurve durch einen festen Punkt hindurchgehen soll usf.

Wir wollen nun die Bahnkurven zweier voneinander verschiedenen Punkte $\xi_1, \eta_1; \xi_2, \eta_2$ miteinander vergleichen. Wir können ihre Gleichungen schreiben:

$$(2)\quad \begin{aligned} x_\varepsilon &= \lambda(\xi_\varepsilon \cos\vartheta - \eta_\varepsilon \sin\vartheta), \\ y_\varepsilon &= \lambda\,(\xi_\varepsilon \sin\vartheta + \eta_\varepsilon \cos\vartheta), \qquad \varepsilon: 1, 2. \end{aligned}$$

Hieraus folgt, daß wir vier Konstanten $\alpha_1, \alpha_2, \beta_1, \beta_2$ so bestimmen können, daß zwei Gleichungen von der Form bestehen:

$$(3)\quad \begin{aligned} x_2 &= \alpha_1 x_1 + \alpha_2 y_1, \\ y_2 &= \beta_1 x_1 + \beta_2 y_1. \end{aligned}$$

*) In bezug auf diesen Abschnitt werde vor allem auf das Lehrbuch der Kinematik von Burmester verwiesen.

In der Tat, es wird die Behauptung als richtig erwiesen sein, wenn die vier Konstanten den Gleichungen genügen können:

$$\alpha_1 \xi_1 + \alpha_2 \eta_1 = \xi_2, \quad \alpha_1 \eta_1 - \alpha_2 \xi_1 = \eta_2,$$
$$\beta_1 \xi_1 + \beta_2 \eta_1 = \eta_2, \quad -\beta_1 \eta_1 + \beta_2 \xi_1 = \xi_2.$$

Das ist aber immer möglich, es sei denn $\xi_1 = 0$, $\eta_1 = 0$. Zu gleicher Zeit aber folgt, daß die Gleichungen bestehen:

$$\beta_1 = -\alpha_2, \quad \beta_2 = \alpha_1.$$

Hieraus ergibt sich der Lehrsatz:

Bei einer einförmigen Bewegung eines ähnlich veränderlichen Systems vollziehen alle Punkte mit Ausnahme des Poles ähnliche Bewegungen und erzeugen ähnliche Punktreihen auf ähnlichen Bahnkurven mit demselben Ähnlichkeitspol.

Wir können diesen Satz in gewisser Weise umkehren.

Wir nehmen dazu an, daß zwei Punkte $\xi_1, \eta_1;\ \xi_2, \eta_2$ ähnliche Bewegungen beschreiben, dann müssen zwischen ihren Koordinaten im festen System zwei Gleichungen von der Form bestehen:

$$\begin{aligned} x_2 &= \alpha_0 + \alpha_1 x_1 + \alpha_2 y_1, \\ y_2 &= \beta_0 - \alpha_2 x_1 + \alpha_1 y_1. \end{aligned} \tag{4}$$

Ersetzen wir aus den Bewegungsgleichungen die Größen x und y durch die Größen ξ und η, so ergeben sich die Beziehungen:

$$\begin{aligned} a(1-\alpha_1) - b\,\alpha_2 &= \alpha_0 + \lambda\,((\gamma_1 - \xi_2)\cos\vartheta - (\gamma_2 - \eta_2)\sin\vartheta), \\ a\,\alpha_2 + b\,(1-\alpha_1) &= \beta_0 + \lambda\,((\gamma_2 - \eta_2)\cos\vartheta + (\gamma_1 - \xi_2)\sin\vartheta), \end{aligned} \tag{5}$$

wobei gesetzt ist:

$$\gamma_1 = \alpha_1 \xi_1 + \alpha_2 \eta_1, \quad \gamma_2 = -\alpha_2 \xi_1 + \alpha_1 \eta_1.$$

Aus den beiden Gleichungen (5) können a und b als lineare Funktionen von λ berechnet werden, es sei denn, daß $\alpha_1 = 1$ und $\alpha_2 = 0$ ist, ein Fall, der füglich außer Betracht gelassen werden kann.

Demgemäß nehmen die Bewegungsgleichungen die Form an:

$$\begin{aligned} x &= x_0 + \lambda\,((\xi - \delta_1)\cos\vartheta - (\eta - \delta_2)\sin\vartheta), \\ y &= y_0 + \lambda\,((\xi - \delta_1)\sin\vartheta + (\eta - \delta_2)\cos\vartheta), \end{aligned}$$

wobei die Größen $x_0, y_0, \delta_1, \delta_2$ leicht angebbare Konstanten bedeuten. Unter solchen Umständen finden wir den Lehrsatz:

Vollziehen zwei Systempunkte eines ähnlich veränderlichen Systems ähnliche Bewegungen, so ist die Bewegung eine einförmige.

Die Gleichung des Wendekreises hatte sich allgemein in der Form ergeben:

$$\begin{aligned} &\left(1 + \frac{2\lambda'^2}{\lambda^2} - \frac{\lambda''}{\lambda}\right)((x - x_p)^2 + (y - y_p)^2) \\ &- \left(1 + \frac{\lambda'^2}{\lambda^2}\right)(a_2 (x - x_p) + b_2 (y - y_p)) = 0, \end{aligned} \tag{6}$$

nimmt also für einförmige Bewegungen, bei denen der Koordinatenanfangspunkt der Pol ist, die Form an:

$$\left(1 + \frac{2\lambda'^2}{\lambda^2} - \frac{\lambda''}{\lambda}\right)(x^2 + y^2) = 0.$$

Der Wendekreis geht also in einen Punkt über, es sei denn, daß die Gleichung besteht:

$$1 + \frac{2\lambda'^2}{\lambda^2} - \frac{\lambda''}{\lambda} = 0.$$

Im letzteren Falle beschreiben alle Punkte momentan Wendepunkte ihrer Bahnen. Findet die Gleichung dauernd statt, so folgt:

$$\frac{1}{\lambda} = c_1 \sin\vartheta + c_2 \cos\vartheta,$$

und kommen wir zu der geradlinigen Bewegung, die noch etwas genauer untersucht werden soll.

Ähnlich folgt, daß der Rückkehrkreis in einen Punkt übergeht, es sei denn, daß die Beziehung besteht:

$$1 + \frac{\lambda''}{\lambda} = 0.$$

Findet diese Beziehung dauernd statt, so folgt:

$$\lambda = c_1 \sin\vartheta + c_2 \cos\vartheta. \text{ —}$$

Die Kreispunktkurve geht in eine Kurve über, deren Gleichung lautet:

$$l\,(x^2+y^2)^2 = 0,$$

also auch in einen Punkt, es sei denn, daß die Beziehung besteht:

$$l = 0.$$

Im letzteren Falle wird momentan die Bahnkurve eines jeden Punktes mit dem entsprechenden Krümmungskreis vier Punkte gemeinsam haben. Der Fall, daß l beständig der Null gleich ist, ist früher untersucht worden. —

Besonders einfach gestaltet sich die Theorie der Einhüllenden einer geraden Linie. Wir nehmen deren Gleichungen in der Form an:

(7) $$\xi = u \cos\varepsilon + m, \quad \eta = u \sin\varepsilon + m_1.$$

Die Gleichungen der Einhüllenden lauten dann:

(8) $$\begin{aligned} x &= p\,(\lambda \sin(\vartheta+\varepsilon) + \lambda' \cos(\vartheta+\varepsilon)),\\ y &= p\,(-\lambda \cos(\vartheta+\varepsilon) + \lambda' \sin(\vartheta+\varepsilon)). \end{aligned}$$

Aus diesen Gleichungen folgen die weiteren:

$$\begin{aligned} x\cos\varepsilon + y\sin\varepsilon &= p\,(\lambda\sin\vartheta + \lambda'\cos\vartheta),\\ x\sin\varepsilon - y\cos\varepsilon &= p\,(\lambda\cos\vartheta - \lambda'\sin\vartheta). \end{aligned}$$

Unter solchen Umständen können wir uns bei der Diskussion der Einhüllenden auf die der Kurve beschränken:

(9) $$\begin{aligned} x &= \lambda\sin\vartheta + \lambda'\cos\vartheta,\\ y &= -\lambda\cos\vartheta + \lambda'\sin\vartheta, \end{aligned}$$

die den Werten $\varepsilon = 0$, $p = 1$ entspricht, da die übrigen aus ihr in einfacher Weise entstehen.

Ähnliches gilt für die n-ten Evoluten. In der Tat, die Koordinaten des n-ten Krümmungsmittelpunktes nehmen die Form an:

(10) $$\begin{aligned} u_n &= p\,(\lambda^{(n)} \sin(\vartheta+\varepsilon_n) + \lambda^{(n+1)} \cos(\vartheta+\varepsilon_n)),\\ v_n &= p\,(-\lambda^{(n)} \cos(\vartheta+\varepsilon_n) + \lambda^{(n+1)} \sin(\vartheta+\varepsilon_n)), \end{aligned}$$

und daraus folgt ähnlich wie vorhin, daß wir uns auf den Fall $\varepsilon_n = 0$, $p = 1$ beschränken können.

Die Krümmungsmittelpunkte der Einhüllenden paralleler Geraden, die zu den momentanen Berührungspunkten gehören, liegen alle auf einer durch den festen Punkt hindurchgehenden Geraden.

Die Koordinaten des n-ten einem Punkte (m, m_1) zugeordneten Punktes haben die Werte:

$$(11)\qquad \begin{aligned} \mathfrak{x}_n &= \lambda^{(n)}\left(m\cos\left(\vartheta+\frac{n\pi}{2}\right)-m_1\sin\left(\vartheta+\frac{n\pi}{2}\right)\right),\\ \mathfrak{y}_n &= \lambda^{(n)}\left(m\sin\left(\vartheta+\frac{n\pi}{2}\right)+m_1\cos\left(\vartheta+\frac{n\pi}{2}\right)\right).\end{aligned}$$

Der Punkt liegt also auf der durch den Nullpunkt hindurchgehenden geraden Linie:

$$\begin{aligned} &\left(m\sin\left(\vartheta+\frac{n\pi}{2}\right)+m_1\cos\left(\vartheta+\frac{n\pi}{2}\right)\right)\mathfrak{x}_n\\ &-\left(m\cos\left(\vartheta+\frac{n\pi}{2}\right)-m_1\sin\left(\vartheta+\frac{n\pi}{2}\right)\right)\mathfrak{y}_n=0.\end{aligned}$$

Ist n eine gerade Zahl, so nimmt die Gleichung die Form an:

$$(m\sin\vartheta+m_1\cos\vartheta)\,\mathfrak{x}_n-(m\cos\vartheta-m_1\sin\vartheta)\,\mathfrak{y}_n=0,$$

für den Fall eines ungeraden n dagegen:

$$(m\cos\vartheta-m_1\sin\vartheta)\,\mathfrak{x}_n+(m\sin\vartheta+m_1\cos\vartheta)\,\mathfrak{y}_n=0.$$

Die beiden Linien stehen senkrecht aufeinander.

Die Bewegungsgleichungen ferner, die den n-ten zugeordneten Punkten entsprechen, lauten:

$$(12)\qquad \begin{aligned} \mathfrak{x}_n &= \lambda^{(n)}\left(\xi\cos\left(\vartheta+\frac{n\pi}{2}\right)-\eta\sin\left(\vartheta+\frac{n\pi}{2}\right)\right),\\ \mathfrak{y}_n &= \lambda^{(n)}\left(\xi\sin\left(\vartheta+\frac{n\pi}{2}\right)+\eta\cos\left(\vartheta+\frac{n\pi}{2}\right)\right).\end{aligned}$$

Die hierdurch definierte Bewegung ist wieder eine gleichförmige mit demselben festen Punkte, wie die ursprüngliche.

Im Anschluß an diese allgemein gehaltenen Betrachtungen über einförmige Bewegungen mögen noch einige weitere über spezielle Bewegungen der genannten Art folgen.

Wir nehmen zuerst an, der Punkt A_1 (ξ_1, η_1) beschreibe eine gerade Linie. Die x-Achse legen wir durch den festen Punkt senkrecht zur geraden Linie, die ξ-Achse durch den festen Punkt und den Punkt A_1, dann folgt aus den Bewegungsgleichungen:

$$(13)\qquad \lambda=\frac{c}{\cos\vartheta},$$

wobei c eine leicht angebbare Konstante bedeutet. Die Bewegungsgleichungen selbst nehmen demnach die Form an:

$$(14)\qquad \begin{aligned} x &= \frac{c}{\cos\vartheta}(\xi\cos\vartheta-\eta\sin\vartheta),\\ y &= \frac{c}{\cos\vartheta}(\xi\sin\vartheta+\eta\cos\vartheta).\end{aligned}$$

Ganz allgemein beschreibt ein Punkt A mit den Koordinaten ξ, η die gerade Linie:

$$\xi x + \eta y = c\,(\xi^2 + \eta^2). \tag{15}$$

Sie steht senkrecht zur Verbindungslinie des Punktes 0 mit dem Punkte ξ, η und geht durch den Punkt $c\xi, c\eta$ hindurch. Die Punkte, die auf einer Geraden gelegen sind, die durch den Nullpunkt hindurchgeht, beschreiben einander parallele Gerade, die Punkte, die auf einem Kreise um den Nullpunkt mit dem Radius r gelegen sind, beschreiben die Tangenten an einen konzentrischen Kreis mit dem Radius $r\sqrt{c}$.

Bei der Untersuchung der Einhüllenden einer Geraden:

$$\xi = u \cos\varepsilon + m, \quad \eta = u \sin\varepsilon + m_1 \tag{16}$$

können wir uns auf den Fall $\varepsilon = 0$, $p = 1$ beschränken. Die Einhüllende dieser Geraden hat allgemein die Gleichungen:

$$x = \lambda \sin\vartheta + \lambda' \cos\vartheta,$$
$$y = -\lambda \cos\vartheta + \lambda' \sin\vartheta,$$

also im speziellen Falle:

$$x = 2c \operatorname{tg}\vartheta, \quad y = -c\,(1 - \operatorname{tg}^2\vartheta). \tag{17a}$$

Es stellen diese Gleichungen eine Parabel dar. Aus ihnen folgt die weitere Gleichung:

$$x^2 = 4c\,(y + c). \tag{17b}$$

Der Brennpunkt ist der feste Punkt, die Achse der Parabel fällt in die y-Achse.

Zweitens wollen wir den Fall ins Auge fassen, daß ein Punkt A_1 einen Kreis beschreibt. Wir legen die x-Achse durch den Mittelpunkt M_1 des Kreises und setzen $OM_1 = m$. Der Radius des Kreises sei r, so daß seine Gleichung lautet:

$$(x - m)^2 + y^2 = r^2. \tag{18}$$

Die ξ Achse legen wir durch den Punkt A_1 und nehmen der Einfachheit halber an, daß die ξ Koordinate des letzteren gleich 1 sei. Dann besteht die Gleichung:

$$(\lambda \cos\vartheta - m)^2 + \lambda^2 \sin^2\vartheta = r^2,$$

oder also es wird:

$$\lambda = m \cos\vartheta + r\sqrt{1 - x^2 \sin^2\vartheta}, \tag{19}$$

wobei x den Wert $m : r$ besitzt. Um den Kreis zu finden, den ein Punkt A (ξ, η) beschreibt, gehen wir zu den Formeln zurück, die die Koordinaten der entsprechenden Punkte zweier Bahnkurven miteinander bei einer gleichförmigen Bewegung verbinden. Sie nehmen im vorliegenden Falle die Form an:

$$x = \xi x_1 - \eta y_1,$$
$$y = \eta x_1 + \xi y_1,$$

so daß wir umgekehrt die Beziehungen erhalten:

$$x_1 = \xi x + \eta y : \xi^2 + \eta^2$$
$$y_1 = -\eta x + \xi y : \xi^2 + \eta^2.$$

Diese Werte haben wir an Stelle von x und y in die Kreisgleichung:

$$(x - m)^2 + y^2 = r^2$$

einzusetzen und erhalten als Gleichung des Kreises, den der Punkt ξ, η beschreibt:

(20) $$(x - m\xi)^2 + (y - m\eta)^2 = r^2(\xi^2 + \eta^2).$$

Die Koordinaten des Mittelpunktes M haben hiernach die resp. Werte:

$$m\xi, \; m\eta,$$

so daß der Mittelpunkt auf der Linie:

$$\xi y - \eta x = 0$$

gelegen ist. Ferner folgt:

$$\frac{OM}{OM_1} = \frac{OA}{OA_1} = \sqrt{\xi^2 + \eta^2}.$$

Die Dreiecke OAA_1 und OMM_1 sind demnach einander ähnlich und der zu einem Punkte A gehörende Mittelpunkt M ist in einfacher Weise zu konstruieren.

Geht der gegebene Kreis durch den Koordinatenanfangspunkt, so findet dasselbe für alle Kreise statt.

Wir wollen noch kurz auf die Einhüllende einer geraden Linie eingehen, wobei wir uns wieder auf den Fall $\varepsilon = 0$, $p = 1$ beschränken. Die Gleichungen der entsprechenden Einhüllenden lauten:

$$x = \lambda \sin\vartheta + \lambda' \cos\vartheta,$$
$$y = -\lambda \cos\vartheta + \lambda' \sin\vartheta.$$

Nun war λ in der Form gefunden worden:

$$\lambda = m\cos\vartheta + r\sqrt{1 - \varkappa^2 \sin^2\vartheta},$$

und demnach ergibt sich:

$$\lambda' = -\frac{\varkappa\lambda\sin\vartheta}{\sqrt{1 - \varkappa^2\sin^2\vartheta}}.$$

Die Gleichungen der Einhüllenden nehmen die Form an:

(21) $$x = \frac{r(1 - \varkappa^2)\sin\vartheta}{\sqrt{1 - \varkappa^2\sin^2\vartheta}}, \qquad y = \frac{-r(1 - \varkappa^2)\cos\vartheta}{\sqrt{1 - \varkappa^2\sin^2\vartheta}} - \varkappa R,$$

wobei gesetzt ist:

$$R^2 = x^2 + y^2 = \frac{\lambda^2}{1 - \varkappa^2\sin^2\vartheta}.$$

Führen wir Polarkoordinaten R, φ ein, so bekommen wir die einfachere Darstellung:

(22) $$R = \frac{r(1 - \varkappa^2)}{1 + \varkappa\sin\varphi}.$$

Die Einhüllende ist also ein Kegelschnitt.

Drittens nehmen wir an, daß ein Punkt A_1 eine logarithmische Spirale beschreibt, deren asymptotischer Punkt der feste Punkt ist und deren Gleichungen lauten:

(23) $$x = c\,e^{\varkappa\varphi}\cos\varphi, \quad y = c\,e^{\varkappa\varphi}\sin\varphi,$$

c und $\varkappa$ sind Konstanten, deren erste wir positiv annehmen, φ ist die Amplitude des Punktes x, y in bezug auf das feste System. Der Punkt A_1 möge in bezug auf das veränderliche System die Polarkoordinaten R_1, β_1 besitzen, so folgen die Beziehungen:

$$c e^{\varkappa\varphi} \cos\varphi = \lambda R_1 \cos(\vartheta + \beta_1),$$
$$c e^{\varkappa\varphi} \sin\varphi = \lambda R_1 \sin(\vartheta + \beta_1).$$

Hieraus folgt entweder:

$$\varphi = \vartheta + \beta_1, \quad \lambda = \frac{c}{R_1} e^{\varkappa\varphi} \text{ oder:}$$
(24)
$$\varphi = \vartheta + \beta_1 + \pi, \quad \lambda = -\frac{c}{R_1} e^{\varkappa\varphi}.$$

Wir beschränken uns auf den ersten Fall, da bei dem zweiten nur unwesentliche Änderungen eintreten. Schreiben wir an Stelle von:

$$\frac{c}{R_1} e^{\varkappa\beta_1}$$

c, so ergeben sich die Bewegungsgleichungen in der Form:

(25)
$$x = c e^{\varkappa\vartheta} (\xi \cos\vartheta - \eta \sin\vartheta),$$
$$y = c e^{\varkappa\vartheta} (\xi \sin\vartheta + \eta \cos\vartheta),$$

und hieraus folgt der Lehrsatz:

Bewegt sich ein Systempunkt A_1 auf einer logarithmischen Spirale, deren asymptotischer Punkt der Nullpunkt ist, so vollziehen alle beweglichen Systempunkte ähnliche Bewegungen auf logarithmischen Spiralen mit demselben asymptotischen Punkt, welche die von letzterem ausgehenden Strahlen stets unter demselben Winkel schneiden. Die Bahnkurven sind also kongruente logarithmische Spiralen.

Eine solche Bewegung nennt Burmester eine logarithmisch-spirallinige Bewegung des ähnlich veränderlichen Systems.

Wir wollen nun die Bahnkurve irgend eines Punktes $A(R, \beta)$ der beweglichen Ebene herausgreifen. Ihre Gleichungen können unter Einführung des Parameters φ geschrieben werden:

(26)
$$x = c R e^{\varkappa\varphi} \cos(\varphi + \beta),$$
$$y = c R e^{\varkappa\varphi} \sin(\varphi + \beta).$$

In der ξ, η-Ebene stellen sie sich für die Phase ϑ in der Form dar:

$$\xi = \frac{1}{c e^{\varkappa\vartheta}} (x \cos\vartheta + y \sin\vartheta) = R e^{\varkappa(\varphi - \vartheta)} \cos(\varphi + \beta - \vartheta),$$
(27)
$$\eta = \frac{1}{c e^{\varkappa\vartheta}} (-x \sin\vartheta + y \cos\vartheta) = R e^{\varkappa(\varphi - \vartheta)} \sin(\varphi + \beta - \vartheta).$$

Greifen wir irgendeinen Punkt A_2 dieser Kurve heraus und denken ihn uns mit der ξ, η-Ebene fest verbunden, so können seine Koordinaten geschrieben werden:

(28)
$$\xi_2 = R e^{\varkappa\varphi_2} \cos(\varphi_2 + \beta),$$
$$\eta_2 = R e^{\varkappa\varphi_2} \sin(\varphi_2 + \beta).$$

φ_2 ist dabei eine Größe, die im Laufe der Bewegung ihren Wert nicht ändert.

Die Bahnkurve des Punktes A_2 besitzt demnach die Gleichungen:

$$(29)\qquad \begin{aligned} x &= cRe^{\varkappa(\vartheta+\varphi_2)}\cos(\vartheta+\varphi_2+\beta),\\ y &= cRe^{\varkappa(\vartheta+\varphi_2)}\sin(\vartheta+\varphi_2+\beta).\end{aligned}$$

Diese Gleichungen stellen aber wieder die Bahnkurve des Punktes A dar, so daß wir den Lehrsatz erhalten:

Die Bahnkurven der logarithmisch-spirallinigen Bewegung bewegen sich in sich selbst.

Bei der Untersuchung der Einhüllenden einer geraden Linie können wir uns auf den Fall $\varepsilon = 0, p = 1$ beschränken, in welchem die Gleichungen der Einhüllenden die Form annehmen:

$$(30)\qquad \begin{aligned} x &= ce^{\varkappa\vartheta}(\sin\vartheta+\varkappa\cos\vartheta),\\ y &= ce^{\varkappa\vartheta}(-\cos\vartheta+\varkappa\sin\vartheta).\end{aligned}$$

Die Einhüllende einer geraden Linie ist also wieder eine logarithmische Spirale mit dem festen Punkt als asymptotischem Punkt, welche der ursprünglichen kongruent ist.

Das Analoge gilt für die n-ten Evoluten. In der Tat, deren Gleichungen können geschrieben werden:

$$(31)\qquad \begin{aligned} u_n &= c\varkappa^n e^{\varkappa\vartheta}(\sin\vartheta+\varkappa\cos\vartheta),\\ v_n &= c\varkappa^n e^{\varkappa\vartheta}(-\cos\vartheta+\varkappa\sin\vartheta),\end{aligned}$$

woraus die Richtigkeit der Behauptung unmittelbar folgt.

Die Koordinaten des n-ten einem Punkte ξ, η zugeordneten Punktes stellen sich in der Form dar:

$$(32)\qquad \begin{aligned} \mathfrak{x}_n &= c\varkappa^n e^{\varkappa\vartheta}\left(\xi\cos\left(\vartheta+\frac{n\pi}{2}\right)-\eta\sin\left(\vartheta+\frac{n\pi}{2}\right)\right),\\ \mathfrak{y}_n &= c\varkappa^n e^{\varkappa\vartheta}\left(\xi\sin\left(\vartheta+\frac{n\pi}{2}\right)+\eta\cos\left(\vartheta+\frac{n\pi}{2}\right)\right).\end{aligned}$$

Die durch diese Gleichungen definierte ähnlich veränderliche Bewegung ist wieder eine logarithmisch-spirallinige mit dem Punkt 0 als gemeinsamem asymptotischen Punkt.

Halten wir den Punkt ξ, η fest, so liegen, wie schon bemerkt, alle geraden resp. alle ungeraden zugeordneten Punkte auf einer durch den Nullpunkt hindurchgehenden Geraden. Diese beiden Geraden stehen aufeinander senkrecht.

Ferner aber folgt, daß $C_n C_{n+1}$ immer senkrecht auf $C_{n+1} C_{n+2}$ steht. Je nachdem $|\varkappa| \gtrless 1$ ist, entfernen sich die Punkte C_n mit wachsendem n unbeschränkt vom Pol oder nähern sich ihm unbeschränkt. Für $|\varkappa| = 1$ ergeben sich nur vier voneinander verschiedene Punkte C_0, C_1, C_2, C_3, mit denen resp. die Punkte $C_{4n+\varepsilon}$ für ε gleich 0, 1, 2, 3 und veränderliches ganzzahliges positives n zusammenfallen.

Denken wir uns daher für eine Systemlage einen beliebigen Punkt C_0 und den ersten zugeordneten Punkt C_1 vorgelegt, so können die übrigen sofort konstruiert werden. In der Tat, C_0 und C_1 liegen auf zwei zueinander senkrecht stehenden Geraden durch den Nullpunkt. Ziehen wir durch C_1 eine Senkrechte zu $C_0 C_1$, die OC_0 in C_2 schneidet, so ist C_2 der nächste zugeordnete Punkt usw., wie nicht weiter ausgeführt zu werden braucht.

§ 57.

Die affine Bewegung ähnlich veränderlicher Systeme.

Um zu weiteren speziellen ähnlich veränderlichen Bewegungen zu gelangen, fragen wir, wie sehen die Bewegungsgleichungen aller ähnlich veränderlichen Systeme aus, bei welchen zwei Punkte $\xi_1, \eta_1;\ \xi_2, \eta_2$ affine Bewegungen vollziehen. Die Koordinaten der beiden Punkte im festen System bezeichnen wir durch $x_1, y_1,\ x_2, y_2$, dann bestehen nach Annahme die Beziehungen:

$$(1)\qquad \begin{aligned} x_2 &= \alpha_0 + \alpha_1 x_1 + \alpha_2 y_1, \\ y_2 &= \beta_0 + \beta_1 x_1 + \beta_2 y_1, \end{aligned}$$

wobei die Größen α und β Konstanten bedeuten. Ersetzen wir die Größen x und y aus den Bewegungsgleichungen durch die Größen ξ und η, so folgen die Gleichungen:

$$(2)\qquad \begin{aligned} a - \alpha_1 a - \alpha_2 b &= \alpha_0 + \lambda\,[(\alpha_1 \xi_1 + \alpha_2 \eta_1 - \xi_2) \cos \vartheta \\ &\quad - (\alpha_1 \eta_1 - \alpha_2 \xi_1 - \eta_2) \sin \vartheta], \\ b - \beta_1 a - \beta_2 b &= \beta_0 + \lambda\,[(\beta_1 \xi_1 + \beta_2 \eta_1 - \eta_2) \cos \vartheta \\ &\quad - (\beta_1 \eta_1 - \beta_2 \xi_1 + \xi_2) \sin \vartheta]. \end{aligned}$$

Schließen wir zunächst den Fall aus, daß die Determinante $\beta_1 \alpha_2 - (1 - \alpha_1)(1 - \beta_2)$ den Wert Null besitzt, so sind hieraus die Größen a und b als lineare Funktionen von $\lambda \cos \vartheta$ und $\lambda \sin \vartheta$ bestimmt. Setzen wir ihre Werte in die Bewegungsgleichungen ein und nehmen noch eine geeignete Parallelverschiebung des festen Koordinatensystemes vor, so können die Bewegungsgleichungen geschrieben werden:

$$(3)\qquad \begin{aligned} x &= \lambda((\xi + d) \cos \vartheta - (\eta + e) \sin \vartheta), \\ y &= \lambda((\xi + e_1) \sin \vartheta + (\eta + d_1) \cos \vartheta). \end{aligned}$$

Damit ist das Problem im allgemeinen Falle gelöst und die Bewegung der Systeme gefunden, bei denen zwei Punkte affine Bewegungen beschreiben.

Im speziellen, zunächst ausgeschlossenen Falle, in welchem die Gleichung stattfindet:

$$(4)\qquad \beta_1 \alpha_2 - (1 - \alpha_1)(1 - \beta_2) = 0,$$

ergeben sich andere Gleichungen. Dabei sehen wir davon ab, daß zu gleicher Zeit die Gleichung:

$$\beta_1 \alpha_0 + \beta_0 (1 - \alpha_1) = 0 \quad \text{resp.} \quad \alpha_0 (1 - \beta_2) + \alpha_2 \beta_0 = 0$$

besteht, da sich in diesem Falle keine in Betracht kommende Bewegung ergibt.

Falls β_1 und $1 - \alpha_1$ beide von Null verschieden sind, multiplizieren wir die rechten und die linken Seiten der Gleichungen (2) resp. mit β_1 und $1 - \alpha_1$ und addieren sie, dann folgt die Beziehung:

$$\begin{aligned} \lambda\,[(\beta_1(\xi_1 - \xi_2) + (1 - \alpha_1)(\eta_1 - \eta_2)) \cos \vartheta + ((1 - \alpha_1)(\xi_1 - \xi_2) \\ - \beta_1 (\eta_1 - \eta_2)) \sin \vartheta] + \alpha_0 \beta_1 + \beta_0 (1 - \alpha_1) = 0. \end{aligned}$$

Es nimmt demgemäß λ die Form an:

$$(5)\qquad \lambda = \frac{c}{\cos(\vartheta - \vartheta_0)},$$

wobei c und ϑ_0 Konstanten bedeuten, und ferner ergibt sich die Beziehung:

$$a(1-\alpha_1) = \alpha_0 + \alpha_2 b + \lambda\,[(\alpha_1\xi_1 + \alpha_2\eta_1 - \xi_2)\cos\vartheta - (\alpha_1\eta_1 - \alpha_2\xi_1 - \eta_2)\sin\vartheta].$$

Nehmen wir eine geeignete Parallelverschiebung des x, y-Systems vor, so ergeben sich die folgenden Bewegungsgleichungen:

$$(6)\qquad \begin{aligned} x &= bc_1 + \frac{c}{\cos(\vartheta-\vartheta_0)}\,((\xi+d)\cos\vartheta - (\eta+e)\sin\vartheta),\\ y &= b \;\,+ \frac{c}{\sin(\vartheta-\vartheta_0)}\,(\xi\cos\vartheta + \eta\sin\vartheta),\end{aligned}$$

wobei c_1, d, e, ϑ_0 Konstanten bedeuten, deren Wert unmittelbar ersichtlich ist. Drehen wir das ξ, η-System in geeigneter Weise, so zeigt es sich, daß ϑ_0 der Null gleichgesetzt werden kann, ohne daß im übrigen die Form der Gleichungen sich ändert.

Zu gleichwertigen Resultaten gelangen wir, wenn eine der beiden Größen β_1 oder $1-\alpha_1$ der Null gleich wird. Alle derartigen Bewegungen nennt Burmester affine Bewegungen.

Bei ihrer weiteren Betrachtung beschränken wir uns im wesentlichen auf den allgemeinen Fall, in welchem:

$$\beta_1\alpha_2 - (1-\alpha_1)(1-\beta_2)$$

von Null verschieden ist, der Doppelpunkt der affinen Verwandtschaft also im Endlichen gelegen ist.

Wir nehmen jetzt umgekehrt an, daß eine Bewegung gemäß den Gleichungen (3) vor sich geht, dann läßt sich zeigen, daß sämtliche Punkte der ξ, η-Ebene mit Ausnahme derer eines bestimmten Kreises affine Bewegungen beschreiben, und zwar mit demselben Affinitätspol, der im vorliegenden Falle der Nullpunkt des festen Systems ist

In der Tat, verstehen wir unter ξ_1, η_1; ξ_2, η_2 die Koordinaten zweier beliebiger Punkte des beweglichen Systems, unter x_1, y_1; x_2, y_2 die entsprechenden Koordinaten im festen Systeme für die Phase ϑ, so muß nachgewiesen werden, daß für alle Werte von ϑ zwei Gleichungen von der Form bestehen:

$$(7)\qquad \begin{aligned} x_2 &= \alpha_1 x_1 + \alpha_2 y_1,\\ y_2 &= \beta_1 x_1 + \beta_2 y_1,\end{aligned}$$

wobei die Größen α und β Konstanten bedeuten.

Berücksichtigen wir die gegebenen Bewegungsgleichungen, so erhalten wir die Beziehungen:

$$(8)\qquad \begin{aligned} \xi_2 + d &= \alpha_1(\xi_1 + d) + \alpha_2(\eta_1 + d_1),\\ \eta_2 + e &= \alpha_1(\eta_1 + e) - \alpha_2(\xi_1 + e_1)\end{aligned}$$

und zwei analoge, in denen an Stelle von α_1 und α_2 resp. β_1 und β_2 zu setzen sind.

Aus ihnen können die Größen $\alpha_1, \alpha_2, \beta_1, \beta_2$ als Konstanten bestimmt werden, es sei denn, es bestände die Gleichung:

$$(9)\qquad (\xi_1 + d)(\xi_1 + e_1) + (\eta_1 + e)(\eta_1 + d_1) = 0.$$

Damit ist die Richtigkeit der Behauptung nachgewiesen, und wir erhalten den Lehrsatz:

Vollziehen zwei Punkte eines ähnlich veränderlichen Systems affine Bewegungen, so gilt dasselbe von allen Punkten mit Ausnahme derer eines bestimmten Kreises, und die affinen Bahnen besitzen denselben Affinitätspol.

Die Punkte des definierten Kreises beschreiben gerade Linien, die durch den Nullpunkt des festen Systems hindurchgehen. Da ein Punkt, der eine gerade Linie beschreibt, auf dem Wendekreis gelegen ist, so folgt, daß der genannte Kreis der Wendekreis ist, und ferner, daß letzterer fest mit dem beweglichen Systeme verbunden ist.

In dem speziellen Falle, in welchem die mehrfach genannte Determinante gleich Null ist, geht der Wendekreis in eine gerade Linie über, die mit dem beweglichen Systeme fest verbunden ist. Alle ihre Punkte beschreiben einander parallele Linien.

Jedenfalls beschreiben bei den definierten Bewegungen unendlich viele Punkte gerade Linien. Es genügt im allgemeinen Falle aber vollkommen, wenn zwei Punkte gerade Linien beschreiben, die einander nicht parallel sind. In der Tat, es mögen die Punkte ξ_2, η_2 für ε gleich 1 resp. 2 die geraden Linien mit den Gleichungen beschreiben:

$$x \cos \alpha_\varepsilon + y \sin \alpha_\varepsilon - p_\varepsilon = 0, \tag{10}$$

so folgen die Beziehungen:

$$a \cos \alpha_\varepsilon + b \sin \alpha_\varepsilon = - \lambda [(\xi_\varepsilon \cos \vartheta - \eta_\varepsilon \sin \vartheta) \cos \alpha_\varepsilon + (\xi_\varepsilon \sin \vartheta + \eta_\varepsilon \cos \vartheta) \sin \alpha_\varepsilon] + p_\varepsilon.$$

Hieraus ergeben sich für a und b Werte von der Form

$$a = c + \lambda (d \cos \vartheta - e \sin \vartheta),$$
$$b = c_1 + \lambda (d_1 \cos \vartheta + e_1 \sin \vartheta),$$

wobei c und c_1 die Koordinaten des Schnittpunktes der beiden Geraden bedeuten und d, e, d_1, e_1 Konstanten sind, die sich aus den gegebenen in einfacher Weise zusammensetzen lassen. Setzen wir diese Werte von a und b in die Bewegungsgleichungen ein und verlegen den Anfangspunkt des x, y-Systems in den Punkt c, c_1, so nehmen die Bewegungsgleichungen in der Tat die Form der Gleichungen (3) an, und damit ist die Richtigkeit der Behauptung nachgewiesen.

Wir können eine allgemeine Bewegung der genannten Art also auch dadurch definieren, daß zwei Punkte der beweglichen Ebene zwei einander nicht parallele Gerade beschreiben. Im Falle die beiden Geraden einander parallel sind, ergibt sich die spezielle affine Bewegung. Wir fanden, daß die geraden Linien, die von den Punkten des Wendekreises im allgemeinen Falle beschrieben werden, alle durch einen festen Punkt, den Anfangspunkt des x, y-Systems, hindurchgehen. Daraus folgt, daß dieser Punkt der Wendepol ist und unsere Bewegung die Eigenschaft besitzt, daß der Wendepol ein fester Punkt ist. Das Umgekehrte gilt auch. Im speziellen Falle rückt der Wendepol in die Unendlichkeit.

Für einige weitere Schlüsse wollen wir die Bewegungsgleichungen im allgemeinen Falle mit Hilfe von Koordinatentransformationen uns in die Form gebracht denken:

$$\begin{aligned} x &= \lambda (\xi \cos \vartheta - (\eta - d) \sin \vartheta), \\ y &= \lambda (\xi \sin \vartheta + (\eta + d) \cos \vartheta), \end{aligned} \tag{11}$$

wobei d eine konstante Größe bedeutet.

Dann nimmt die Gleichung des Wendekreises die Form an:

(12) $$\xi^2 + \eta^2 = d^2,$$

und die Gleichungen der festen Polkurve können geschrieben werden:

(13) $$x_p = \frac{2d\lambda^2}{\lambda^2 + \lambda'^2}(\lambda \sin \vartheta - \lambda' \cos \vartheta),$$
$$y_p = \frac{2d\lambda^2}{\lambda^2 + \lambda'^2}(\lambda \cos \vartheta + \lambda' \sin \vartheta).$$

Setzen wir wie früher:

$$\operatorname{tg} \omega = -\frac{\lambda'}{\lambda},$$

so ergibt sich die Beziehung:

(14) $$\frac{y_p}{x_p} = \operatorname{ctg}(\vartheta + \omega).$$

Um die bewegliche Polbahn zu erhalten, lösen wir die Bewegungsgleichungen nach ξ und η auf und setzen für x und y die soeben gefundenen Werte x_p und y_p ein, dann ergibt sich nach leichten Rechnungen die Gleichung der beweglichen Polkurve in der Form:

(15) $$\xi_p^2 + \eta_p^2 = d^2,$$

und wir erhalten den Lehrsatz:

Bei der affinen Bewegung fällt die bewegliche Polkurve mit dem Wendekreis zusammen.

Die feste Polkurve ist also die Einhüllende einer Schar von Kreisen, die alle durch den Wendepol hindurchgehen. Hieraus folgt eine einfache Konstruktion der festen Polkurve, wenn die Bahn des Mittelpunktes des Wendekreises gegeben ist. Sei A ein beliebiger Punkt dieser Bahn. Wir ziehen in ihm die Tangente, fällen auf sie vom Wendepol eine Senkrechte und verlängern diese Linie um sich selbst, so ist der Endpunkt ein Punkt der festen Polkurve. Sie entsteht also, indem man die Fußpunktkurve der Bahn des Wendekreismittelpunktes vom Wendepol aus im Verhältnis 1 : 2 streckt.

Wir wollen noch einen speziellen Fall der affinen Bewegung kurz besprechen, indem wir im übrigen auf eine Arbeit von Alt (Zur Theorie der Geschwindigkeits- und Beschleunigungspläne einer komplan bewegten Ebene, 1914) verweisen, wo sich weitere Ausführungen vorfinden.

Wir nehmen dazu an, daß der Mittelpunkt des Wendekreises eine Ellipse beschreibt, die wir durch die Gleichungen darstellen wollen:

(16) $$x = d\,(n + \beta \sin \varphi),$$
$$v = d\,(m + \alpha \cos \varphi).$$

Dann nehmen die Bewegungsgleichungen die Form an:

(17) $$x = x_0 + \alpha\xi \cos \varphi - \beta\,(\eta - d) \sin \varphi,$$
$$y = y_0 + \beta\xi \sin \varphi + \alpha\,(\eta + d) \cos \varphi,$$

wobei gesetzt ist

$$x_0 = m\xi - n\,(\eta - d),$$
$$y_0 = n\xi + m\,(\eta + d).$$

Die Elimination von φ ergibt die Beziehung:

(18) $$a_{11}(x - x_0)^2 + 2a_{12}(x - x_0)(y - y_0) + a_{22}(y - y_0)^2 = a_{33},$$

wobei die Koeffizienten die Werte besitzen:

$$a_{11} = \beta^2\xi^2 + \alpha^2(\eta + d)^2, \quad a_{12} = \alpha^2\xi^2 + \beta^2(\eta - d)^2,$$
$$a_{12} = (\beta^2 - \alpha^2)\xi\eta - d(\beta^2 + \alpha^2)\xi,$$
$$a_{33} = \alpha^2\beta^2(\xi^2 + \eta^2 - d^2).$$

Die Gleichungsdeterminante wird gleich:

$$\alpha^2\beta^2(\xi^2 + \eta^2 - d^2)^2.$$

Die sämtlichen Bahnkurven sind also Ellipsen, es sei denn, daß der Punkt ξ, η auf dem Wendekreis gelegen sei, in welchem Falle sich gerade Linien ergeben.

Nehmen wir nun an, daß m und n nicht beide gleich Null sind, so folgt, daß die Ellipsenmittelpunkte ein System bilden, welches dem System der entsprechenden Punkte ξ, η ähnlich ist. Kennen wir daher außer dem zum Punkte 0,0 gehörenden Mittelpunkt noch einen zweiten zu einem Punkte ξ_1, η_1 gehörenden, so können die Mittelpunkte, die einem Punkte ξ, η entsprechen, in einfacher Weise konstruiert werden.

Es möge noch die Kreispunktkurve bestimmt werden. Wie eine einfache Rechnung zeigt, besteht die Beziehung:

$$x'y''' - y'x''' = 0,$$

so daß die Kreispunktkurve in die beiden sich im Pole rechtwinklig schneidenden Kreise mit den Gleichungen zerfällt:

(19) $$x'y'' - y'x'' = 0,$$
$$x'x'' + y'y'' = 0.$$

Beide Kreise sind untersucht worden. Die letzte Gleichung kann in die Form gebracht werden:

(20) $$\xi^2 + \eta^2 - 2d\frac{\beta^2 + \alpha^2}{\beta^2 - \alpha^2}\eta + 2d\frac{2\alpha\beta}{\beta^2 - \alpha^2}\xi \operatorname{ctg} 2\varphi + d^2 = 0.$$

Betrachten wir φ als veränderlichen Parameter, so stellt diese Gleichung ein Kreisbüschel dar mit den Grundpunkten:

$$C_1 : \xi_1 = 0, \quad \eta_1 = d\frac{\beta - \alpha}{\beta + \alpha},$$
$$C_2 : \xi_2 = 0, \quad \eta_2 = d\frac{\beta + \alpha}{\beta - \alpha}.$$

Da $\eta_1\eta_2 = d^2$ ist, so teilen die Punkte C_1 und C_2 den Wendekreisdurchmesser harmonisch. Die Mittelpunkte aller Kreise des Büschels liegen auf der Geraden:

(21) $$\eta = d\frac{\beta^2 + \alpha^2}{\beta^2 - \alpha^2},$$

welche die Strecke C_1C_2 halbiert.

Da die Punkte des Kreises (20) Bahnkurven beschreiben, die momentan eine vierpunktige Berührung mit dem dazu gehörenden Krümmungskreis besitzen, so müssen alle seine Punkte momentan

Scheitelpunkte ihrer Bahnellipsen durchlaufen, und die beiden Büschelgrundpunkte C_1 und C_2 sind diejenigen Systempunkte, deren Bahnellipsen zu Kreisen entarten.

§ 58.

Skizzierung einiger weiterer spezieller ähnlich veränderlicher Systeme.

Mit Rücksicht auf den folgenden Paragraphen mögen noch einige weitere spezielle ähnlich veränderliche Systeme kurz skizziert werden.

Wir fragen erstens: Wie sehen die Bewegungsgleichungen aller ähnlich veränderlichen Systeme aus, bei denen eine gerade Linie beständig durch einen festen Punkt hindurchgeht, während eine zweite ihr nicht parallele Gerade an einem festen Kreise gleitet?

Wir legen die Koordinatensysteme so, daß die Linie $\eta = 0$ beständig durch den Punkt $x_1, 0$ hindurchgeht, während die Linie $\eta = m\xi$ beständig den Kreis $x^2 + y^2 = r^2$ berührt.

Die Bewegungsgleichungen lauten allgemein:

$$(1)\qquad \begin{aligned} x &= a + \lambda(\xi\cos\vartheta - \eta\sin\vartheta), \\ y &= b + \lambda(\xi\sin\vartheta + \eta\cos\vartheta). \end{aligned}$$

Im speziellen Falle treten die Bedingungsgleichungen hinzu:

$$a\sin\vartheta - b\cos\vartheta = x_1\sin\vartheta,$$
$$a\sin\vartheta - b\cos\vartheta + m(a\cos\vartheta + b\sin\vartheta) = r\sqrt{1+m^2}.$$

Aus ihnen ergeben sich a und b in der Form:

$$(2)\qquad \begin{aligned} a &= C\cos\vartheta + A\sin^2\vartheta + B\sin\vartheta\cos\vartheta, \\ b &= C\sin\vartheta + B\sin^2\vartheta - A\sin\vartheta\cos\vartheta, \end{aligned}$$

wobei A, B, C Konstanten sind, die sich aus den gegebenen in einfacher Weise zusammensetzen lassen. Unter solchen Umständen erhalten wir den Lehrsatz:

Die Bewegungsgleichungen eines jeden ähnlich veränderlichen Systems, bei welchem eine gerade Linie beständig durch einen festen Punkt hindurchgeht, während eine zweite, ihr nicht parallele längs eines Kreises gleitet, können in die Form gebracht werden:

$$(3)\qquad \begin{aligned} x &= C\cos\vartheta + A\sin^2\vartheta + B\sin\vartheta\cos\vartheta + \lambda(\xi\cos\vartheta - \eta\sin\vartheta), \\ y &= C\sin\vartheta + B\sin^2\vartheta - A\sin\vartheta\cos\vartheta + \lambda(\xi\sin\vartheta + \eta\cos\vartheta). \end{aligned}$$

Wir fragen zweitens nach den Bewegungsgleichungen aller ähnlich veränderlichen Systeme, bei denen ein Punkt eine feste Gerade, ein zweiter Punkt einen festen Kreis durchläuft.

Wir legen die Koordinatensysteme in den beiden Ebenen S und Σ so, daß der Punkt $\xi_1, 0$ die Gerade $x = d$, der Punkt $0, 0$ den Kreis $x = p\cos\varphi$, $y = p\sin\varphi$ durchläuft, dann ergeben sich die Bedingungsgleichungen:

$$a + \lambda\xi_1\cos\vartheta = d,$$
$$a = p\cos\varphi,\quad b = p\sin\varphi,$$

und wir erhalten den folgenden Lehrsatz:

Die Bewegungsgleichungen aller ähnlich veränderlichen Systeme, bei denen ein Punkt eine gerade Linie, ein zweiter einen Kreis durchläuft, können in die Form gebracht werden:

$$(4) \qquad \begin{aligned} x &= p\cos\varphi + \lambda(\xi\cos\vartheta - \eta\sin\vartheta), \\ y &= p\sin\varphi + \lambda(\xi\sin\vartheta + \eta\cos\vartheta), \end{aligned}$$

wobei die Beziehung besteht:

$$(5) \qquad \lambda\xi_1\cos\vartheta + p\cos\varphi - d = 0.$$

Drittens fragen wir nach den Bewegungsgleichungen aller ähnlich veränderlichen Systeme, bei welchen zwei Punkte je einen festen Kreis durchlaufen.

Die Koordinatensysteme legen wir so, daß der Punkt ξ_1, 0 den Kreis:

$$x = p_1\cos\varphi_1 + m_1, \quad y = p_1\sin\varphi_1 + n_1,$$

der Punkt 0, 0 den Kreis $x = p_2\cos\varphi_2$, $y = p_2\sin\varphi_2$ durchläuft, dann ergeben sich die Bedingungsgleichungen:

$$\begin{aligned} a + \lambda\xi_1\cos\vartheta &= p_1\cos\varphi_1 + m_1, \\ b + \lambda\xi_1\sin\vartheta &= p_1\sin\varphi_1 + n_1, \\ a = p_2\cos\varphi_2, \ b &= p_2\sin\varphi_2, \end{aligned}$$

und wir erhalten den folgenden Lehrsatz:

Die Bewegungsgleichungen aller ähnlich veränderlichen Systeme, bei welchen zwei Punkte je einen Kreis durchlaufen, können in die Form gebracht werden:

$$(6) \qquad \begin{aligned} x &= p_2\cos\varphi_2 + \lambda(\xi\cos\vartheta - \eta\sin\vartheta), \\ y &= p_2\sin\varphi_2 + \lambda(\xi\sin\vartheta + \eta\cos\vartheta), \end{aligned}$$

wobei die Beziehungen bestehen:

$$(7) \qquad \begin{aligned} \lambda\xi_1\cos\vartheta &= p_1\cos\varphi_1 - p_2\cos\varphi_2 + m_1, \\ \lambda\xi_1\sin\vartheta &= p_1\sin\varphi_1 - p_2\sin\varphi_2 + n_1. \end{aligned}$$

§ 59.

Beziehungen zwischen den Bahnkurven starrer und ähnlich veränderlicher Systeme.

Müller*) hat zuerst den Satz bewiesen, daß die Bahnkurven eines ähnlich veränderlichen Systems, bei welchem drei Punkte Kreise beschreiben, zu gleicher Zeit Koppelkurven eines starren Systems sind. Dieser Satz von Müller kann als ein Glied einer Kette von Sätzen angesehen werden, die sämtlich Beziehungen zwischen den Bahnkurven starrer und ähnlich veränderlicher Systeme herstellen.

In der Tat, wir haben die Bewegungsgleichungen eines ähnlich veränderlichen Systems geschrieben:

*) Zeitschrift für Mathematik und Physik, Band 58. Siehe auch die hierauf bezüglichen im selben Bande befindlichen Arbeiten von Mehmke und Skutsch, sowie die Arbeit von Krause im 19. Bande des Jahresberichtes der deutschen Mathematiker-Vereinigung.

$$(1) \qquad \begin{aligned} x &= a + \lambda(\xi \cos\vartheta - \eta \sin\vartheta), \\ y &= b + \lambda(\xi \sin\vartheta + \eta \cos\vartheta). \end{aligned}$$

Setzen wir an Stelle von λ: $c + c_1\lambda$, so nehmen die Gleichungen (1) für ein bestimmtes Wertepaar ξ, η die Form an:

$$(2) \qquad \begin{aligned} x &= a_1 + c(\xi \cos\vartheta - \eta \sin\vartheta), \\ y &= b_1 + c(\xi \sin\vartheta + \eta \cos\vartheta), \end{aligned}$$

wobei gesetzt ist:

$$\begin{aligned} a_1 &= a + c_1\lambda(\xi \cos\vartheta - \eta \sin\vartheta), \\ b_1 &= b + c_1\lambda(\xi \sin\vartheta + \eta \cos\vartheta). \end{aligned}$$

Jedenfalls sind a_1 und b_1 bekannte Funktionen von ϑ. Die Gleichungen (2) sind aber die Bewegungsgleichungen eines Punktes $c\xi, c\eta$ eines starren Systems, und wir erhalten den Lehrsatz:

Eine jede Bahnkurve eines ähnlich veränderlichen Systems ist zu gleicher Zeit Bahnkurve eines starren Systems.

Dieser Satz war vorauszusehen, da jede Kurve als Bahnkurve eines starren Systems angesehen werden kann, es ist daher lediglich die Zuordnung der beiden Systeme von Bedeutung.

Auf einige solcher Zuordnungen möge kurz eingegangen werden.

Wir haben im vorvorigen Paragraphen einige einförmige ähnlich veränderliche Systeme betrachtet, unter ihnen solche, bei denen λ umgekehrt proportional der Funktion $\cos\vartheta$ ist. Setzen wir dann an Stelle von $\lambda : c + \frac{c_1}{\cos\vartheta}$, so erhalten wir die Gleichungen:

$$(3) \qquad \begin{aligned} x &= c_1(\xi - \eta \operatorname{tg}\vartheta) + c(\xi \cos\vartheta - \eta \sin\vartheta), \\ y &= c_1(\xi \operatorname{tg}\vartheta + \eta) + c(\xi \sin\vartheta + \eta \cos\vartheta). \end{aligned}$$

Wir legen den Anfangspunkt des x, y-Systems in den Punkt $c_1\xi$, $c_1\eta$, behalten aber dieselbe Bezeichnungsweise bei, dann können wir die Bewegungsgleichungen schreiben:

$$\begin{aligned} x &= -c_1\eta \operatorname{tg}\vartheta + c(\xi \cos\vartheta - \eta \sin\vartheta), \\ y &= c_1\xi \operatorname{tg}\vartheta + c(\xi \sin\vartheta + \eta \cos\vartheta). \end{aligned}$$

Durch geeignete Drehung des x, y-Systems und Beibehaltung derselben Bezeichnungsweise können wir sie in die Form bringen:

$$(4) \qquad \begin{aligned} x &= c(\xi \cos(\vartheta + \alpha) - \eta \sin(\vartheta + \alpha)), \\ y &= c_2 \operatorname{tg}\vartheta + c(\xi \sin(\vartheta + \alpha) + \eta \cos(\vartheta + \alpha)), \end{aligned}$$

wobei gesetzt ist:

$$\operatorname{tg}\alpha = -\frac{\eta}{\xi}, \quad c_2 = c_1\sqrt{\xi^2 + \eta^2}.$$

Unter Berücksichtigung der Resultate von § 2 ergibt sich unter solchen Umständen der Lehrsatz:

Eine jede Bahnkurve eines einförmigen ähnlich veränderlichen Systems, bei welchem λ den Wert:

$$c + \frac{c_1}{\cos\vartheta}$$

besitzt, ist zu gleicher Zeit Bahnkurve eines starren Systems, bei welchem eine Gerade fortwährend durch einen festen Punkt hindurchgeht und einer ihrer Punkte eine gerade Linie durchläuft.

Wir haben zweitens die Bewegungsgleichungen aller ähnlich veränderlichen Systeme aufgestellt, bei denen zwei Punkte zwei zueinander nicht parallele Linien durchlaufen. Sie lauteten:

(5)
$$x = \lambda((\xi + d)\cos\vartheta - (\eta + e)\sin\vartheta),$$
$$y = \lambda((\xi + e_1)\sin\vartheta + (\eta + d_1)\cos\vartheta).$$

Wir wollen nun annehmen, daß ein dritter Punkt ξ_3, η_3 einen Kreis beschreibt, dessen Gleichungen lauten:

$$x = p\cos\varphi + m,$$
$$y = p\sin\varphi + n.$$

Dann erhalten wir die Beziehungen:

$$\lambda((\xi_3 + d)\cos\vartheta - (\eta_3 + e)\sin\vartheta) = p\cos\varphi + m,$$
$$\lambda((\xi_3 + e_1)\sin\vartheta + (\eta_3 + d_1)\cos\vartheta) = p\sin\varphi + n,$$

aus denen sich die Größen $\lambda\cos\vartheta$ und $\lambda\sin\vartheta$ linear durch $\cos\varphi$ und $\sin\varphi$ ausdrücken lassen. Setzen wir diese Ausdrücke in die Bewegungsgleichungen ein, so nehmen sie für ein bestimmtes ξ und η die Form an:

(6)
$$x = x_0 + A\cos\varphi + B\sin\varphi,$$
$$y = y_0 + A_1\cos\varphi + B_1\sin\varphi,$$

wobei x_0, y_0, A, B, A_1, B_1 Konstanten bedeuten, die sich aus den gegebenen in einfacher Weise zusammensetzen. Berücksichtigen wir die Resultate des zweiten Paragraphen, so ergibt sich der Lehrsatz:

Eine jede Bahnkurve eines ähnlich veränderlichen Systems, bei welchem zwei Punkte gerade Linien, ein dritter einen Kreis beschreibt, ist zu gleicher Zeit Bahnkurve eines starren Systems, bei welchem zwei Punkte zwei gerade Linien durchlaufen.

Drittens fanden wir die Bewegungsgleichungen eines Systems, bei welchem ein Punkt eine gerade Linie durchläuft, während eine zweite einen Kreis umhüllt, in der Form:

(7)
$$x = C\cos\vartheta + A\sin^2\vartheta + B\sin\vartheta\cos\vartheta + \lambda(\xi\cos\vartheta - \eta\sin\vartheta),$$
$$y = C\sin\vartheta + B\sin^2\vartheta - A\sin\vartheta\cos\vartheta + \lambda(\xi\sin\vartheta + \eta\cos\vartheta).$$

Wir wollen nun den Fall ins Auge fassen, in welchem λ den Wert besitzt:

(8)
$$\lambda = c_1 + c_2\sin\vartheta + c_3\cos\vartheta.$$

Die Kreispunktkurve zerfällt in jeder Systemlage in zwei Kreise. Wir können dann die Bewegungsgleichungen schreiben:

$$x = C_1 + A_1\cos^2\vartheta + B_1\sin\vartheta\cos\vartheta + \xi'\cos\vartheta - \eta'\sin\vartheta,$$
$$y = D_1 - B_1\cos^2\vartheta + A_1\sin\vartheta\cos\vartheta + \xi'\sin\vartheta + \eta'\cos\vartheta,$$

wobei gesetzt ist:

$$C_1 = A - C_2\eta,\ D_1 = B + c_2\xi,\ A_1 = -A + c_2\eta + c_3\xi,\ B_1 = B + c_2\xi - c_3\eta,$$
$$\xi' = c_1\xi + C,\quad \eta' = c_1\eta.$$

Durch geeignete Parallelverschiebung und Drehung des festen Systems und Beibehaltung der Buchstaben x und y erhalten wir die Darstellungen:

$$(9)\qquad \begin{aligned} x &= A_2 \cos^2 \vartheta + \xi'' \cos \vartheta - \eta'' \sin \vartheta, \\ y &= A_2 \sin \vartheta \cos \vartheta + \xi'' \sin \vartheta + \eta'' \cos \vartheta, \end{aligned}$$

wobei die Beziehungen bestehen:

$$A_2 = \sqrt{A_1^2 + B_1^2},\quad A_2 \xi'' = A_1 \xi' - B_1 \eta',\quad A_2 \eta'' = B_1 \xi' + A_1 \eta'.$$

Unter Berücksichtigung der Resultate des zweiten Paragraphen erhalten wir den Lehrsatz:

Eine jede Bahnkurve eines ebenen ähnlich veränderlichen Systems, bei welchem eine Gerade beständig durch einen festen Punkt hindurchgeht, während eine zweite Gerade längs eines festen Kreises gleitet und λ den Wert $c_1 + c_2 \sin \vartheta + c_3 \cos \vartheta$ besitzt, ist auch Bahnkurve eines starren Systems, bei welchem zwei aufeinander senkrecht stehende gerade Linien beständig durch je einen festen Punkt hindurchgehen.

Wir haben endlich die Bewegungsgleichungen aller ähnlich veränderlichen Systeme aufgestellt, bei welchen zwei Punkte zwei Kreise durchlaufen. Wir wollen der Einfachheit halber annehmen, daß $\xi_1 = 1$ sei, bemerken aber, daß im allgemeinen Falle die Betrachtungen ganz analog bleiben.

Nehmen wir bei gegebenem ξ, η eine geeignete Parallelverschiebung des festen Koordinatensystems vor, so können die Bewegungsgleichungen geschrieben werden:

$$(10)\qquad \begin{aligned} x &= p_2 ((1-\xi) \cos \varphi_2 + \eta \sin \varphi_2) + p_1 (\xi \cos \varphi_1 - \eta \sin \varphi_1), \\ y &= p_2 ((1-\xi) \sin \varphi_2 - \eta \cos \varphi_2) + p_1 (\xi \sin \varphi_1 + \eta \cos \varphi_1). \end{aligned}$$

Setzen wir:

$$1 - \xi = c \cos \alpha, \qquad -\eta = c \sin \alpha, \qquad c p_2 = p,$$

so nehmen sie die Form an:

$$(11)\qquad \begin{aligned} x &= p \cos (\varphi_2 + \alpha) + p_1 (\xi \cos \varphi_1 - \eta \sin \varphi_1), \\ y &= p \sin (\varphi_2 + \alpha) + p_1 (\xi \sin \varphi_1 + \eta \cos \varphi_1). \end{aligned}$$

Damit haben wir Gleichungen gefunden, die formal in Übereinstimmung gebracht werden können mit den Bewegungsgleichungen, die sich in der Theorie des Schubkurbelgetriebes und des Gelenkvierecks bei den starren Systemen ergeben.

In der Tat, nehmen wir erstens an, eine gerade Linie von der Länge l bewege sich so, daß einer ihrer Endpunkte beständig einen Kreis vom Radius r, der zweite eine gerade Linie durchläuft, die den Abstand q vom Mittelpunkt des Kreises besitzt, so lauten die Bewegungsgleichungen des entsprechenden starren Systems:

$$(12)\qquad \begin{aligned} x &= r \cos \psi_1 + \xi \cos \psi_2 - \eta \sin \psi_2, \\ y &= r \sin \psi_1 + \xi \sin \psi_2 + \eta \cos \psi_2, \end{aligned}$$

wobei zwischen den Winkeln ψ_1 und ψ_2, deren geometrische Bedeutung aus früheren Betrachtungen hervorgeht, die Bedingungsgleichung besteht:

$$(13)\qquad r \sin \psi_1 = l \sin \psi_2 - q.$$

Nehmen wir eine geeignete Drehung der Koordinatensysteme vor, so können wir die Bewegungsgleichungen auch schreiben:

$$(14)\qquad \begin{aligned} x &= r\cos(\psi_1+\beta)+\xi\cos\psi_2-\eta\sin\psi_2,\\ y &= r\sin(\psi_1+\beta)+\xi\sin\psi_2+\eta\cos\psi_2, \end{aligned}$$

wobei β einen beliebigen konstanten Winkel bedeutet und im übrigen zwischen ψ_1 und ψ_2 wieder die Gleichung (13) besteht.

Ähnliches gilt für das Gelenkviereck. a, b, c, d seien die Seiten eines Vierecks. Die Seite d bleibt fest, während die anderen beweglich sind. Mit der Seite b ist ein starres System fest verbunden. Die Winkel der Seiten a, b, c, d mit der x-Achse nennen wir $\psi_1, \psi_2, \psi_3, \delta$, dann lauten die Bewegungsgleichungen des starren Systems bei geeigneter Lage der Koordinatensysteme:

$$(15)\qquad \begin{aligned} x &= a\cos\psi_1+\xi\cos\psi_2-\eta\sin\psi_2,\\ y &= a\sin\psi_2+\xi\sin\psi_2+\eta\cos\psi_2, \end{aligned}$$

wobei die Bedingungsgleichungen bestehen:

$$(16)\qquad \begin{aligned} a\cos\psi_1+b\cos\psi_2+c\cos\psi_3+d\cos\delta &= 0,\\ a\sin\psi_1+b\sin\psi_2+c\sin\psi_3+d\sin\delta &= 0. \end{aligned}$$

In den Gleichungen (15) kann wieder an Stelle von $\psi_1 : \psi_1+\beta$ gesetzt werden, während die Bedingungsgleichungen sich nicht ändern.

Die Form der Gleichungen (12) und (15) ist dieselbe wie die Form der Gleichungen (11), nur sind bei letzteren die Parameter φ_1 und φ_2 voneinander unabhängig, während die Größen ψ_1 und ψ_2 in einem Abhängigkeitsverhältnis zueinander stehen. Nehmen wir aber an, daß beim veränderlichen System ein dritter Punkt ξ_3, η_3 eine gerade Linie resp. einen Kreis beschreibt, so ergeben sich bei geeigneter Zuordnung der Konstanten dieselben Bedingungsgleichungen wie bei dem entsprechenden starren System.

Wir begnügen uns damit, die Richtigkeit der Behauptung im zweiten Falle kurz nachzuweisen.

Es sei beim veränderlichen System ein dritter Punkt ξ_3, η_3 gezwungen, einen Kreis mit den Gleichungen:

$$(17)\qquad x = p_3\cos\varphi_3+m_3,\quad y = p_3\sin\varphi_3+n_3$$

zu durchlaufen, dann ergeben sich aus den Bewegungsgleichungen, wie sie am Ende des vorigen Paragraphen aufgestellt wurden, die Beziehungen:

$$\begin{aligned} \lambda(\xi_3\cos\vartheta-\eta_3\sin\vartheta) &= -p_2\cos\varphi_2+p_3\cos\varphi_3+m_3,\\ \lambda(\xi_3\sin\vartheta+\eta_3\cos\vartheta) &= -p_2\sin\varphi_2+p_3\sin\varphi_3+n_3 \end{aligned}$$

und aus ihnen die weiteren:

$$(18)\qquad \begin{aligned} c\lambda\cos\vartheta &= -p_2\cos(\varphi_2-\gamma)+p_3\cos(\varphi_3-\gamma)+m',\\ c\lambda\sin\vartheta &= -p_2\sin(\varphi_2-\gamma)+p_3\sin(\varphi_3-\gamma)+n', \end{aligned}$$

wobei gesetzt ist:

$$(19)\qquad \begin{gathered} \xi_3 = c\cos\gamma,\quad \eta_3 = c\sin\gamma,\\ m' = m_3\cos\gamma+n_3\sin\gamma,\quad n' = -m_3\sin\gamma+n_3\cos\gamma. \end{gathered}$$

Vergleichen wir diese Ausdrücke mit denen, die wir am Ende des vorigen Paragraphen gefunden haben, so ergibt sich mit Hilfe weniger Schlüsse das gewünschte Resultat, und wir erhalten den Lehrsatz:

Eine jede Bahnkurve eines ähnlich veränderlichen Systems, bei welchem drei Punkte drei Kreise beschreiben, ist zu gleicher Zeit die Bahnkurve eines starren Systems, bei welchem zwei Punkte zwei Kreise beschreiben.

Druck der Vereinigung wissenschaftlicher Verleger, Walter de Gruyter & Co., Berlin W. 10.

FSC
www.fsc.org
MIX
Papier | Fördert gute Waldnutzung
FSC® C083411

Zeitfracht Medien GmbH
Ferdinand-Jühlke-Straße 7
99095 Erfurt, Deutschland
produktsicherheit@kolibri360.de